PREMIÈRES

NOTIONS DE SCIENCES

PHYSIQUES ET NATURELLES

PREMIÈRES
NOTIONS DE SCIENCES
PHYSIQUES ET NATURELLES

À L'USAGE DES CANDIDATS

AU

CERTIFICAT D'ÉTUDES PRIMAIRES

QUATORZIÈME ÉDITION
Revue et augmentée
(tir. 330.000 ex.)

LIBRAIRIE CATHOLIQUE EMMANUEL·VITTE

LYON	PARIS
3, place Bellecour, 3	5, rue Garancière, 5

1922

AVERTISSEMENT

D'après l'arrêté ministériel du 29 décembre 1891, le sujet de rédaction exigé des candidats au Certificat d'études primaires ne peut être choisi que sur l'un des trois objets suivants :

1° *L'Instruction morale et civique ;*

2° *L'Histoire et la Géographie ;*

3° LES PREMIÈRES NOTIONS DE SCIENCES *avec leurs applications à* l'HYGIÈNE *et à* l'AGRICULTURE.

Nous espérons que le présent ouvrage répondra aux besoins des candidats au Certificat d'études relativement au troisième de ces sujets. Dans sa rédaction, nous avons pris pour cadre les sujets scientifiques qui ont été donnés, pendant ces dernières années, aux examens du Certificat d'études primaires.

Dans des limites aussi étroites, nous ne pouvions songer à traiter toutes les questions que comporte la matière, sans nous condamner à faire un ouvrage aride et aussi peu intéressant que peu utile pour les élèves auxquels nous le destinons. Nous nous sommes donc efforcés de choisir les questions les plus essentielles, et de les traiter avec assez d'étendue pour que les débutants eux-mêmes puissent les comprendre aisément. De plus, afin d'en rendre l'intelligence encore plus facile, nous avons intercalé dans le texte un très grand nombre de gravures.

Pour rendre l'étude de cet ouvrage plus efficace, nous avons placé à la suite de chaque chapitre, des devoirs écrits, sous forme de questionnaires. Ces questionnaires sont rédigés de manière à provoquer, de la part des élèves, des réponses courtes, ce qui, pour le maître, a l'avantage de faciliter beaucoup le travail de correction.

Chaque chapitre est aussi suivi de plusieurs sujets de rédaction, dont la plupart ont été donnés aux examens du Certificat d'études pendant ces dernières années. On trouvera dans le chapitre correspondant la matière à mettre en œuvre ; mais les énoncés des textes de composition sont tels, que les élèves ne pourront pas reproduire servilement la forme du livre, ce qui les obligera à un travail personnel.

HISTOIRE NATURELLE

PREMIÈRE PARTIE

NOTIONS PRÉLIMINAIRES

1. Objet de l'Histoire naturelle. — L'HISTOIRE NATU-RELLE a pour objet l'étude des corps qui entrent dans la constitution du globe terrestre et de ceux qui sont à sa surface.

On divise les CORPS en deux catégories : les corps *vivants* et les corps *bruts*.

Les CORPS VIVANTS se subdivisent à leur tour en deux groupes : les *végétaux* et les *animaux*.

Les CORPS BRUTS n'ont pas la *vie* ; ils ne peuvent ni se *nourrir*, ni se *reproduire :* ce sont les *minéraux*.

Les VÉGÉTAUX sont des êtres vivants, doués de la faculté de se *nourrir* et de se *reproduire*, mais ils sont dépourvus de *sensibilité* et de *mouvements volontaires*.

Les ANIMAUX, comme les végétaux, se *nourrissent* et se *reproduisent*, mais ils ont de plus, en général, la faculté de *sentir* et de se *mouvoir volontairement*.

2. Les règnes de la nature. — Tous les corps qui existent dans la nature sont donc répartis en trois groupes, appelés *règnes*, savoir :

1º Le *règne animal*, comprenant les *animaux* ;
2º Le *règne végétal*, comprenant les *végétaux* ;
3º Le *règne minéral*, comprenant les *corps bruts*.

L'*homme*, par son organisation matérielle, se rattache au règne animal ; mais, par son *âme intelligente* et *libre*, créée à l'image de Dieu, douée de la *pensée* et capable de la manifester extérieurement par le moyen de la *parole*, il est infiniment supérieur aux animaux proprement dits.

D'ailleurs, même par sa constitution physique, l'homme est encore bien supérieur aux animaux. Quelques-uns d'entre eux peuvent être plus forts que l'homme, avoir certains sens plus développés ; mais aucun ne présente dans son organisme autant de qualités physiques, et cet ensemble aussi merveilleux de perfections qui font réellement de l'homme le chef-d'œuvre de la création.

3. Les races humaines. — L'Ecriture Sainte nous enseigne que l'humanité tout entière, telle qu'elle existe et peuple actuellement la terre, est issue d'un couple unique, Adam et Eve.

Cependant, malgré cette communauté d'origine, des différences secondaires, telles que la couleur de la peau, la forme du visage, la nature des cheveux, ont fait classer les hommes en plusieurs races dont les trois principales sont la race *blanche*, la race *jaune* et la race *noire*.

La race *blanche* ou *caucasique* a pour caractères particuliers la blancheur de la peau, l'ovale de la figure, la longueur et la finesse des cheveux. Les hommes qui la composent ont généralement le nez aquilin, les dents verticales et la barbe très épaisse. Ils sont les plus intelligents et leur influence s'étend sur tous les autres hommes. Ils peuplent spécialement l'Europe, l'Amérique, l'Arabie et le nord de l'Afrique.

La race *jaune* ou *mongolique* est caractérisée par son teint jaune, sa figure aplatie et élargie au niveau des pommettes des joues, ses cheveux noirs et raides, sa barbe rare et ses yeux obliques. Elle habite particulièrement la Chine et le Japon.

La race *noire* ou *africaine* est composée d'individus ayant le nez large et épaté, les lèvres épaisses et saillantes, les cheveux crépus, les dents blanches et obliques en avant. Cette race peuple surtout l'Afrique centrale, l'Australie et la Guinée.

On rencontre encore, dans l'Amérique du Nord, les restes

FIG. 1. — Races humaines.

| Race blanche. | Peau-Rouge. | Race jaune. | Race noire. |

d'une autre race qui diminue chaque jour, et qui paraît devoir s'éteindre dans un avenir peu éloigné. Les individus qui la composent sont désignés sous le nom de *Peaux-Rouges*.

CHAPITRE I

Description sommaire du corps humain.

4. Le corps de l'homme se compose de parties dures et résistantes et de parties molles et flexibles. Les premières sont les *os*, dont l'ensemble forme une charpente solide nommée *squelette* ; les secondes constituent les *viscères* et les *muscles*. Le tout est recouvert d'une mince membrane désignée sous le nom de *peau*.

5. Squelette. — Le *squelette* sert à protéger les organes
intérieurs et fournit des points d'attache aux muscles. Il
détermine la forme générale du corps, et permet aux mouvements d'avoir plus de précision, de force et d'étendue.

Le corps humain, et, par suite, le squelette, comprend
trois parties : la *tête*, le *tronc* et les *membres*.

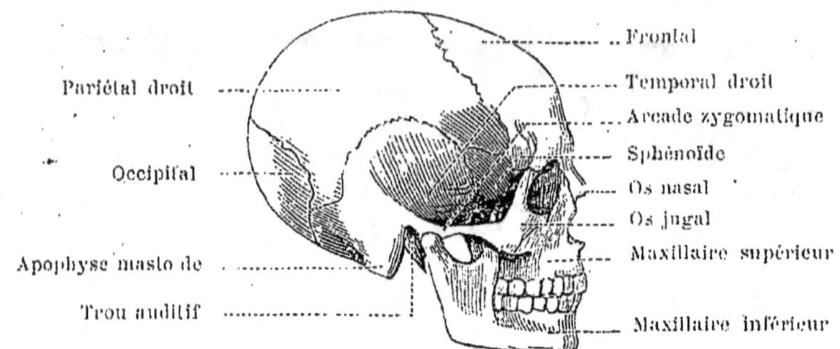

FIG. 2. — Tête osseuse de l'homme.

6. TÊTE. — La *tête* se subdivise en deux parties : le *crâne*
et la *face.*

Le *crâne* est une espèce de boîte osseuse, de forme ovale,
qui contient le *cerveau* et porte les cheveux. Il est constitué
par la réunion de *huit* os plats, dont les principaux sont : le
frontal, en avant, les *pariétaux*, sur le côté, et l'*occipital*,
en arrière.

La *face* renferme plusieurs cavités ; dans la plus importante, la *bouche*, se trouvent la *langue* et les *dents* ; les deux
cavités supérieures, nommées orbites, contiennent les *yeux*,
et dans celles du milieu sont les *fosses nasales*, ouvertures
du nez. La face comprend *quatorze* os : *douze* sont disposés
symétriquement deux par deux, et les deux autres sont
impairs. Les principaux de ces os sont les deux *jugaux*, qui
se traduisent au dehors par les pommettes des joues, et les
maxillaires, qui portent les dents. Le *maxillaire inférieur*
est le seul os de la tête qui soit mobile.

7. TRONC. — Le *tronc* comprend le *thorax* et l'*abdomen*.

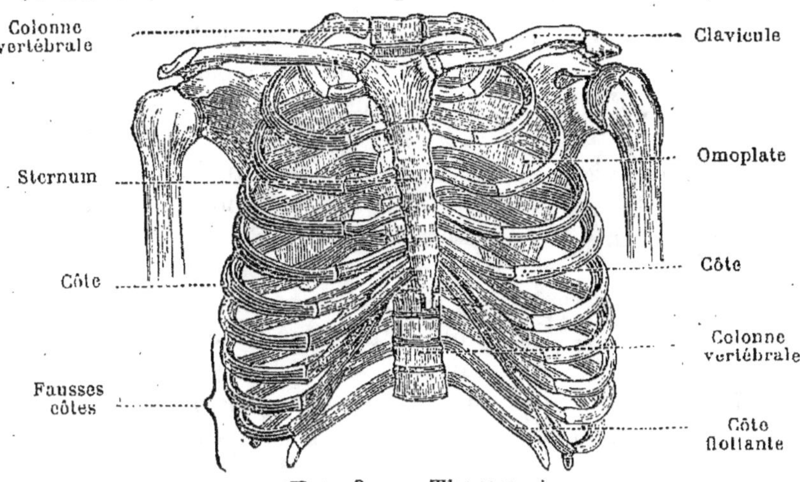

FIG. 3. — Thorax.

Le *thorax* ressemble à une sorte de cage osseuse. Il est formé, en arrière, par la *colonne vertébrale*, en avant, par le *sternum*, sur les côtés, par les *côtes*, et en dessous par le *diaphragme*, membrane musculaire qui le sépare de l'abdomen.

La *colonne vertébrale*, est une espèce de tige osseuse, qui s'étend depuis la tête jusqu'à l'extrémité inférieure du tronc. Elle se compose de *trente-trois* petits os, empilés les uns sur les autres. Ces os, appelés *vertèbres*, présentent diverses saillies servant de points d'attache aux muscles. Chaque vertèbre

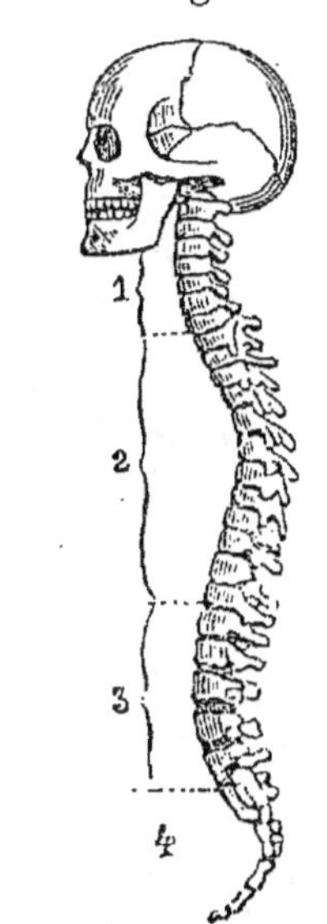

FIG. 4. — Colonne vertébrale.

1. Région cervicale, composée de sept vertèbres.
2. Région dorsale, composée de douze vertèbres.
3. Région lombaire, composée de cinq vertèbres.
4. Sacrum et Coccyx.

porte une ouverture à sa partie centrale, et l'ensemble de ces ouvertures forme un long canal qui renferme la *moelle épinière*.

FIG. 5. — Vertèbre.
1. Corps de la vertèbre.
2. Apophyse épineuse.
3. Apophyses transverses.

Les *côtes* sont des os arrondis, longs, flexibles et courbés en forme de cerceaux. Elles sont au nombre de *douze* paires. Les côtes s'articulent en arrière avec la colonne vertébrale et se rattachent en avant au *sternum*, os plat situé au milieu de l'avant de la poitrine.

Dans le thorax se trouvent le *cœur*, organe principal de la circulation du sang, et les *poumons*, organes de la respiration.

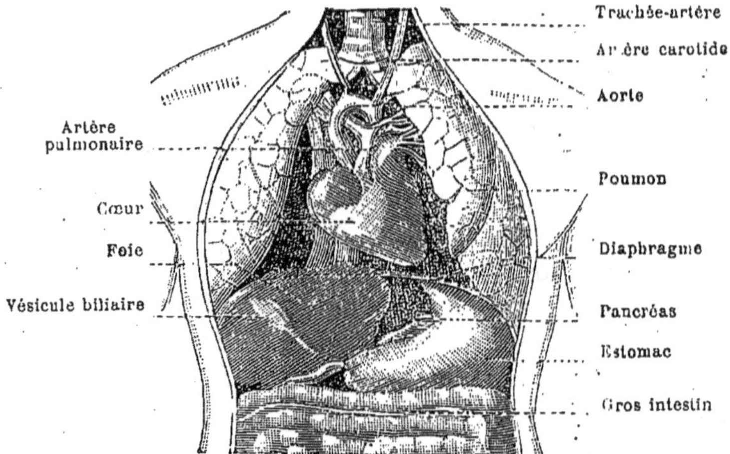

FIG. 6. — Principaux organes contenus dans le thorax et dans l'abdomen.

L'*abdomen* est limité, en arrière, par la colonne vertébrale ; en bas, par les *os iliaques*, qui forment les hanches ; sur les côtés, et en avant, par des muscles. Il contient le *foie* et les principaux organes de la digestion, tels que l'*estomac*, le *pancréas* et les *intestins*.

8. Membres. — Les *membres*, au nombre de quatre, sont placés symétriquement deux à deux. On les divise en membres *supérieurs* et en membres *inférieurs*.

Les *membres supérieurs* se composent chacun de quatre parties : l'*épaule*, le *bras*, l'*avant-bras* et la *main*.

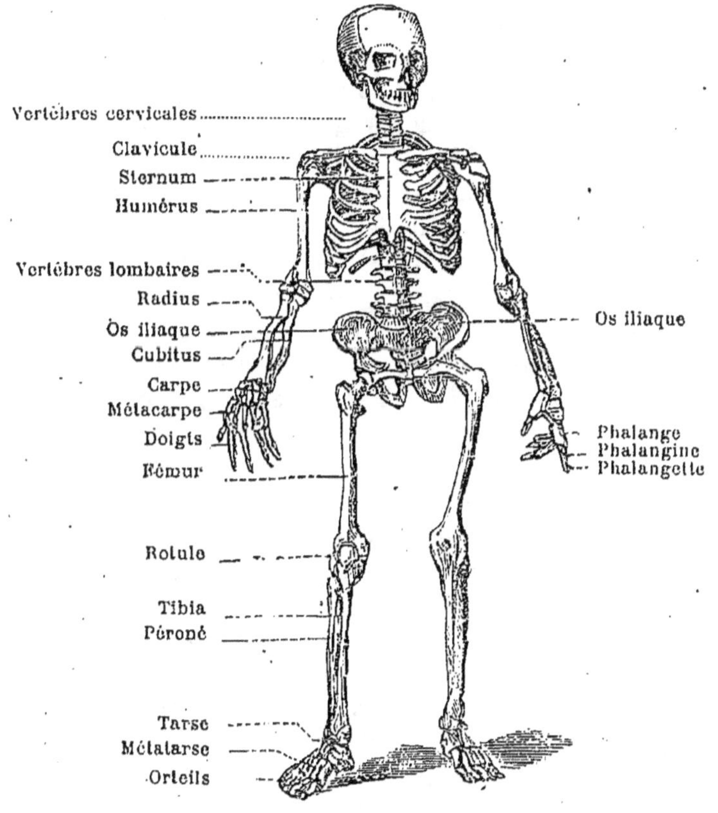

FIG. 7. — Squelette de l'homme.

L'*épaule* comprend deux os : l'*omoplate* et la *clavicule*. Le premier, de forme triangulaire et aplatie, est placé à l'arrière de l'épaule ; le deuxième, long et cylindrique, est situé en avant, à la base du cou.

Dans le *bras* il n'y a qu'un os, l'*humérus*, qui s'articule
en haut, avec les deux os de l'épaule, et, en bas, avec ceu:
de l'avant-bras, le *radius* et le *cubitus*.

A l'extrémité de l'avant-bras se trouve la *main*, qui s
divise en trois parties : le *carpe* ou *poignet*, le *métacarpe* e
les *doigts*. Le carpe renferme *huit os*, disposés sur deux ran
gées ; le métacarpe en a *cinq*, et chacun des doigts en con
tient *trois*, sauf le pouce, qui n'en a que *deux*.

Les *membres inférieurs* se composent aussi de quatre pa
ties : la *hanche*, la *cuisse*, la *jambe* et le *pied*.

La *hanche* est formée par un seul os, large et solid
nommé os *iliaque*. Dans la cuisse, comme dans le bras,
n'y a qu'un os, le *fémur*, la plus longue des pièces osseus
du corps ; cet os s'articule, en haut, avec l'os de la hancl
et, en bas, avec ceux de la jambe : le *tibia* et le *péroné*.

A l'extrémité de la jambe se trouve le *pied*, qui, de mên
que la main, se divise en trois parties : le *tarse* ou *cou-d
pied*, le *métatarse* et les *orteils*. Le tarse renferme *sept* os,
métatarse en a *cinq* et chacun des orteils, *trois*, sauf le gr
orteil, qui n'en a que *deux*.

9. Composition des os. — Les os sont constitués par de
substances : l'une, *organique* et cartilagineuse, appelée g
latine ; l'autre, *minérale*, composée de carbonate de calci
et de phosphate de calcium. C'est la substance minér:
qui donne à l'os sa consistance et sa solidité.

Il est facile de séparer les deux substances qui entr
dans la composition des os. Pour obtenir la matière or;
nique, il suffit de faire macérer un os dans de l'acide ch
rhydrique ou dans du vinaigre ; la substance minérale
dissout dans le liquide, tandis que la matière organi(
reste intacte. Quand, au contraire, on veut isoler la su
tance minérale, on expose l'os à l'action du feu, qui ne
truit que la matière organique.

10. Articulation. — On entend par *articulation* l'assc

blage de deux os. L'articulation peut être *immobile*, comme on l'observe dans les divers os du crâne, ou *mobile*, c'est-à-dire permettant aux os qu'elle maintient unis, des mouvements plus ou moins étendus.

Dans les articulations immobiles, l'union des os se fait par engrenage ; alors leurs bords, entaillés de sinuosités correspondantes, pénètrent l'un dans l'autre et adhèrent solidement. Dans les articulations mobiles, les surfaces articulaires sont maintenues en présence par des ligaments qui les entourent extérieurement, et qui sont disposés de manière à limiter l'étendue des mouvements provoqués par les muscles.

11. Muscles. — Les *muscles* sont destinés à faire mouvoir les os auxquels ils sont fixés. Cette action est due à la propriété particulière qu'ils possèdent de se contracter et de se détendre, c'est-à-dire, de se raccourcir et de s'allonger sous l'influence de la volonté.

Les muscles sont formés de *fibres* accolées les unes aux autres comme les fils d'un écheveau. Ces fibres, longues de trois à quatre centimètres, sont elles-mêmes composées de filaments si déliés, qu'il en faut plus d'un *million* pour faire un cordon d'*un millimètre* de diamètre.

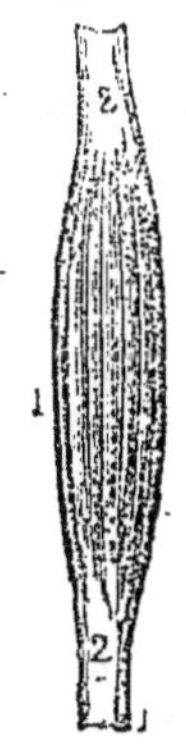

Fig. 8. — Muscle et tendons.

1. Corps du muscle.
2. Tendons.

12. Peau. — La *peau* enveloppe complètement le corps et se replie même dans l'intérieur des cavités, où elle devient de plus en plus fine ; elle prend alors le nom de *muqueuse*.

La peau comprend deux couches distinctes : l'*épiderme*, en dessus, et le *derme*, en dessous ; entre ces deux couches se trouve le *pigment*, qui en est la matière colorante.

L'*épiderme* est généralement très mince, mais le frottement peut lui faire acquérir de l'épaisseur ; c'est l'épiderme qui, en se développant, forme les callosités que l'on remarque aux mains des ouvriers occupés à de pénibles travaux manuels.

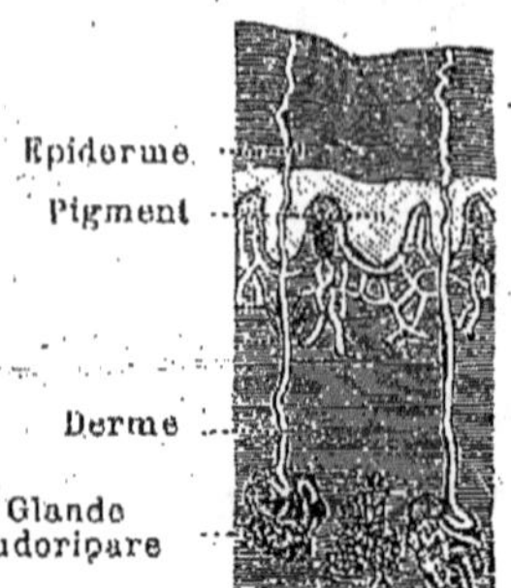

Fig. 9.— Coupe de la peau.
Cette coupe montre au-dessous du pigment les organes du tact et leurs nerfs.

Le *derme* est la partie principale de la peau. Il contient les glandes de la *sueur*, une infinité de *filets nerveux*, qui la rendent très sensible, et un grand nombre de petites glandes *sébacées*, dont le contenu est destiné à graisser constamment la surface de la peau.

13. Mécanisme du mouvement. — Les mouvements sont produits par les muscles et par les os ; les muscles en sont les organes *actifs*, et les os, les organes *passifs*.

Sous l'influence de la volonté, transmise par les nerfs, les fibres dont se composent les muscles, se raccourcissent et ceux-ci se *contractent*, c'est-à-dire diminuent de longueur. Puis, lorsque l'action de la volonté cesse, les muscles se *détendent* et reprennent leur longueur primitive. C'est par leurs contractions et leurs détentes successives que les muscles mettent en mouvement les parties auxquelles ils sont fixés.

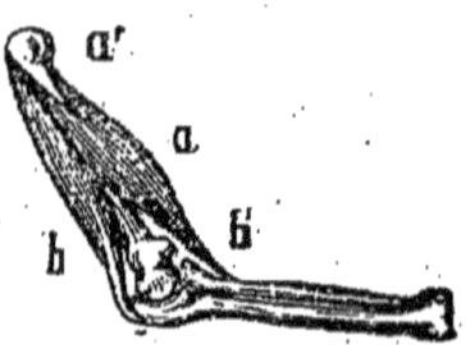

Fig. 10.—Muscles du bras.
a. Biceps, muscle fléchisseur
b. Triceps, muscle extenseur.

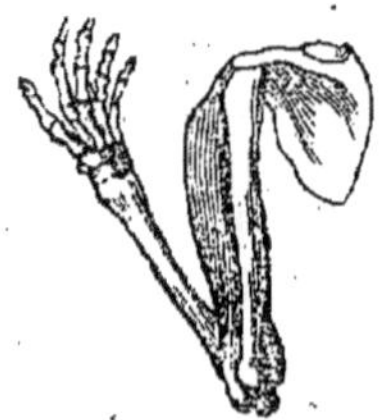

Fig. 11. — Muscle biceps dans l'état de contraction.

A chaque muscle en correspond un autre qui est, pour ainsi dire, son antagoniste ; ce second muscle produit, par ses contractions, des mouvements contraires à ceux que le premier a occasionnés, et ramène dans leur position initiale les organes déplacés. Ainsi dans la figure 10, lorsque le muscle *a* se contracte, ses extrémités *a' b'* se rapprochent et l'avant-bras, attiré en avant, fléchit sur le bras. Pour le ramener à sa position initiale, il faut la contraction d'un autre muscle *b*, nommé muscle *extenseur* ; le muscle *a* est un muscle *fléchisseur*.

14. Hygiène de la peau. — La peau est le siège d'une transpiration continuelle ; de plus, les glandes sébacées qu'elle renferme sécrètent une substance grasse à laquelle s'attachent les poussières ; il en résulte une espèce d'enduit qui arrête la transpiration, et qui, par conséquent, empêche l'organisme de se débarrasser d'une partie de ses principes nuisibles. Des lavages fréquents sont donc d'autant plus nécessaires que les sécrétions cutanées sont plus abondantes et qu'on se livre à un travail plus salissant.

Les parties du corps directement au contact de l'air doivent être lavées tous les jours, au moyen d'abondantes ablutions d'eau froide. C'est le matin, au sortir du lit, que l'on doit procéder à cette opération.

Quant aux parties du corps couvertes de vêtements, elles sont maintenues dans un état suffisant de propreté par les vêtements eux-mêmes, qui absorbent les liquides sécrétés par la peau et qui empêchent les poussières d'arriver jusqu'à elle.

Pour que les vêtements en contact immédiat avec la surface du corps puissent remplir leurs fonctions hygiéniques, il est nécessaire qu'ils soient souvent renouvelés. Aussi doit-on changer de linge de corps au moins tous les huit jours en hiver et deux fois par semaine en été.

Les pieds sont le siège d'une abondante transpiration, que l'on doit faciliter en les tenant dans un grand état de propreté. C'est une excellente habitude de se laver les pieds toutes les semaines.

15. Hygiène du mouvement. — Après la sobriété, l'exer-

cice est un des plus excellents conservateurs de la santé :
il augmente la vitesse de la circulation, accélère la digestion
et active la respiration ; de plus, il donne au corps de la
vigueur, de l'adresse et de l'agilité.

Quand l'exercice est insuffisant et la nourriture trop
abondante, l'embonpoint arrive bientôt, et, avec lui, bien
souvent, tout un cortège d'infirmités et de maladies. L'exercice ne doit pas cependant être trop violent, car il pourrait
causer la rupture de quelque vaisseau ou d'autres graves
accidents ; il ne doit pas non plus être de trop longue durée,
parce qu'il pourrait amener un amaigrissement considérable et prédisposer à certaines maladies.

A tout âge et à tout le monde l'exercice est utile ; mais
il est surtout nécessaire aux jeunes gens et aux personnes
qui mènent la vie sédentaire.

Les exercices auxquels les jeunes gens doivent tout particulièrement se livrer, sont le jeu, la marche, le travail
manuel et la gymnastique.

Les exercices de la gymnastique fortifient la constitution,
assouplissent les membres, donnent de l'agilité au corps et
de l'élégance au maintien ; mais pour qu'ils produisent tous
ces effets, ils doivent être réglés avec sagesse et exécutés
avec prudence. Il faut donc éviter tout excès dans les exercices de gymnastique et n'exécuter aux agrès que ceux qui
n'exposent à aucun danger.

Pour les personnes obligées à la vie sédentaire, les meilleurs exercices sont le travail manuel, la promenade et le
jeu qui exige du mouvement.

L'exercice appelle le repos. Le meilleur repos est celui du
sommeil ; mais pour qu'il produise toute son utilité, il doit
être sagement réglé. Un repos de sept heures suffit aux
adultes en bonne santé ; les vieillards en demandent un peu
moins, tandis que les malades et les enfants en exigent
davantage. C'est une mesure très hygiénique que celle de ne
jamais s'écarter de l'heure que l'on a fixée pour son coucher
et son lever

DEVOIRS

1er Devoir. — 1. Comment divise-t-on les corps dont s'occupe l'histoire naturelle? 2. Comment se subdivisent les corps vivants? 3. Quels sont les corps qui n'ont pas la vie? 4. Nommez les différents règnes de la nature. 5. Par quoi l'homme est-il supérieur aux animaux? 6. Nommez les principales races humaines. 7. Quelle est la plus intelligente? 8. Quelle race a les yeux obliques? 9. — les cheveux crépus? 10. — la figure ovale? 11. Que forme l'ensemble des parties dures du corps humain? 12. Comment se subdivise la tête? 13. — le tronc? 14. — les membres supérieurs? 15. — les membres inférieurs?

2e Devoir. — 1. Combien y a t-il d'os dans le crâne? 2. — dans la face? 3. — dans la colonne vertébrale? 4. Nommez les principaux os du crâne. 5. Quel est l'os mobile de la face? 6. Par quoi est limité le thorax en avant? 7. — en arrière? 8. — sur les côtés? 9. — en bas? 10. Quels sont les organes contenus dans le thorax? 11. — dans l'abdomen? 12. — dans le crâne? 13 Où est située la moelle épinière? 14. — la clavicule? 15. Combien l'homme a-t-il de paires de côtes?

3e Devoir. — 1. Nommez les parties qui composent la main. 2. — le pied. 3. Quels sont les os de l'épaule? 4. — de l'avant-bras? 5. — de la jambe? 6. Dans quelle partie du corps se trouve l'humérus? 7. — le fémur? 8. — l'os iliaque? 9. — le carpe? 10. — le métatarse? 11. Comment peut-on isoler la substance minérale des os? 12. — la gélatine? 13. Qu'appelle-t-on articulation? 14. — articulation mobile? 15. Comment se fait l'union des os dans l'articulation fixe? 16. — dans l'articulation mobile?

4e Devoir. — 1. Quels noms donne-t-on aux deux couches de la peau? 2. — à sa matière colorante? 3. Que renferme le derme? 4. Quels sont les organes passifs des mouvements? 5. — les organes actifs? 6. Comment les muscles sont-ils constitués? 7. Pourquoi la propreté du corps est-elle nécessaire à la santé? 8. Qu'est-ce que l'hygiène nous ordonne relativement à la propreté du visage? 9. — des pieds? 10. — du linge de corps? 11. Quel est après la sobriété, le premier des conservateurs de la santé? 12. A qui l'exercice est surtout utile? 13. Quels sont les exercices particuliers aux jeunes gens? 14. — à ceux qui mènent la vie sédentaire? 15. Quelle règle doit-on se prescrire relativement au lever et au coucher?

SUJETS DE RÉDACTION

1er Sujet. — Dans une lettre que vous écrivez à un de vos amis résumez sommairement une leçon de votre maître sur le thorax et les membres supérieurs du corps humain.

2e Sujet. — Expliquer comment les os sont reliés entre eux et comment ils peuvent se mouvoir.

CHAPITRE II

Digestion.

16. Définitions. — La *digestion* est l'ensemble des actes par lesquels le corps prend aux aliments les principes susceptibles d'être absorbés pour servir à son accroissement ou à son entretien.

Les aliments se divisent en aliments *plastiques* et en aliments *respiratoires*.

Les *aliments plastiques* sont ceux qui contiennent de l'*azote*. Seuls ils peuvent se fixer aux tissus de l'organisme pour les développer ou en réparer les pertes, c'est de cette propriété que vient leur nom d'aliments plastiques. La viande, le lait, les œufs, le pain doivent leurs qualités nutritives à la grande quantité de substances plastiques qu'ils renferment.

Les *aliments respiratoires* sont ceux qui ne contiennent pas d'azote. Après leur digestion, ils passent dans le sang où ils se combinent avec l'oxygène absorbé dans la respiration ; c'est la raison qui leur a fait donner le nom d'aliments respiratoires. Les principaux de ces aliments sont les matières grasses, les fécules et toutes les boissons alcooliques.

On appelle aliments *complets* ceux qui renferment à la fois des substances plastiques et des substances respiratoires ; tels sont le pain, le lait et les œufs.

17. Organes de la digestion. — La digestion s'effectue au moyen de deux séries d'organes :

1° Le *canal digestif*, qui consiste en une suite d'organes formant une cavité propre à recevoir les aliments et à les contenir pendant qu'ils subissent le travail de la digestion.

2° Les *glandes digestives*, qui sécrètent des liquides particuliers ayant pour action de transformer les aliments en substances susceptibles de passer à travers les parois des vaisseaux chargés de les absorber.

18. CANAL DIGESTIF. — Les différentes parties du canal digestif sont la *bouche*, l'*arrière-bouche*, l'*estomac* et l'*intestin*.

La bouche est limitée en haut par la *voûte du palais*, sur les côtés, par les *joues*, en avant, par les *lèvres*, et, en arrière, par le *voile du palais*. Elle renferme les organes de la mastication, qui sont les *dents*.

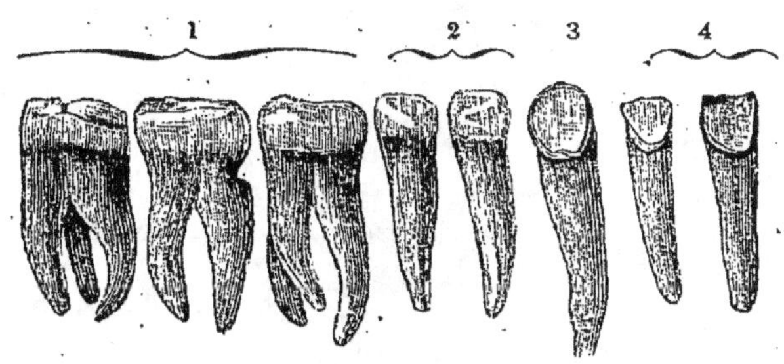

FIG. 12. — Différentes sortes de dents.
1. Grosses molaires. — 2. Petites molaires. — 3. Canines. — 4. Incisives.

Les *dents* sont formées d'une substance osseuse, nommée *ivoire*. Chaque dent comprend deux parties : la *couronne*, à l'extérieur des gencives, et la *racine*, profondément enchâssée dans l'os maxillaire. On distingue trois espèces de dents: les *incisives*, les *canines* et les *molaires*.

L'homme à l'âge adulte, compte *trente-deux* dents : *huit* incisives, *quatre* canines, *huit* petites molaires et *douze* grosses molaires. Dans sa première dentition, l'enfant n'a que *vingt* dents ; les grosses molaires manquent.

A la suite de la bouche se trouve l'*arrière-bouche*, appelée communément *gorge*, qui communique avec l'estomac par l'*œsophage*.

L'*œsophage* est un simple canal cylindrique de vingt-cinq centimètres de longueur, descendant verticalement, en avant de la colonne vertébrale, et débouchant dans l'estomac par une ouverture nommée *cardia*.

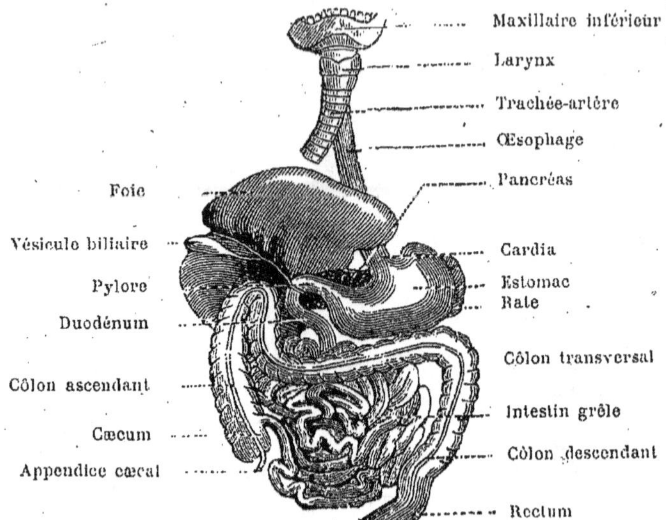

Fig. 13. — Appareil digestif de l'homme.

L'*estomac* est une poche membraneuse, ayant la forme d'une cornemuse, dont la capacité est de deux à trois litres. Il est placé horizontalement au-dessous du diaphragme et communique avec l'intestin par une ouverture nommée *pylore*.

On divise l'intestin en deux parties : l'*intestin grêle* et le *gros intestin*. L'intestin grêle est lisse à l'extérieur ; il a la forme d'un tube un peu plus gros que le pouce, et dont la longueur atteint cinq ou six fois celle du corps entier. Le gros intestin, bien plus gros que le précédent, est boursouflé à la surface ; sa longueur égale à peine les trois quarts de celle du corps.

19. Glandes digestives. — Les principales glandes digestives sont les *glandes salivaires*, les *follicules gastriques* et le *pancréas*.

Les *glandes salivaires*, au nombre de *six*, sont logées dans les parois de la bouche. Elles sécrètent la *salive*, liquide incolore qui joue un grand rôle dans la digestion.

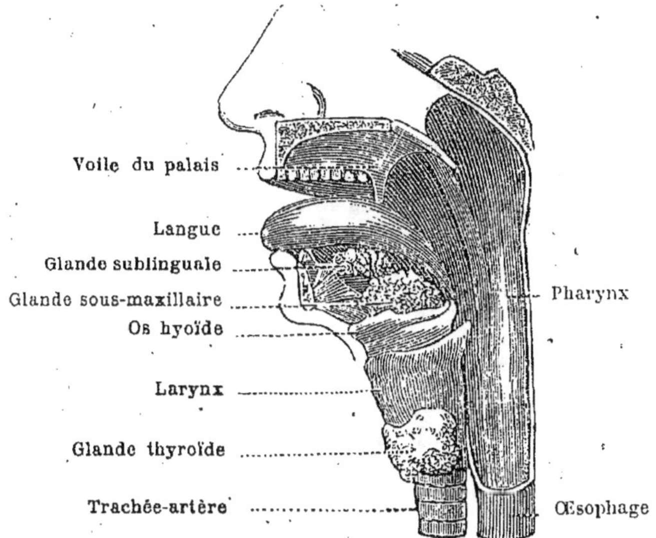

Fig. 14. — Coupe verticale de la bouche et du pharynx.

Les *follicules gastriques* sont de petites glandes placées dans la membrane interne de l'estomac. Elles sécrètent un liquide analogue à la salive, appelé *suc gastrique*.

Le *pancréas* est une glande volumineuse située dans l'abdomen, derrière l'estomac. Le produit de sa sécrétion est le *suc pancréatique*, qu'elle verse dans l'intestin grêle par un canal spécial.

20. Phénomènes mécaniques de la digestion. — Les aliments, lorsqu'ils sont introduits dans la bouche, sont soumis à la *mastication* ; cette opération s'effectue au moyen des dents, auxquelles viennent en aide la langue, les joues et les lèvres. La mastication a pour objet non seulement de diviser les aliments pour en faciliter l'introduction dans l'arrière-bouche, mais encore de les imbiber de salive, liquide nécessaire à la digestion.

Après que les aliments sont suffisamment mâchés et imprégnés de salive, la langue les réunit au fond de la bouche en une espèce de boule nommée *bol alimentaire*, puis elle les pousse dans l'arrière-bouche, d'où ils pénètrent dans l'œsophage.

Les aliments traversent l'œsophage sans s'y arrêter et arrivent dans l'estomac. Là, ils sont soumis à des contractions et à des mouvements qui ont pour but de les imprégner de suc gastrique, et de les faire avancer jusqu'au pylore. Après avoir franchi cet orifice, les aliments pénètrent dans l'intestin, où des mouvements analogues à ceux de l'estomac les obligent à avancer et à parcourir le reste du canal digestif.

21. Phénomènes chimiques de la digestion. — Les *phénomènes chimiques* de la digestion ont pour but de transformer les aliments en une série de produits solubles, capables d'être absorbés et de passer dans la masse du sang.

Les substances qui servent de nourriture à l'homme peuvent se diviser en trois groupes bien distincts, savoir :

1º *Des matières féculentes* ;
2º *Des produits azotés* ;
3º *Des substances grasses*.

Chacune de ces substances subissant une transformation particulière, il faut trois digestions différentes pour convertir tous les aliments en produits absorbables : la première de ces digestions se fait dans la *bouche*, la seconde dans l'*estomac*, et la troisième dans l'*intestin*.

La digestion *buccale* s'effectue au moyen de la *salive*, qui a la propriété de transformer les matières féculentes en une espèce de sucre nommé *glucose*. Cette transformation commence dans la bouche et se continue tout le long du canal digestif.

La digestion *stomacale* est due à l'action du *suc gastrique*, qui attaque les matières azotées et les transforme en un liquide absorbable, le *chyme*. Cette transformation commence dans l'estomac et ne se termine que dans l'intestin.

La digestion *intestinale* est produite par le suc *pancréatique*, qui a la propriété d'émulsionner les substances grasses, c'est-à-dire de les réduire en particules d'une ténuité suffisante pour leur permettre d'être absorbées. Ces substances, ainsi modifiées, forment un suc laiteux auquel on a donné le nom de *chyle*. Le suc pancréatique agit aussi sur les matières féculentes et sur les produits azotés, et continue le travail commencé par la salive et le suc gastrique.

22. Absorption. — L'*absorption* est l'ensemble des actes par lesquels les parties assimilables des aliments passent dans le corps.

L'absorption se fait principalement au moyen des vaisseaux *chylifères*. Ces vaisseaux, extrêmement fins, rampent en grand nombre sur les membranes de l'intestin, et, après s'être réunis plusieurs ensemble, ils vont déboucher dans un conduit spécial, qui vient lui-même se jeter dans une des principales veines du corps.

Les vaisseaux chylifères puisent dans l'intestin le chyle et les autres produits liquides de la digestion, comme les racines végétales puisent dans le sol les sucs qui doivent alimenter la plante. Ces produits sont ensuite amenés dans le sang, qui les porte dans toutes les parties de l'organisme, où ils servent à son développement ou à son entretien.

23. Hygiène des aliments. — La sobriété est le premier des conservateurs de la santé. Absorber trop de nourriture, c'est s'exposer à de fréquentes indigestions et aux maladies de l'estomac, du foie et des reins. Au contraire, la sobriété dans l'usage des aliments, jointe à la simplicité dans leur choix, est une source de santé et de vie et, par conséquent, de réel bonheur.

Pour conserver un bon estomac, et, par suite, une digestion facile, il faut avoir soin de ne jamais manger à satiété et de toujours prendre ses repas aux mêmes heures. Il est nécessaire aussi de manger lentement, de bien mâcher les aliments, de ne prendre qu'une nourriture saine, sainement préparée et de s'abstenir de manger et de boire entre les repas.

Les aliments qui peuvent servir de nourriture à l'homme sont nombreux. Une quantité de personnes ne se nourrissent que de végétaux, auxquels elles ajoutent des aliments d'origine animale, comme le lait et les œufs. D'autres préfèrent la chair des animaux, qui est plus nourrissante et qui renferme plus de sucs réparateurs que les végétaux ; mais cette alimentation est très échauffante et use plus vite les organes. Le régime alimentaire qui semble le mieux convenir à l'homme est le régime végétal, additionné d'un peu de viande et d'autres substances d'origine animale.

24. Hygiène des boissons. — L'eau potable est la boisson par excellence. Les personnes qui ne boivent que de l'eau, digèrent facilement et conservent généralement jusque dans la vieillesse la plus avancée, l'usage de toutes leurs facultés et de tous leurs sens.

Les boissons alcooliques, comme le vin, la bière, le cidre, prises en petite quantité, stimulent les fonctions digestives et forment elles-mêmes un aliment respiratoire ; mais l'usage immodéré de ces boissons et surtout des liqueurs fortes (absinthe, anis, etc.) amène les accidents les plus graves : il est toujours suivi des maladies de l'estomac et du système nerveux ; souvent il conduit à la folie et à la mort.

Les boissons aromatiques, comme le thé, le café, l'infusion de fleurs de tilleul, etc.; sont agréables et stimulantes. Toutefois on ne doit user qu'à dose modérée du thé et du café, à cause de l'excitation que produisent ces substances sur les nerfs.

Pendant les fortes chaleurs de l'été, il est à propos de boire plus abondamment qu'en hiver, afin de réparer les pertes occasionnées par la transpiration. Il faut néanmoins s'abstenir de boire coup sur coup, sous prétexte de se mieux désaltérer. Tout excès dans la boisson est nuisible à la santé, quel que soit le liquide absorbé. Il faut surtout se garder de prendre des boissons très fraîches lorsqu'on est en sueur ; les accidents les plus graves pourraient résulter de cette imprudence.

25. Hygiène des dents. — Pour que les aliments produisent leur effet utile, il faut qu'ils soient bien digérés, et, pour cela, il est nécessaire qu'ils aient subi une bonne mastication. La conservation des dents est donc une condition essentielle de bonne digestion, et par suite, de bonne santé.

La propreté est le premier moyen de conservation pour les dents ; aussi doit-on se rincer souvent la bouche après le repas et se laver les dents tous les jours avec une brosse ou un linge mouillé, afin de les débarrasser du tartre qui tend à s'y déposer. Il faut aussi éviter de boire trop frais, de manger trop chaud et de se servir des dents pour broyer les corps trop durs.

L'usage de certaines poudres dentifrices que l'on trouve dans le commerce, est plus nuisible qu'utile, car il a pour résultat d'enlever l'émail des dents et, par suite, de déterminer leur carie. Ces dentifrices peuvent être remplacés très avantageusement par un peu de craie ou de charbon de bois pulvérisé.

DEVOIRS

5ᵉ Devoir. — 1. Comment se divisent les aliments? 2. Quels sont ceux qui se fixent aux tissus de l'organisme? 3. — qui contiennent de l'azote? 4. Qu'appelle-t-on aliments complets? 5. Nommez des aliments respiratoires. 6. — des aliments complets. 7. Nommez les différentes parties du canal digestif. 8. Par quoi est limitée la bouche? 9. Quel nom donne-t-on à la substance qui compose les dents? 10. Quelles sont les deux parties que comprend une dent? 11. Combien distingue-t-on de sortes de dents? 12. Combien l'homme à l'âge adulte a-t-il de dents ? 13. Comment les divise-t-on ? 14. Combien l'enfant a-t-il de dents? 15. Quelles sont celles qui lui manquent ?

6ᵉ Devoir. — 1. Par quoi l'arrière-bouche communique-t-elle avec l'estomac? 2. Quelle est la forme de l'estomac? 3. Quelle est sa capacité moyenne? 4. Par quelle ouverture communique-t-il avec l'intestin? 5. — avec l'œsophage? 6. Comment se divise l'intestin?

7. Comment s'appelle la partie boursouflée? 8. — la partie unie?
9. Quelle est la longueur moyenne du gros intestin? 10. Nommez
les principales glandes digestives. 11. Comment s'appelle le suc
sécrété par les glandes salivaires? 12. — par les follicules de l'estomac? 13. — par le pancréas? 14. Quel est l'objet de la mastication? 15. Qu'est-ce qui fait avancer les aliments dans l'intestin ?

7ᵉ Devoir. — 1. Nommez les trois groupes que forment nos aliments.
2. Nommez les trois sortes de digestions que subissent ces aliments.
3. Quel est le suc qui agit sur les aliments féculents? 4. — sur les
matières azotées? 5. — sur les substances grasses? 6. Quels sont
les principaux organes de l'absorption? 7. Où se fait l'absorption?
8. Quel est le premier des conservateurs de la santé? 9. A quoi s'expose celui qui mange trop? 10. Quel est le régime alimentaire qui
semble le mieux convenir à l'homme? 11. Quels sont les avantages
que procure l'usage de l'eau comme boisson? 12. A quoi s'expose
celui qui abuse des boissons alcooliques? 13. Quand faut-il surtout
se garder de boissons fraîches? 14. Qu'est-ce que l'hygiène prescrit
par rapport à la propreté des dents? 15. Par quoi peut-on remplacer
les poudres dentifrices du commerce?

SUJETS DE RÉDACTION

3ᵉ Sujet. — Ne mangeons pas gloutonnement. Nécessité d'une
complète mastication ; rôle de la salive ; conséquence de la glouton-
nerie pour l'estomac.

4ᵉ Sujet. — Description sommaire des organes qui composent le
canal digestif.

CHAPITRE III

Circulation. — Respiration.

26. Définition. — La *circulation* du sang consiste dans
le transport continuel de ce liquide du cœur à tous les organes du corps, et dans son retour des organes au cœur.

Pour que le sang puisse nourrir tous les organes en leur
portant les principes élaborés par la digestion, il est nécessaire qu'il soit animé d'un mouvement continuel qui le
porte dans toutes les parties de l'organisme, et le ramène
ensuite aux poumons pour y subir l'action de l'air et se purifier.

27. Sang. — Chez l'homme, comme chez les animaux
vertébrés, le sang est rouge et légèrement visqueux. Il se
compose essentiellement d'un liquide, le *plasma*, tenant en

suspension une multitude de petits *globules rouges* solides,
qui forment la partie essentielle du
sang. Ces globules sont si petits,
qu'une goutte de sang en contient
plus d'un *million*.

Extrait des vaisseaux sanguins et
abandonné à lui-même, le sang se
coagule, c'est-à-dire se divise en deux
parties : une liquide et jaunâtre, appelée *cruor*, et une solide et rouge
foncé, nommée *caillot*. Le cruor est

Fig. 15. — Globules
du sang.

presque exclusivement formé par le plasma, et le caillot, par
les globules rouges.

La couleur du sang présente quelques modifications suivant les vaisseaux où il se trouve. Le sang des artères, qui a
subi l'action de l'air dans les poumons, est d'un rouge ver-
meil ; cette coloration est due à la plus grande quantité
d'oxygène qu'il contient. Au contraire, le sang des veines,
qui a traversé les organes et qui se rend aux poumons pour
y être purifié, est d'un rouge noirâtre ; cette coloration est
produite par l'excès d'anhydride carbonique qu'il renferme.

28. Appareil de la circulation. — L'appareil de la circulation se compose :

1º D'un organe destiné à mettre le sang en mouvement :
c'est le *cœur* ;

2º D'un système de canaux dans lesquels le sang effectue
son mouvement ; ces canaux sont les *artères*, les *vaisseaux
capillaires* et les *veines*.

Le *cœur* est un organe musculaire un peu plus gros que
le poing et dont la forme rappelle celle d'une poire. Il est
logé dans le thorax, entre les poumons ; sa pointe est tournée en bas. L'intérieur du cœur présente quatre cavités :
deux supérieures, appelées *oreillettes*, et deux inférieures,
nommées *ventricules*. Chaque oreillette communique avec le
ventricule correspondant, par un orifice qui se ferme au

moyen d'une *valvule*. Les oreillettes ne communiquent pas
entre elles et il en est de même des ventricules.

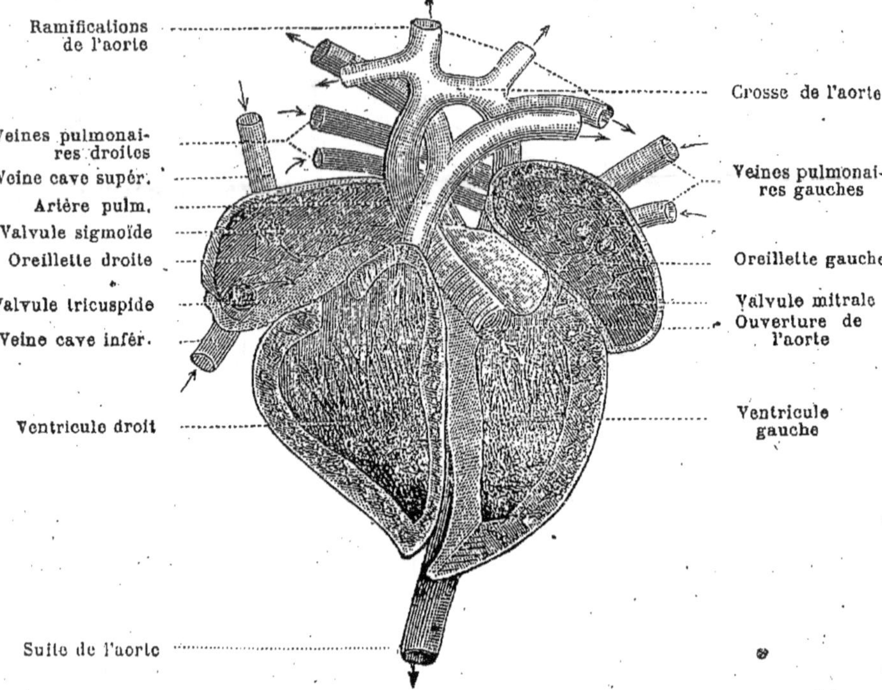

Fig. 16. — Coupe verticale du cœur.

Les *artères* sont les vaisseaux par lesquels le sang s'éloigne du cœur ; les *veines* sont ceux par lesquels il y revient.

Les principales artères sont l'*artère pulmonaire* et l'*artère
aorte*. La première part du ventricule droit, et, après s'être
divisée en deux branches, va se ramifier dans les poumons;
la deuxième prend naissance au ventricule gauche, puis se
recourbe en forme de crosse et se dirige ensuite verticalement du haut en bas, en suivant la colonne vertébrale ; elle
finit par pénétrer dans les membres inférieurs, après s'être
divisée en deux branches. Dans ce trajet, l'aorte émet un

grand nombre de ramifications qui, en se subdivisant à l'infini, distribuent le sang dans toutes les parties du corps.

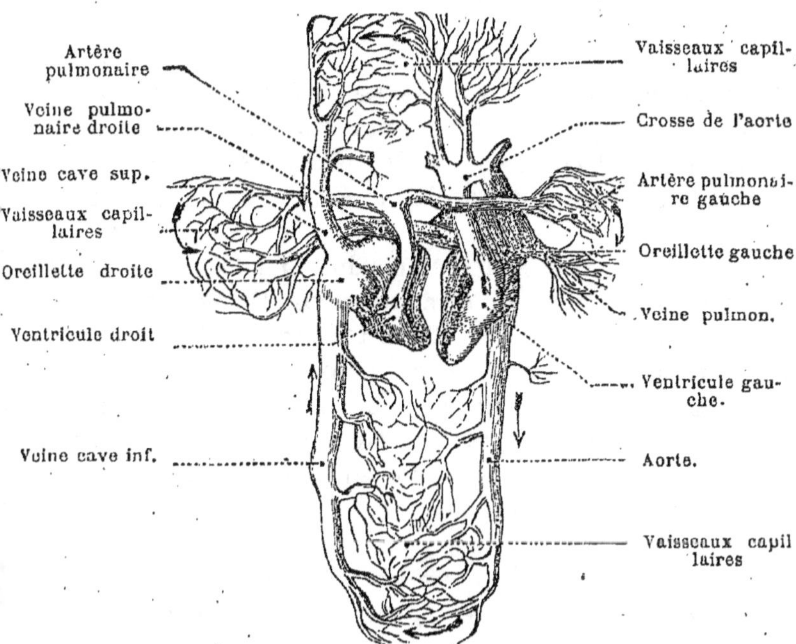

Fig. 17. — Figure théorique de la circulation chez l'homme.

Les dernières ramifications des artères sont continuées par des vaisseaux aussi déliés que des cheveux ; ces vaisseaux, appelés, pour cette raison, *vaisseaux capillaires*, sont si nombreux qu'il est impossible d'enfoncer la pointe de l'aiguille la plus fine dans une partie quelconque de l'organisme sans en rencontrer ; ce que l'on reconnaît par le sang qui s'échappe bientôt de la piqûre.

Les vaisseaux capillaires se réunissent et forment d'autres vaisseaux plus gros : ce sont les *veines* ; les veines se réunissent à leur tour et finissent par constituer deux gros vaisseaux nommés *veines caves*, qui ramènent le sang au cœur, en venant déboucher dans son oreillette droite.

29. Mécanisme de la circulation. — Le sang, dans ses

différents parcours au sein de l'organisme, forme deux circulations très distinctes : la *petite circulation* et la *grande circulation*.

30. PETITE CIRCULATION. — La petite circulation consiste dans le trajet que le sang effectue en allant du cœur aux poumons et en revenant des poumons au cœur. Elle commence au ventricule droit et se termine au ventricule gauche.

Le mouvement du sang est produit par les contractions successives du ventricule droit du cœur. En se contractant ce ventricule oblige le sang dont il est rempli à passer dans l'artère pulmonaire, qui, par ses deux branches, le conduit aux poumons ; de là, après avoir subi l'action de l'oxygène de l'air, le sang revient au cœur par les veines pulmonaires, qui débouchent dans l'oreillette gauche, et une légère contraction de cette oreillette le fait passer dans le ventricule gauche.

Pendant son passage dans les vaisseaux capillaires des poumons, le sang change d'aspect : de rouge noir, il devient rouge vif ; de veineux, il devient artériel.

31. GRANDE CIRCULATION. — La grande circulation consiste dans le trajet que le sang effectue en allant du cœur à tous les organes du cœur, et en revenant de ces organes au ventricule droit.

Le mouvement de cette circulation est produit par les contractions successives du ventricule gauche du cœur. Les puissantes contractions de ce ventricule chassent dans l'aorte le sang dont il est plein, l'obligent à passer dans les artères et dans les vaisseaux capillaires qui leur font suite ; des vaisseaux capillaires le sang vient dans les veines, qui le conduisent à l'oreillette droite du cœur par les deux veines caves ; une contraction de cette oreillette fait passer le sang dans le ventricule droit.

En passant dans les vaisseaux capillaires de la grande

circulation, le sang cède aux organes ses principes nutritifs élaborés par la digestion ; grâce à ces principes et à l'oxygène dont le sang est imprégné, il se produit au sein de l'organisme une véritable combustion, qui maintient au corps sa température constante, sa chaleur vitale. L'eau et l'anhydride carbonique qui résultent de cette combustion, restent dans le sang ; aussi pendant cette circulation le sang change-t-il de couleur : de rouge vif, il devient rouge noir.

32. Pouls. — Comme on vient de le dire, le sang est mis en mouvement par les contractions du cœur. Les deux oreillettes se contractent en même temps et il en est de même des ventricules. Les contractions de ces derniers, de beaucoup les plus fortes, à cause du long trajet qu'elles ont à faire exécuter au sang, se font sentir dans les artères par des pulsations que l'on perçoit facilement dans celles qui avoisinent la surface du corps. Ces pulsations sont produites par les ondées sanguines chassées du cœur ; à chacune d'elles correspond une contraction du ventricule gauche. On peut donc, au moyen des pulsations, compter le nombre des contractions du cœur. Chez l'homme adulte, en bonne santé, le nombre de ces contractions est en moyenne de *soixante-douze* par minute.

33. Hygiène de la circulation. — Les veines sont presque toutes situées à la surface du corps ; ce sont elles qui dessinent les lignes bleuâtres que l'on voit par transparence sous la peau. Il est donc facile de comprendre que l'emploi de vêtements trop étroits ne serait pas hygiénique, car ces vêtements gêneraient la circulation du sang.

Pour la même raison on doit préférer l'usage de bretelles à celui des ceintures, et ne pas se servir de jarretières qui serreraient trop les jambes.

Pendant le sommeil, il est nécessaire que le cou et les poignets soient bien dégagés, afin que rien ne s'oppose à la libre circulation du sang.

Respiration.

34. Définition. — La *respiration* est l'ensemble des actes qui ont pour but de mettre l'air en contact avec le sang veineux dans les poumons, pour le transformer en sang artériel.

35. Appareil de la respiration. — L'appareil de la respiration se compose :

1º De parties essentielles, qui sont les *poumons* ;

2º De parties accessoires servant à déterminer la rentrée de l'air dans les poumons.

Les *poumons* sont deux masses spongieuses, situées dans le thorax, une de chaque côté du cœur.

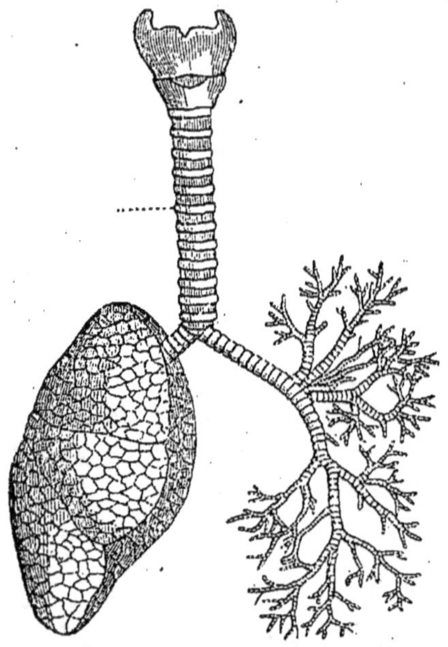

FIG. 18.—Trachée-artère et poumons.

Ils renferment une multitude de petites cellules dans les parois desquelles existe un riche réseau capillaire, formé par les dernières ramifications des artères et des veines pulmonaires. Chacune de ces cellules est en contact avec l'air extérieur par des conduits extrêmement fins, qui sont les dernières subdivisions de la trachée-artère.

La *trachée-artère* est un canal cylindrique, formé d'anneaux cartilagineux empilés les uns sur les autres et reliés ensemble par des membranes. Elle descend le long du cou au-devant de l'œsophage et pénètre dans le thorax, où elle se divise en deux branches qui se rendent chacune à l'un des poumons ; ce sont les *bronches*. À peine rentrées dans les poumons, les bronches se subdivisent en une quantité innombrable de ramifications, qui vont se terminer chacune dans une cellule pulmonaire.

36. Phénomènes mécaniques de la respiration. — Une expérience bien simple fait facilement comprendre le mécanisme de l'entrée de l'air dans les poumons. Soit la cloche représentée par la figure 19. Le fond de cette cloche est formé par une membrane en caoutchouc, et sa tubulure est fermée par un bouchon traversé par un tube ; à l'extrémité inférieure de ce tube, on a fixé les poumons d'un oiseau ou une simple vessie en caoutchouc. Quand on tire en bas la partie centrale de la membrane en caoutchouc, la capacité de la cloche augmente et il y a appel d'air. Le tube étant

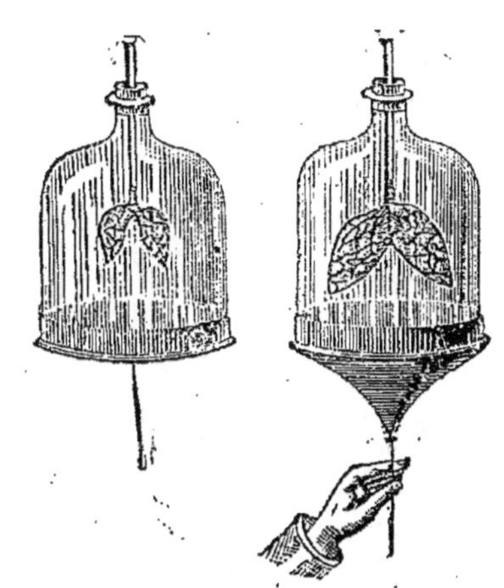

FIG. 19. — Appareil pour l'explication des phénomènes mécaniques de la respiration.

la seule ouverture de la cloche, l'air pénètre par son intérieur et vient gonfler les poumons. Lorsqu'on laisse la membrane de caoutchouc reprendre sa position première, la capacité de la cloche diminue, l'air des poumons est chassé au dehors et ceux-ci se dégonflent.

L'entrée de l'air dans nos poumons est produite par un phénomène tout à fait semblable. Le thorax représente la cloche de l'expérience précédente, le diaphragme en est la membrane inférieure, et la trachée-artère, le tube de communication avec l'air. Sous l'action de certains muscles, nommés les *piliers* du diaphragme, ce dernier, qui, au repos, est convexe à sa face supérieure, s'abaisse et détermine ainsi une augmentation de la capacité thoracique ; alors l'air extérieur pénètre dans les poumons par la trachée-artère ; c'est l'inspiration. Lorsque les piliers du diaphragme cessent leur action, cette membrane se relève, la cavité de la poitrine diminue et une partie de l'air des poumons est chassée au dehors, c'est l'*expiration*. L'ensemble des actes de l'inspiration et de l'expiration forme la *respiration*.

Au jeu du diaphragme s'ajoute celui des côtes qui, pendant l'inspiration, se relèvent et augmentent la capacité thoracique ; elles contribuent ainsi à l'entrée de l'air dans les poumons.

37. Phénomènes chimiques de la respiration. — Les phénomènes chimiques de la respiration sont de deux sortes : les uns se rapportent aux modifications subies par le sang, les autres à celles qui sont éprouvées par l'air.

38. Modifications subies par le sang. — En passant dans les vaisseaux capillaires qui sillonnent les parois des cellules pulmonaires, le sang veineux ne se trouve séparé de l'air que par une membrane très mince, celle des vaisseaux capillaires ; il laisse alors s'exhaler une partie de l'anhydride carbonique et de la vapeur d'eau dont il est imprégné, et, en même temps, il absorbe une certaine quantité de l'oxygène de l'air enfermé dans les cellules. Cet échange de produits gazeux détermine pour le sang un changement d'aspect : de rouge noir, il devient rouge écarlate. Cette transformation est due principalement à l'*hématine*, matière colorante des globules ; pour cette raison, elle porte le nom d'*hématose*.

39. Modifications éprouvées par l'air. — L'air, à la sortie des poumons, n'a pas la même composition qu'à son entrée dans ces organes. Il a moins d'oxygène, et possède une plus grande quantité d'anhydride carbonique et de vapeur d'eau.

Sur un volume de cent parties d'air inspiré il y a *vingt et une* parties d'oxygène, tandis que le même volume d'air expiré n'en renferme que *seize* parties. L'air, en passant dans les poumons, perd donc le *quart* de son oxygène qu'il remplace par une quantité presque égale d'anhydride carbonique et par un peu de vapeur d'eau.

Pour constater la présence de l'anhydride carbonique dans l'air venant des poumons, il suffit de faire passer un peu de cet air dans une dissolution de chaux. On voit cette dernière, de transparente qu'elle était, devenir d'un blanc laiteux à cause du carbonate de calcium qui se produit et qui reste en suspension dans le liquide. Quant à la vapeur d'eau, sa présence se révèle, en hiver, par le brouillard qui se forme à chaque expiration, lorsqu'on se trouve dans une atmosphère froide. En été, cette vapeur est invisible, mais on peut en constater l'existence en approchant des lèvres un corps froid, lequel ne tarde pas à se couvrir de buée.

Fig. 20. — Eau de chaux troublée par le passage de l'air des poumons.

40. Hygiène de la respiration. — La qualité de l'air a la plus grande influence sur la santé, car il est l'agent le plus essentiel de la vie. Aussi doit-on prendre toutes les précautions possibles pour en assurer la pureté.

Il est nécessaire d'aérer fréquemment les salles où se

trouvent réunies un grand nombre de personnes, car, outre que la respiration absorbe de l'oxygène à l'air pour le remplacer par l'anhydride carbonique, il est démontré que la vapeur d'eau qui s'échappe des poumons renferme des principes délétères.

Les fenêtres des appartements où séjournent ensemble un grand nombre de personnes, doivent être à impostes mobiles ou posséder un système quelconque de ventilation, car il est important pour la santé de ces personnes que l'aération de ces appartements soit continue.

On ne doit jamais se servir de réchauds et de chaufferettes à charbon à l'intérieur des appartements, car les produits qui se dégagent de ces appareils de chauffage sont tout à fait délétères. Les poêles en fonte ne sont pas hygiéniques, parce qu'ils ne favorisent pas l'aération des appartements, et surtout parce que, quand ils sont portés au rouge, ils laissent dégager de l'oxyde de carbone, gaz des plus vénéneux.

Dans les dortoirs et les chambres à coucher, le nombre des personnes doit être réglé de telle sorte que chacune ait au moins quinze mètres cubes d'air. Sous prétexte d'aération, on ne doit jamais laisser dans ces appartements de fenêtre ouverte pendant la nuit, parce que les brusques variations de température qui se produisent vers le matin, peuvent être la cause d'accidents des plus graves.

Les fleurs doivent être soigneusement bannies des appartements et surtout des chambres à coucher ; car elles laissent dégager de l'anhydride carbonique, gaz impropre à la respiration.

La cohabitation avec les animaux est absolument interdite par l'hygiène. L'habitude que l'on a dans un grand nombre de fermes de passer la veillée dans les étables et même d'y coucher, est des plus déplorables.

Il est nécessaire d'éloigner des habitations les tas de fumier, les basses-cours, les clapiers, les écuries, et, en un mot, tout ce qui renferme des matières organiques en décomposition; car il se dégage de ces substances des exhalaisons qui ne peuvent qu'être nuisibles à la santé. C'est à ces exhalaisons qu'il faut attribuer les fièvres pernicieuses et les maladies épidémiques qui, bien souvent, surtout pendant l'été, désolent ceux de nos villages qui se font remarquer par leur malpropreté.

DEVOIRS

8° Devoir. — 1. Comment s'appelle la partie liquide du sang? 2. Que tient-elle en suspension? 3. Qu'est-ce qui donne une idée de la petitesse de ces globules? 4. Que devient le sang quand on l'abandonne à lui-même? 5. Comment s'appelle alors la partie liquide? 6. — la partie solide? 7. Quelle est la couleur du sang contenu dans les artères? 8. — dans les veines? 9. Quel est l'organe qui met le sang en mouvement? 10. Comment nomme-t-on les canaux qui servent à le conduire? 11. Où est situé le cœur? 12. Quelle est sa forme et sa grosseur? 13. Combien le cœur contient-il de cavités? 14. Nommez-les. 15. Quelles sont celles qui communiquent entre elles?

9° Devoir. — 1. Comment appelle-t-on les vaisseaux par lesquels le sang s'éloigne du cœur? 2. — ceux par lesquels il y revient? 3. Celui qui conduit le sang du cœur aux poumons? 4. — celui qui prend naissance au ventricule gauche? 5. — ceux qui font communiquer les artères avec les veines? 6. — ceux qui débouchent dans l'oreillette droite? 7. En quoi consiste la petite circulation? 8. — la grande circulation? 9. Où commence et où finit la première? 10. — la seconde? 11. Où le sang cède-t-il à l'organisme les produits élaborés par la digestion? 12 Quel changement de couleur éprouve le sang en passant dans les vaisseaux capillaires des poumons? 13. — dans ceux de l'organisme? 14. Combien l'homme adulte a-t-il de pulsations en moyenne par minute? 15. Quelles précautions faut-il prendre relativement à la circulation?

10° Devoir. — 1. Quels sont les organes essentiels de la respiration? 2. Où sont situés les poumons? 3. Au moyen de quoi communiquent-ils avec l'air extérieur? 4. Comment s'appellent les premières divisions de la trachée-artère? 5. Quel est le principal organe du mécanisme de la respiration? 6. Sous l'influence de quel muscle agit-il? 7. Quelles sont les modifications subies par le sang pendant la respiration? 8. Quelle quantité d'oxygène l'air perd-il pendant la respiration? 9. Par quoi le remplace-t-il? 10. Au moyen de quel liquide peut-on constater la présence de l'anhydride carbonique dans l'air expiré? 11. Comment constate-t-on celle de la vapeur d'eau? 12. Qu'est-ce que l'hygiène défend à l'égard des chambres à coucher? 13. — des réchauds? 14. Pourquoi les poêles en fonte ne sont-ils pas hygiéniques? 15. Qu'est-ce que l'hygiène prescrit relativement aux salles où se trouvent réunies un grand nombre de personnes?

SUJETS DE RÉDACTION

5° Sujet. — Dans une lettre que vous écrivez à un de vos amis, vous lui indiquez les causes qui peuvent vicier l'air dans les appartements que nous habitons, les inconvénients qui en résultent et les moyens d'y remédier.

6° Sujet. — Indiquez le trajet que suit le sang dans ses deux mouvements circulatoires ainsi que les diverses modifications qu'il y subit.

CHAPITRE IV

Système nerveux. — Sens. — Voix.

41. Définition. — La *sensibilité*, en parlant de notre corps, est la faculté qui nous fait percevoir les impressions qui nous viennent des objets extérieurs. C'est cette faculté qui nous permet d'entendre la voix de celui qui nous parle, et qui nous fait éprouver une douleur par la piqûre d'une épingle.

Les impressions extérieures sont recueillies par les organes particuliers, les *organes des sens*, qui les transmettent, au moyen des *nerfs*, à un autre organe très important, le *cerveau* ; c'est dans ce dernier organe que les impressions sont reçues et appréciées.

42. Cerveau. — Le *cerveau*, dont la forme rappelle celle du noyau de la noix, est logé dans la partie postérieure du crâne. Il est constitué par une substance molle, blanche à l'intérieur et grise à l'extérieur. Une profonde scissure le divise verticalement en deux lobes latéraux ou *hémisphères*. Au-dessous du cerveau, se trouve un autre organe plus petit, mais de même substance et de même forme ; c'est le *cervelet*. La surface du cerveau présente un grand nombre d'éminences arrondies et contournées sur elles-mêmes ; celle du cervelet est couverte de sillons droits et parallèles.

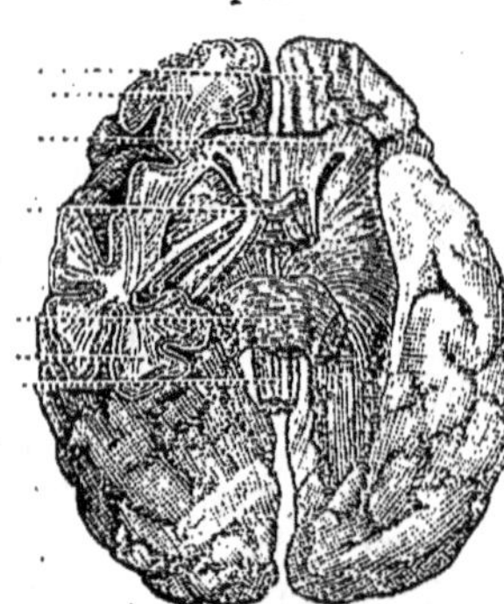

Fig. 21. — Cerveau humain vu en dessous.

Le cerveau est non seulement le centre où viennent aboutir les sensations recueillies par les organes des sens ; mais il est aussi le milieu d'où partent toutes les excitations qui déterminent les mouvements volontaires. Il est le siège de l'*intelligence* et l'organe de la *pensée*. Il faut se garder de croire que le cerveau *produise* la pensée, comme on a vu que les glandes sécrètent les divers liquides de l'organisme. La pensée, essentiellement *simple* et *immatérielle*, ne peut avoir pour cause un organe *composé* et *matériel*. C'est l'*âme* qui pense, le cerveau n'est que l'instrument de ses opérations.

43. Moelle épinière. — Nerfs. — Du cerveau et du cervelet partent quatre prolongements de matière nerveuse, qui, après s'être réunis sous la forme d'un cordon blanchâtre, sortent du crâne, pénètrent dans le canal formé par les trous des vertèbres et descendent jusqu'à l'extrémité de l'épine dorsale : c'est la *moelle épinière*. Comme le cerveau, la moelle épinière se compose d'une substance blanche et d'une substance grise, mais la substance blanche est à l'extérieur.

De nombreux rameaux partent de chaque côté de la colonne vertébrale par des ouvertures nommées *trous de conjugaison ;* ces rameaux se subdivisent à l'infini, et se répandent dans toutes les parties de l'organisme ; ils constituent les *nerfs*.

Fig. 22. — Portion de la moelle épinière.
A. Vue de face.
B. Coupe horizontale.

Les *nerfs* ont la forme de petits cordons blanchâtres et sont de consistance très molle ; ils se composent de fibres si déliées, qu'il en faut *plusieurs milliers* pour faire un cordon d'un *millimètre* de diamètre.

Les fonctions de la moelle épinière et des nerfs sont de transmettre au cerveau les impressions recueillies par les sens, et de communiquer aux organes du mouvement les excitations de la volonté. Pour qu'un nerf puisse remplir ces fonctions, il est absolument nécessaire qu'il s'étende sans interruption depuis le cerveau jusqu'à l'organe qui reçoit l'impression ou qu'il doit mettre en mouvement. Sa section ou son altération en un point quelconque de ce trajet, détermine la *paralysie* du membre qu'il a sous sa dépendance.

44. Hygiène du cerveau. — Un travail intellectuel trop prolongé peut amener des troubles dans le cerveau, mais les causes les plus nombreuses de l'affaiblissement des fonctions cérébrales sont l'abus du tabac et surtout l'usage immodéré des alcools et des liqueurs fortes.

Le tabac renferme un poison violent, la *nicotine*. Ce poison, quoique absorbé en petite quantité, finit, avec le temps par produire de funestes effets sur les facultés intellectuelles. L'abus des alcools est bien plus pernicieux encore : il affaiblit la vue, fait perdre la mémoire et bien souvent conduit à la folie et détermine une mort prématurée. Les enfants de parents alcooliques sont fréquemment idiots, maladifs et surtout enclins à la phtisie.

Organes des sens.

L'homme possède cinq sens, qui sont le *toucher*, le *goût*, l'*odorat*, l'*ouïe* et la *vue*.

45. Le toucher. — Le sens du *toucher* nous fait apprécier quelques-unes des propriétés physiques des corps, telles que la forme, la dureté, le degré de poli, etc. Il s'exerce par tous les points de la surface du corps, mais spécialement par la main, qui est recouverte d'un grand nombre de petites saillies, nommées *papilles;* elles sont les véritables organes du toucher. Dans les papilles, viennent se terminer les dernières ramifications des nerfs chargés de recevoir

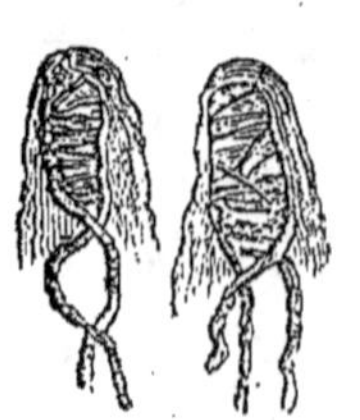

FIG. 23. — Papilles fortement grossies.

les impressions du toucher et de les transmettre au cerveau.

46. Le goût. — L'odorat. — Le sens du *goût* est celui qui
us permet d'apprécier la saveur des
rps. Il a son siège sur les parois de la
uche, mais plus particulièrement à
surface supérieure de la langue.

La langue, constituée par un grand
ombre de muscles entrecroisés, a sa
ce supérieure couverte de papilles,
ins lesquelles se terminent les der-
ères subdivisions du *nerf lingual ;* les
nctions de ce nerf sont de recueillir les
npressions produites par la saveur des
iments et de les transmettre au cer-
eau.

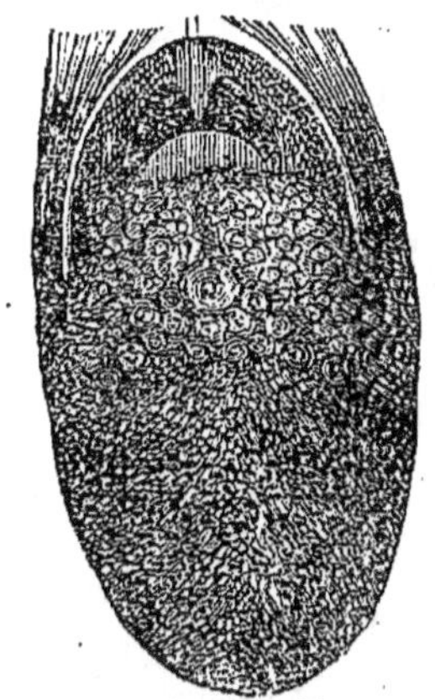

FIG. 24. — Langue
et arrière-bouche.

Le sens de l'*odorat* a pour but la perception des odeurs. Il
st situé dans les *fosses nasales*, cavités creusées dans les os
u crâne et placées sur le trajet que l'air suit pour se rendre
l'appareil respiratoire. Les fosses nasales sont tapissées
'une membrane à replis, nommée *membrane pituitaire,*
ans laquelle vient s'épanouir le *nerf olfactif*, chargé de
transporter au cerveau les impres-
sions produites par les odeurs.

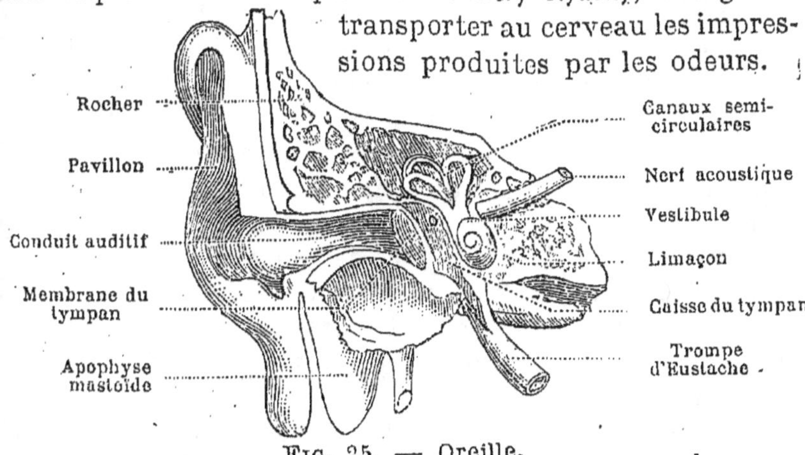

FIG. 25. — Oreille.

47. L'ouïe. — Le sens de l'*ouïe* nous fait entendre les
sons et nous permet d'en apprécier les qualités. Son organe
est l'*oreille*.

La voix.

49. Définition. — La *voix* est la faculté que possèdent l'homme et certains animaux de produire des *sons*, au moyen d'un organe appelé *larynx*.

Le larynx est placé à la partie supérieure de la trachée-artère ; c'est cet organe qui forme, à la base du cou, la saillie vulgairement nommée *pomme d'Adam*. Il est constitué par des cartilages unis entre eux par des membranes fibreuses. Sa paroi intérieure est tapissée d'une membrane très sensible, formant des replis considérables appelés *ligaments* ou *cordes vocales*.

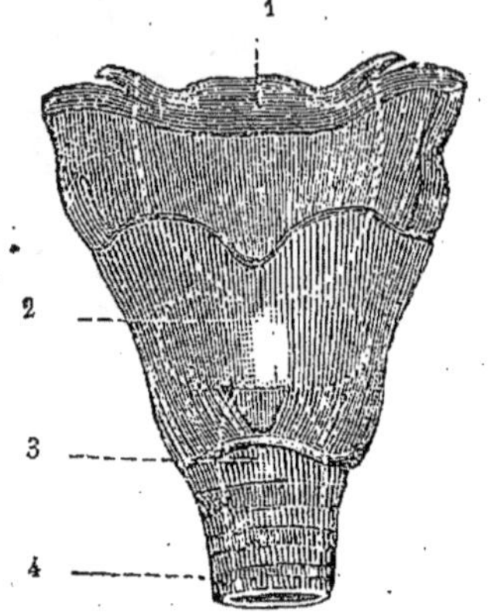

FIG. 29. — Larynx de l'homme.
1. Os hyoïde. — 2. Cartilage thyroïde. — 3. Cartilage cricoïde. — 4. Commencement de la trachée. Le pointillé blanc montre les ligaments inférieurs, les ventricules et les ligaments supérieurs.

Les cordes vocales constituent la partie principale du larynx, car ce sont elles qui, sous l'influence de l'air chassé des poumons, entrent en vibration et produisent les sons. Lorsque les cordes vocales sont peu tendues, les vibrations sont lentes et produisent des sons graves ; quand, au contraire, les cordes vocales sont très tendues, les sons deviennent aigus. Des muscles situés dans les parois du larynx ont pour fonction de tendre et de détendre les cordes vocales.

Les différentes parties du larynx, l'arrière-bouche, les fosses nasales et les dents contribuent à modifier les sons ; la langue et les lèvres servent à leur articulation, c'est-à-dire à la formation de la *parole*.

De tous les êtres de la création, l'homme est le seul qui possède la faculté de modifier les divers sons de sa voix, de manière à former des mots pour exprimer sa pensée. L'homme seul jouit de la parole ; les animaux n'émettent que des sons.

Certains oiseaux, comme les perroquets, peuvent produire par imitation quelques-unes de nos paroles ; mais ils ne peuvent y attacher aucune idée, c'est une parole inintelligente. Dieu n'a pas voulu que les animaux, même ceux qui s'approchent le plus de l'homme par leurs formes extérieures, puissent produire des sons articulés, tant il lui a plu d'établir des limites tranchées entre sa créature privilégiée et les animaux !

DEVOIRS

11e Devoir. — 1. Quels sont les organes qui recueillent les impressions extérieures? 2. Où ces impressions sont-elles transmises? 3. Par l'intermédiaire de quoi le sont-elles? 4. Où est logé le cerveau? 5. — le cervelet? 6. Par quoi le cerveau est-il constitué? 7. Par quoi est-il divisé? 8. Comment appelle-t-on chacune des divisions? 9. Que présente la surface du cerveau? 10. — celle du cervelet? 11. De quoi le cerveau est-il le siège? 12. Qu'est-ce qui produit la pensée? 13. Quel est l'organe qui prend naissance à la base du cerveau et du cervelet? 14. Où est-il logé? 15. Comment appelle-t-on les ramifications de la moelle épinière?

12e Devoir. — 1. Nommez les cinq sens. 2. Quel est celui qui s'exerce par tous les points de la surface du corps? 3. Quels sont les véritables organes du toucher? 4. Comment s'appelle le nerf qui reçoit les impressions du toucher? 5. — du goût? 6. — de l'odorat? 7. — de l'ouïe? 8. — de la vue? 9. Où est situé le siège particulier du goût? 10. Quelles sont les trois parties de l'oreille? 11. De quoi se compose l'oreille externe? 12. — moyenne? 13. — interne? 14. Quelle est celle des parties de l'oreille qui recueille les sons? 15. — qui les conduit au tympan?

13e Devoir. — 1. Nommez les trois membranes qui enveloppent l'œil, en arrière. 2. Où se trouve la cornée transparente? 3. — l'iris? 4. — la pupille? 5. — le cristallin? 6. Quelle est la forme du cristallin? 7. Nommez les deux principaux défauts de la conformation de l'œil. 8. Comment remédie-t-on à la presbytie? 9. — à la myopie? 10. Quel est l'organe de la voix? 11. Où est-il placé? 12. Quelles sont les parties du larynx qui produisent les sons? 14. Quelles sont les parties du corps qui servent à modifier les sons? 13? Quelles sont celles qui servent à l'articulation des sons? 15. Pourquoi l'homme est-il le seul être de la création doué de la parole?

SUJETS DE RÉDACTION

7e Sujet. — Décrire le cerveau. Dire ses fonctions et les causes qui peuvent les troubler.

8e Sujet. — Sous forme de lettre à un ami, décrire succinctement les organes de l'ouïe et de la vue, ainsi que le fonctionnement de ces organes.

CHAPITRE V

Soins à donner en cas d'accidents.

50. Les accidents auxquels nous sommes sans cesse exposés sont nombreux. Il est important de connaître les premiers soins à donner aux personnes qui en ont été les victimes ; souvent ces soins suffisent pour en neutraliser presque complètement les funestes conséquences.

51. Entorse. — Luxation. — Fracture. — L'*entorse* ou *foulure* consiste dans le froissement ou le déchirement des muscles qui entourent les articulations mobiles, sans qu'il y ait déplacement des parties osseuses. Cet accident, quoique très douloureux, n'est pas d'une bien grande gravité : quelques compresses d'eau froide et un peu de repos en font habituellement disparaître les suites.

La *luxation* se produit lorsqu'un os sort de son articulation. Le médecin seul peut donner les soins nécessaires pour guérir la luxation. En attendant sa venue, il est très utile d'appliquer de fréquentes compresses d'eau fraîche sur la partie malade, afin d'en éviter l'enflure.

La *fracture* ou *cassure* d'un os est un accident plus grave que les deux précédents. Lorsqu'il se produit, on doit avoir recours au médecin le plus tôt possible. Les premiers soins à donner au malade consistent à le placer de manière que les deux parties de l'os fracturé soient immobiles et dans leur position naturelle, vis-à-vis l'une de l'autre. Quand il s'agit d'une jambe, la position horizontale est la meilleure.

52. Hémorragie. — On appelle *hémorragie* une perte de sang plus ou moins considérable. La plus ordinaire est l'*épistaxis* ou saignement de nez, accident qui n'a aucune gravité quand il ne se prolonge pas.

Le moyen le plus efficace pour faire cesser cette hémorragie consiste à mettre une goutte ou deux de perchlorure de fer dans un verre d'eau et à renifler ce liquide. Le plus souvent, pour la faire disparaître, il suffit de se laver le nez avec de l'eau fraîche légèrement vinaigrée, ou d'appliquer sur le cou, entre les épaules, un corps froid quelconque, une clef par exemple.

53. Coupures. — Lorsque l'hémorragie provient d'une coupure et qu'elle est considérable, il faut avoir recours au médecin. En attendant sa venue, il faut placer le membre blessé dans l'eau froide et empêcher, autant que possible, au sang du cœur d'arriver à la blessure ; pour cela, on lie fortement le membre avec un cordon, un peu au-dessous de la blessure, si l'hémorragie provient d'une veine, et un peu au-dessus, si elle est occasionnée par la rupture d'une artère.

Quand la coupure est peu importante, il est facile de la traiter soi-même. On commence par la bien laver à l'eau froide, puis on la couvre avec de l'amadou, de l'ouate imbibée d'un liquide vulnéraire ou d'eau tenant en dissolution un peu d'alun ou de perchlorure de fer. Après que l'hémorragie a cessé, on rapproche les bords de la plaie et on les tient dans cette position au moyen de taffetas anglais, que l'on colle sur la blessure elle-même.

54. Brûlures. — Lorsque la brûlure est grave et qu'elle a produit une plaie, il faut empêcher l'accès de l'air sur cette plaie ; pour cela, on la couvre d'une couche d'huile ou de beurre frais, au-dessus de laquelle on met du coton cardé, que l'on maintient en position à l'aide d'un linge.

Quand la brûlure est légère on y applique des compresses d'eau fraîche, souvent renouvelées, jusqu'à ce que la douleur ait disparu.

55. Congestion cérébrale. — La *congestion cérébrale* consiste dans une affluence considérable de sang au cerveau.

Lorsqu'elle se produit, les vaisseaux sanguins de cet organe prennent un volume anormal et troublent les fonctions cérébrales. Il en résulte le plus souvent un *évanouissement*.

En attendant que le médecin puisse venir donner ses soins à la personne congestionnée, il faut la débarrasser des vêtements qui pourraient gêner la circulation du sang ; puis, après l'avoir couchée sur un lit, la tête un peu haute, lui appliquer sur le front de la glace ou des compresses d'eau froide, fréquemment renouvelées. Il est aussi très utile de frictionner vivement les jambes du malade avec un linge imbibé d'alcool ou de vinaigre ; cette opération facilite le retour du sang dans les parties inférieures du corps.

56. Syncope. — La *syncope* est produite par le sang qui ne circule plus dans le cerveau. La personne qui en est victime perd momentanément l'usage de ses sens et devient d'une pâleur extrême. On fait ordinairement disparaître la syncope en humectant la face du malade avec un peu d'eau fraîche et en lui faisant respirer du vinaigre, de l'éther où de l'ammoniaque fortement étendue d'eau.

57. Apoplexie. — Quand la congestion cérébrale se produit, il peut arriver que les enveloppes des vaisseaux sanguins se rompent sous l'influence de la trop grande pression causée par le sang qui afflue. Alors ce liquide se répand dans le cerveau et y cause les plus grands désordres : c'est l'attaque d'*apoplexie*, laquelle est presque toujours suivie de *paralysie*.

Comme pour la congestion, lorsque cet accident se produit, il est urgent de chercher à ramener le sang dans la partie inférieure du corps. Pour cela, il faut porter le malade dans un endroit bien aéré, lui tenant constamment de la glace ou de l'eau froide sur la tête et exercer d'énergiques frictions sur les jambes. Il est aussi très utile dans ce cas d'appliquer des ventouses et des corps chauds sur les membres inférieurs, afin d'y attirer le sang.

58. Empoisonnements. — Les *empoisonnements* peuvent se produire de plusieurs manières : par des substances minérales toxiques, telles que le *phosphore*, l'*acide sulfurique*, certains *sels de cuivre*, etc., par des végétaux vénéneux, comme la *ciguë*, la *belladone*, l'*aconit*, la *digitale*, les *champignons*, etc. ; par des aliments altérés tels que les *huîtres*, les *moules*, les *crabes* et certains *poissons*.

Les traitements à suivre pour combattre les empoisonnements varient avec la nature des substances qui les ont occasionnés. En attendant l'arrivée du médecin, il faut exciter le malade à vomir avant que le poison ait passé dans la masse du sang. Si l'on y réussit le malade est sauvé.

Pour cela, on lui fait boire beaucoup d'eau tiède et on lui chatouille le fond de la gorge avec une barbe de plume. Lorsque ce moyen ne réussit pas, on fait prendre au malade deux centigrammes d'*émétique*, dans un verre d'eau tiède ; on peut renouveler ce traitement jusqu'à trois fois, de dix minutes en dix minutes. Il est aussi très utile de faire absorber au malade le plus possible de *lait* ou d'*eau albumineuse*, liquide que l'on obtient en battant six blancs d'œufs dans un litre d'eau.

59. Asphyxie. — L'asphyxie peut être occasionnée de différentes manières : par la pendaison ou la strangulation, par la submersion dans l'eau et par la respiration de gaz délétères tels que l'oxyde de carbone, le gaz d'éclairage et le gaz des fosses d'aisances, lesquels sont de véritables poisons.

Quelle que soit la cause qui ait déterminé l'asphyxie, il faut en premier lieu soustraire la personne qui en a été la victime à l'influence de cette cause. Ensuite après l'avoir débarrassée des habits qui pourraient gêner la respiration et la circulation du sang, on la place dans la position horizontale, la tête un peu élevée et la poitrine légèrement saillante ; ce que l'on obtient au moyen de coussins ou de vêtements roulés qu'on lui met sous la tête et le dos.

On cherche ensuite à provoquer la respiration par tous les moyens possibles ; pour cela, on exerce par intermittences de légères pressions sur le ventre et sur les côtés de la poitrine, et se plaçant derrière l'asphyxié, on lui élève les bras vers la tête, puis on les abaisse alternativement ; cette double opération a pour but de produire des mouvements semblables à ceux de la respiration.

Lorsque les moyens précédents restent sans succès, on insuffle avec précaution de l'air dans les poumons du patient, soit avec la bouche, soit à l'aide d'un soufflet, de manière à les remplir complètement, puis on presse sur la poitrine afin de chasser cet air; on recommence cette double manœuvre jusqu'à ce que l'asphyxié arrive à respirer de lui-même.

En même temps que l'on cherche à provoquer la respiration, il est nécessaire de rétablir la circulation du sang par d'énergiques frictions sur toutes les parties du corps, et spécialement sur les membres inférieurs. Ces frictions doivent se faire avec un linge imbibé d'alcool ou de vinaigre, et, à défaut de ces liquides, avec une brosse ou un morceau de flanelle.

Les soins à donner aux asphyxiés doivent être persévérants. Beaucoup d'entre eux n'ont été ramenés à la vie qu'après plusieurs heures d'efforts constants, et un grand nombre d'autres auraient échappé à la mort s'ils avaient été l'objet de soins plus prolongés.

DEVOIRS

14e Devoir. — 1. Quels soins demande la foulure? 2. En quoi consiste la luxation? 3. Quels sont les premiers soins à donner à la fracture ? 4. Comment se nomme l'hémorragie la plus ordinaire? 5. Quel est le moyen le plus efficace pour la guérir? 6. Indiquer un autre moyen. 7. Comment peut-on empêcher le sang de venir du cœur à la blessure faite par une coupure? 8. Quels soins faut-il apporter à une brûlure qui a produit une plaie? 9. — à une brûlure légère? 10. Qu'est-ce que la syncope? 11. Quel autre nom lui donne-t-on? 12. De combien de manières peut-elle se produire? 13. Que faut-il appliquer sur la tête d'une personne congestionnée? 14. Que faut-il lui faire aux jambes? 15. Quelles odeurs faut-il faire respirer aux personnes évanouies pour les rappeler à leurs sens?

15e Devoir. — 1. Dans quel cas la congestion cérébrale amène-t-elle l'apoplexie? 2. De quoi l'apoplexie est-elle habituellement suivie? 3. Que faut-il faire lorsque l'apoplexie se produit? 4. Citez des substances minérales toxiques. 5. — des végétaux vénéneux. 6. Dans le cas d'un empoisonnement, que faut-il faire en attendant l'arrivée du médecin? 7. Lorsque l'eau tiède est insuffisante pour cela, de quoi se sert-on? 8. Quels sont les liquides qu'il est aussi très utile de faire absorber au malade? 9. Quelles sont les principales causes d'asphyxie? 10. Nommez des gaz délétères. 11. Dans quelle position faut-il placer l'asphyxié? 12. Quels mouvements faut-il faire exécuter aux bras? 13. Lorsque ce moyen reste sans succès, que faut-il faire? 14. Avec quoi faut-il frictionner le corps d'un asphyxié? 15. Quelle est la qualité essentielle que doivent avoir les soins donnés à un asphyxié?

SUJETS DE RÉDACTION

9e Sujet. — Un de vos camarades s'est couché dans une chambre où brûlait du charbon dans un réchaud. De quel accident aurait-il été victime, si personne ne l'avait aperçu, et quels soins lui aurait-on donnés dans ce cas?

10e Sujet. — Qu'est-ce qui détermine la congestion et l'attaque d'apoplexie? Quels sont les premiers soins à donner lorsque ces accidents se produisent?

DEUXIÈME PARTIE
LES ANIMAUX

CHAPITRE I

Classification des animaux.

• **60.** Les êtres qui composent le règne animal sont tellement nombreux qu'il a fallu pour en faciliter l'étude, les réunir en groupes et les classer d'après les ressemblances qu'ils présentent. Ils ont été partagés en quatre grandes familles nommées embranchements : les VERTÉBRÉS, les ANNELÉS, les MOLLUSQUES et les ZOOPHYTES.

PREMIER EMBRANCHEMENT
LES VERTÉBRÉS

61. Caractères des vertébrés. — Les *vertébrés* sont caractérisés par un squelette intérieur dont la partie centrale est la *colonne vertébrale*. Les organes de la respiration et de la circulation sont plus développés chez eux que chez les autres animaux. Les vertébrés ont tous le sang rouge ; le nombre de leurs membres ne dépasse jamais quatre.

L'embranchement des vertébrés se divise en cinq classes, savoir : les *mammifères*, les *oiseaux*, les *reptiles*, les *batraciens* et les *poissons*.

Mammifères.

62. Caractères des mammifères. — Les *mammifères* sont caractérisés par des organes producteurs du lait nécessaire à la nourriture des jeunes, qui *naissent vivants*.

Ils ont le sang chaud, c'est-à-dire d'une température constante, et chez eux la respira-
tion et la circulation s'effectuent comme chez l'homme.

Les mammifères se grou-
pent en douze *ordres distincts*,
savoir :

1º Les SINGES, qui se distinguent des autres animaux par
leurs pieds disposés de manière à leur servir de mains ;
cette particularité leur a fait
donner le nom de *quadruma-
nes*. Ex. : le *gorille*, le *chim-
panzé*, le *magot*.

FIG. 30. — Magot.

2º Les CHAUVES-SOURIS, dont les membres antérieurs sont
organisés pour le vol. Ex. : les *roussettes*, les *oreillards*, les
vampires.

3º Les CARNIVORES, qui se nourrissent presque exclusivement de chair. Ils ont les canines longues et aiguës, les
molaires tuberculeuses et tranchantes, l'intestin peu déve-
loppé, les muscles très forts et les pattes armées de griffes. On les divise en deux familles : les *digitigrades* et les *plantigrades*.

Les *digitigrades* ne marchent que sur l'ex-trémité de leurs doigts. Ex. : le *lion*, le *chien*, le *chat*.

FIG. 31. — Ours.

Les *plantigrades* marchent en appuyant
sur le sol toute la plante des pieds. Ex. : l'*ours*, le *blaireau*.

4º Les INSECTIVORES, qui se nourrissent surtout d'insectes.

FIG. 32. — Hérissons.

Ces animaux sont de faible taille, leurs mâchoires sont armées de molaires à pointes coniques et leurs membres antérieurs sont organisés pour fouir la terre. Ex. : le *hérisson*, la *taupe*, la *musaraigne*.

5º Les AMPHIBIES, dont les quatre membres sont organisés pour la natation. Leur corps est effilé postérieurement comme celui des poissons et leur dentition est analogue à celle des carnassiers.

Ex. : les *otaries*, les *morses*, les *phoques*.

FIG. 33. — Phoque.

6º Les RONGEURS, qui n'ont pas de canines, mais de fortes incisives leur permettant de couper les corps les plus durs.

Certains de ces animaux sont pourvus de clavicules développées, qui leur permettent de se servir de leurs membres antérieurs pour tenir leurs aliments et les porter à la bouche ; d'autres sont

FIG. 34. — Marmottes.

plus spécialement organisés pour le saut ou la course. Tous sont très craintifs ; beaucoup vivent dans les terriers, où quelques-uns d'entre eux passent l'hiver dans une sorte de sommeil léthargique. Ex. : le *lapin*, le *lièvre*, le *rat*, la *marmotte*, l'*écureuil*.

7° Les ÉDENTÉS, qui sont caractérisés par l'absence totale de dents ou au moins d'incisives. Ex. : le *pangolin*, le *tatou*, le *fourmilier*.

8° Les PACHYDERMES, dont la peau est très épaisse.

FIG. 35. — Écureuil.

On les divise en trois sousordres, qui sont : les *proboscidiens*, les *fissipèdes* et les *solipèdes*.

Les *proboscidiens* sont ceux qui ont une trompe. Ex. : l'*éléphant*.

FIG. 36. — Tatou.

Les *fissipèdes* se remarquent par leurs pieds fendus. Ex.:l'*hippopotame*, le *rhinocéros*, le *porc*, le *sanglier*.

Les *solipèdes* ont les membres terminés par un seul doigt protégé par un sabot. Ex. : le *cheval*, l'*âne*, le *zèbre*.

9° Les RUMINANTS, qui ont la singulière faculté de *ruminer*, c'est-à-dire de ramener les aliments dans la bouche, après une première déglutition, pour les mâcher une seconde fois

Leur estomac est multiple ; il se compose de quatre poches. Dans la première, appelée *panse* ou *herbier*, l'animal accumule le fourrage précipitamment brouté et incomplètement mâché. De ce réservoir, les aliments déjà un peu ramollis, passent par petites portions dans une deuxième poche nommée *bonnet*, pour s'y mouler en pelotes qui remontent une à une dans la bouche, où elles sont triturées de nouveau. Après cette seconde mastication, les aliments descendent dans les autres cavités de l'estomac, qui sont le *feuillet* et la *caillette*, où s'achève leur chymification.

Fig. 37. — Girafe.

On divise les ruminants en quatre familles, d'après la différence de structure que présentent leurs cornes : les *tauriens*, les *caméléopardiens*, les *élaphiens* et les *caméliens*.

Les *tauriens* ont les cornes creuses et persistantes. Ex. : le *bœuf*, le *mouton*, la *chèvre*.

Les *caméléopardiens* ont les cornes pleines et persistantes. Ex. : la *girafe*.

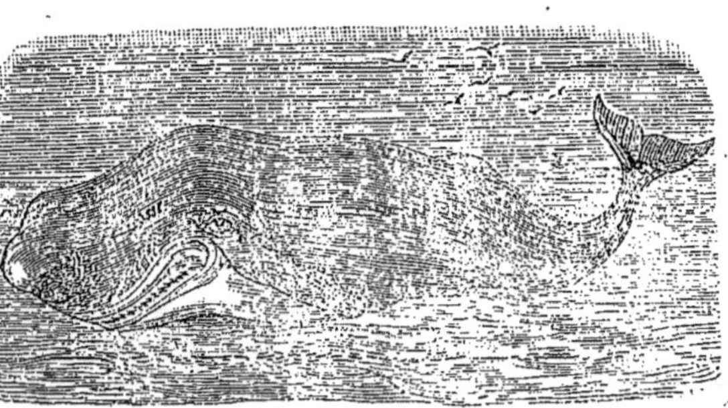

Fig. 38. — Cachalot.

Les *élaphiens* ont les cornes pleines et caduques, c'est-à-dire tombant chaque année. Ex. : le *cerf*, le *daim*, le *renne*.

Les *caméliens* sont dépourvus de cornes. Ex. : le *chameau*, le *lama*, le *chevrotain*.

10° Les CÉTACÉS, dont la forme rappelle celle des poissons, et dont le corps se termine par une queue puissante étalée à l'extrémité en une nageoire horizontale. Ex. : la *baleine*, le *cachalot*, le *marsouin*.

11° Les MARSUPIAUX, qui se distinguent par la poche qu'ils portent sous le ventre, leur servant à abriter les jeunes pendant les premiers mois qui suivent leur naissance. Ex. : la *sarigue*, le *kangourou*.

FIG. 39. — Sarigue.

12° Les MONOTRÈMES, dont les mâchoires sont disposées en forme de bec d'oiseau. Ces animaux étranges forment une transition naturelle entre la classe des mammifères et celle des oiseaux. Ex.: l'*ornithorynque*, et l'*échidné*.

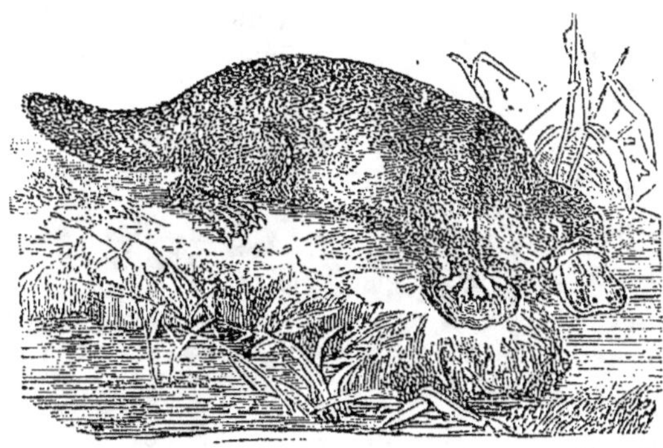

FIG. 40. — Ornithorynque.

63. Mammifères utiles. — Les mammifères utiles sont très nombreux ; la plupart appartiennent à l'ordre des *ruminants* ou à celui des *pachydermes*.

64. RUMINANTS. — L'ordre des *ruminants* donne à l'homme les plus importants de ses animaux domestiques, tels que le *bœuf*, le *mouton*, la *chèvre*, le *chameau*, le *renne* et le *lama*.

Le bœuf. — Le *bœuf* est sans contredit un des plus utiles animaux domestiques. Après avoir donné son travail à

FIG. 41. — Bœuf.

l'homme, il lui procure un excellent aliment par sa chair. La vache a une chair un peu inférieure à celle du bœuf ; mais en revanche elle fournit abondamment le lait, le beurre et le fromage, qui constituent une partie très importante de notre alimentation. De plus, la peau du bœuf et celles de la vache et du veau servent à la fabrication du cuir, très employé dans l'industrie et particulièrement pour la confection des chaussures.

Le mouton. La chèvre. — Le *mouton* nous rend de grands services en nous donnant sa chair et sa toison. Feutrée ou filée, la laine du mouton est la matière première du drap et d'un grand nombre d'autres tissus.

Pour les contrées peu fertiles et pour les ménages pauvres, la *chèvre* est un animal précieux, car elle vit sobrement et fournit un excellent fromage.

FIG. 42. — Moutons.

Le chameau. — Nulle part la Providence n'a voulu que l'homme fût réduit à lui-même et comme désarmé dans sa

lutte contre la nature ; c'est ainsi qu'elle semble avoir créé
le chameau pour que
les déserts ne lui fus-
sent pas inaccessi-
bles. Aussi léger et
plus robuste que le
cheval, le chameau
peut faire jusqu'à
1.200 kilomètres de
suite, sans boire et
sans autre nourri-
ture que quelques
herbes sèches. Non
seulement les Arabes
utilisent le chameau
pour leurs voyages

FIG. 43. — Chameau.

et leur commerce, mais ils font encore de sa chair et de son
lait leur principale nourriture.

FIG. 44. — Renne.

*Le renne. Le
lama.* — Plus
petits que le cha-
meau, le *renne*
et le *lama* ren-
dent aussi de pré-
cieux services,
soit comme bê-
tes de somme,
soit au point de
vue alimentaire.
Le premier se
trouve dans les
régions glacées
du pôle nord, et
le second habite
l'Amérique méridionale, spécialement le Chili et le Pérou.

65. PACHYDERMES. — Comme l'ordre des ruminants,

celui des *pachydermes* donne à l'homme des animaux domes-

FIG. 45. — Lama du Pérou.
Hauteur 1ᵐ15.

tiques d'une grande utilité ; les principaux sont le *cheval*, l'*âne*, le *mulet* et le *porc*.

Le cheval. — Le *cheval* est à la fois le plus beau et plus utile des animaux domestiques. Ses membres agiles et dispos, son cou arqué et la disposition gracieuse de sa tête, lui

donnent un air de noblesse qui s'allie merveilleusement avec ses qualités. Les services qu'il nous rend sont innombrables : à la campagne, à la ville, en temps de paix, en temps de guerre, il nous aide partout et toujours. Il semble que la Providence l'ait créé tout exprès pour être, parmi les animaux, le plus noble des compagnons de l'homme.

L'âne. Le mulet. — L'âne, à une très grande sobriété, joint la qualité d'être infatigable au travail. Il porte des fardeaux considérables pour sa taille, a le pied sûr et ne bronche pas. Ces qualités font de l'âne un auxiliaire très utile dans les campagnes.

Le *mulet* joint à la sobriété de l'âne la force du cheval ; il est surtout précieux dans les pays de montagnes, à cause de la sûreté de son pas et de sa vigueur pour franchir les sentiers escarpés.

FIG. 46. — Mâtin.

66. Parmi les mammifères utiles, on peut encore citer le *chien*, ce

fidèle et dévoué compagnon de l'homme, qui est encore le

gardien vigilant de la maison, l'ami des enfants, le guide de l'aveugle et l'aide du berger et du chasseur ; le *chat*, qui est l'ami du foyer domestique et le grand destructeur des rats et des souris ; l'*éléphant*, qui nous donne l'ivoire de ses défenses, et qui, réduit en domesticité, est pour l'homme un

Fig. 47. — Eléphant.

précieux auxiliaire ; la *taupe*, le *hérisson* et la *musaraigne*, qui rendent de grands services à l'agriculture en détruisant les insectes nuisibles.

67. Mammifères nuisibles. — Les principaux mammifères nuisibles sont les grands carnassiers, tels que le *lion*,

Fig. 48. — Lion.

le *tigre*, le *jaguar*, le *léopard*, la *panthère*, l'*ours*, le *loup*, qui s'attaquent directement à l'homme ; le *renard*, la *fouine*,

la *belette* et le *putois*, qui font une guerre incessante aux animaux de basse-
cour et détruisent
le gibier ; les *liè-
vres*, les *lapins*
et les *sangliers*,
qui sont de terri-
bles ennemis pour
nos cultures ; les
mulots, les *souris*
et les *rats*, qui
infestent nos ha-
bitations ou qui,

FIG. 49. — Tigre.

s'attaquant aux fruits et aux céréales, détruisent une
grande partie de nos récoltes.

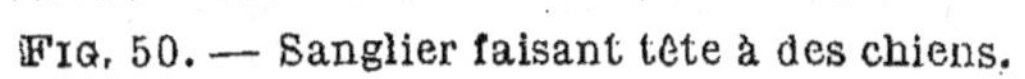

FIG. 50. — Sanglier faisant tête à des chiens. FIG. 51. — Lièvre.

Oiseaux.

68. Caractères des oiseaux. — Les *oiseaux* ont la circulation des mammifères, mais leur respiration est double,
c'est-à-dire s'effectue au moyen de poumons et de *poches
aériennes* en communication avec les poumons. Ce qui distingue surtout les oiseaux, ce sont leurs membres antérieurs
organisés pour le vol, leur corps couvert de plumes et leurs
mâchoires, nommées *mandibules*, disposées en forme de bec.

Les oiseaux se reproduisent au moyen d'œufs, qui éclosent après avoir été couvés plus ou moins longtemps.

Les oiseaux ont été groupés en neuf ordres :

1° Les RAPACES, appelés communément *oiseaux de proie*, qui sont caractérisés par leurs serres puissantes et leur bec crochu. Ex. : l'*aigle*, le *vautour*, l'*autour*, le *hibou*.

FIG. 52. — Autour (rapace).

FIG. 53. — Perroquet.

2° Les PASSEREAUX, qui comprennent la plupart des petits oiseaux de nos forêts et de nos bosquets. Ex. : le *rossignol*, le *moineau*, la *mésange*.

FIG. 54. — Héron.
Long. 1ᵐ15.

3° Les GRIMPEURS et les PERROQUETS, dont les doigts de pieds sont disposés de manière à leur permettre de grimper. Ex.: le *pic*, le *coucou*, les *perroquets verts*.

4° Les GALLINACÉS (*poule, dindon, perdrix*, etc.) et les COLOMBINS (*pigeons* et *tourterelles*).

5° Les ÉCHASSIERS et les COUREURS, caractérisés par leurs longues jambes ressemblant à des échasses. Ex. : le *héron*, l'*autruche*.

6° Les PALMIPÈDES, dont les doigts de pieds sont reliés par une membrane qui les rend très propres à la natation. Ex. : l'*oie*, le *canard*, la *sarcelle*.

69. Oiseaux utiles. — Les oiseaux utiles peuvent être divisés en deux séries : les *oiseaux de basse-cour* et les *espèces sauvages*.

OISEAUX DE BASSE-COUR. — Les oiseaux de basse-cour sont comme une réserve que l'homme s'est ménagée pour assurer et varier son alimentation. Les principaux sont la *poule*, le *dindon*, la *pintade*, l'*oie*, le *canard* et le *pigeon*.

FIG. 55. — Le coq et la poule.

D'un entretien facile et peu dispendieux, la poule, indépendamment de sa chair, nous donne s s œufs, qui sont une grande ressource pour notre alimentation. Le *coq* engraissé pour la table, prend le nom de *chapon*, et la poule, celui de *poularde*. Nos chapons du Maine et nos poulardes de Bresse ont une réputation bien méritée.

L'excellence de la chair du *dindon* est bien connue. Cet oiseau nous vient des Indes ; ce qui d'abord lui a fait donner le nom de *coq d'Inde*, dont on a fait plus tard, par corruption, celui de dinde et de dindon.

FIG. 56. — Canards.

La *pintade* est originaire d'Afrique, d'où elle a été apportée au XVe siècle par les Portugais. Sa chair est très appréciée et ses œufs sont excellents.

Parmi les oiseaux de basse-cour, ceux dont l'entretien est le plus facile sont certainement l'*oie* et le *canard* ; ces deux palmipèdes nous donnent, avec leurs œufs, une chair bien estimée.

70. Espèces sauvages. — Les espèces sauvages des oiseaux apportent un agréable supplément à notre alimentation, par la variété et la saveur des mets que ces oiseaux nous procurent. Les plus recherchés sont les *faisans*, les *perdrix*, les *cailles*, les *canards sauvages*, les *grives* et les *bécasses*.

FIG. 57.—Vanneau.
Long. 0ᵐ35.

FIG. 58. — Grive.
Long. 0ᵐ20.

Un grand nombre d'oiseaux nous sont encore très utiles à cause des insectes qu'ils dévorent chaque jour. Les principaux sont le *moineau*, l'*hirondelle*, le *rossignol*, la *fauvette*, le *roitelet* et la *mésange*. La destruction des nids des petits oiseaux est donc aussi contraire à nos intérêts qu'elle est cruelle. Les enfants qui se livrent à ce barbare plaisir, tout en commettant un acte de cruauté, privent l'agriculture de l'une de ses plus sûres protections.

FIG. 59. — Bécasse.
Long. 0ᵐ33.

FIG. 60. — Aigle (long. 1ᵐ).

FIG. 61. — Epervier.

71. Oiseaux nuisibles. — Dans la classe des oiseaux, on

ne peut regarder comme nuisibles que les *oiseaux de proie*, qui détruisent le gibier et les petits oiseaux que nous avons intérêt à protéger.

Les principaux sont l'*aigle*, qui livre une guerre incessante à toutes les espèces de gibier, et qui fait même des victimes parmi les troupeaux sur les montagnes ; l'*autour*, qui se nourrit de pigeons, de tourterelles, de perdrix et de poulets ; l'*épervier* et le *faucon*, qui détruisent une grande quantité de petits oiseaux.

DEVOIRS

16ᵉ Devoir. — 1. Nommez les quatre embranchements du règne animal. 2. Quel est le principal caractère des vertébrés? 3. Nommez les cinq classes que forment les vertébrés. 4. — les douze ordres des mammifères. 5. Qu'est-ce qui caractérise les chauves-souris? 6. —les carnivores? 7. — les rongeurs? 8. — les ruminants? 9. — les marsupiaux? 10. — les monotrèmes? — 11. A quel ordre appartient le gorille? 12. — le cheval? 13. — le bœuf? 14. — la baleine? 15. — le phoque?

17ᵉ Devoir. — 1. A quelles classes appartiennent la plupart des animaux domestiques? 2. Nommez les principaux mammifères utiles. 3. — les principaux pachydermes utiles. 4. Avec quoi se fait le drap? 5. A qui la chèvre est-elle surtout utile? 6. Quel est l'animal domestique qui est particulièrement utile aux Arabes? 7. Quel est celui qui se trouve spécialement dans les régions du pôle nord? 8. — au Chili et au Pérou? 9. Quel est l'animal domestique le plus utile à l'homme? 10. Dans quels pays le mulet est-il surtout utile? 11. Nommez les mammifères qui rendent service à l'agriculture. 12. — ceux qui s'attaquent directement à l'homme. 13. — ceux qui font la guerre aux oiseaux de basse-cour. 14. — ceux qui s'attaquent à nos cultures. 15. — ceux qui infestent nos habitations.

18ᵉ Devoir. — 1. Qu'est-ce qui caractérise les oiseaux? 2. Nommez les neuf ordres des oiseaux. 3. Qu'est-ce qui caractérise les rapaces? 4. — les échassiers? 5. A quel ordre en appartient le rossignol? 6. — la poule? 7. — le perroquet? 8. — le canard? 9. — le vautour? 10. Nommez les principaux oiseaux de basse-cour. 11. Quel est celui qui nous vient des Indes? 12. — de l'Afrique? 13. Nommez les oiseaux qui nous sont utiles par les insectes qu'ils dévorent. 14. Pourquoi ne faut-il pas détruire les nids des oiseaux? 15. Nommez les principaux oiseaux de proie.

SUJETS DE RÉDACTION

11ᵉ Sujet. — Enumérez les principaux services que rendent les animaux domestiques que l'on trouve dans une ferme.

12ᵉ Sujet. — Parlez des oiseaux. En quoi les oiseaux nous sont-ils utiles?

CHAPITRE II

Classification des animaux (*suite*).

LES VERTÉBRÉS (*suite*).

Reptiles.

72. Caractères des reptiles. — Les reptiles ont le sang froid, c'est-à-dire de la température du milieu qu'ils habitent. Ils respirent au moyen de poumons ; leur cœur n'a que trois cavités : deux oreillettes et un ventricule ; le sang veineux se mélange au sang artériel, de sorte que l'organisme reçoit à la fois les deux sortes de sang. Les reptiles ont le corps couvert d'écailles ; mais ce qui les caractérise surtout, c'est leur manière de se déplacer en rampant sur le sol.

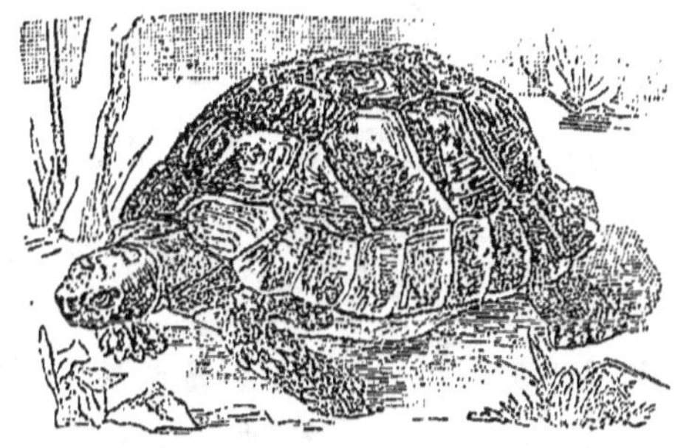

FIG. 62. — Tortue.

D'après leurs caractères particuliers, les reptiles ont été divisés en trois ordres :

1° Les CHÉLONIENS, remarquables par la boîte osseuse qui renferme et protège leur corps. Ex. : la *tortue.*

2 Les SAURIENS, qui sont munis de membres, et qui ont de la ressemblance avec le lézard. Ex. : le *crocodile*, le *caïman*, le *gavial.*

FIG. 63.— Couleuvre.

3° Les OPHIDIENS, caractérisés par l'absence complète de membres. Ex. : la *couleuvre*, la *vipère*, le *boa.*

73. Reptiles utiles. — Presque tous les reptiles sont carnivores ; la plupart d'entre eux sont très utiles par le grand nombre d'insectes qu'ils détruisent ; tels sont le *lézard gris*, le *lézard vert* et la *couleuvre*.

De plus, la tortue, dont certaines espèces atteignent des dimensions énormes, sert à l'alimentation de l'homme, soit par sa chair, soit par ses œufs.

74. Reptiles nuisibles. — Les reptiles nuisibles sont le *caïman*, le *crocodile* et les *serpents venimeux*.

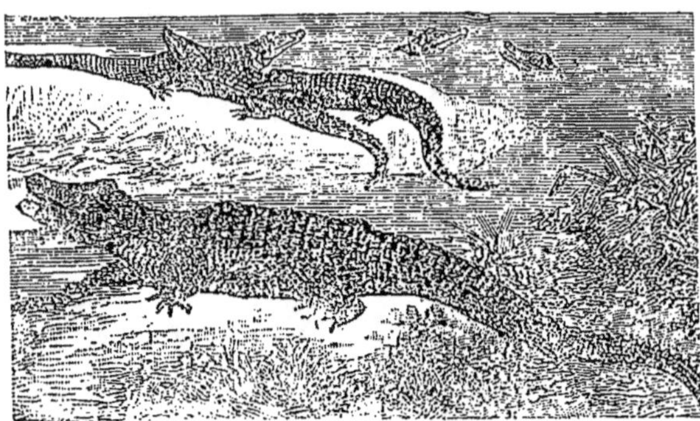

FIG. 64. — Crocodiles (long. 2ᵐ).

Le *crocodile* habite les fleuves de l'Afrique, et le *caïman*, ceux de l'Amérique du Sud. Tous deux sont très dangereux ; à l'aide de leurs énormes mâchoires, ils peuvent couper un membre avec la plus grande facilité.

Les *serpents venimeux* ont la bouche armée de deux crochets aigus, creusés d'un canal par lequel s'écoule le venin ; ces crochets, habituellement couchés dans une cavité de la gencive, se redressent dès que l'animal ouvre la bouche pour mordre. La base de chacun d'eux est en communication avec une glande qui sécrète le

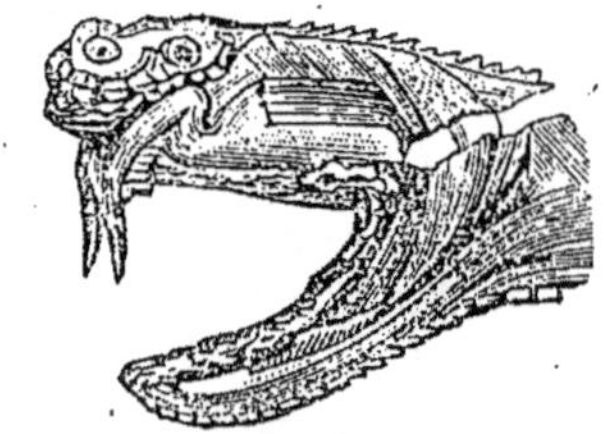

FIG. 65. — Appareil venimeux du serpent à sonnettes.

venin, et comme cette glande est comprimée par les muscles qui ferment la bouche, le serpent ne peut mordre sans qu'une partie de son venin ne s'infiltre dans la plaie.

La première chose à faire lorsqu'on a été mordu par un

serpent venimeux, est de sucer la plaie afin d'en extraire le
plus possible de venin. Ce poison, très dangereux lorsqu'il
est introduit directement dans le sang, pourrait être avalé
sans inconvénient, à la condition toutefois de n'avoir pas
de plaie à l'intérieur du canal digestif.

Après avoir sucé le venin, on lie fortement le membre
avec un cordon, un peu au-dessus de la blessure, afin de
gêner la circulation du sang et l'empêcher de retourner au
cœur ; puis on cautérise la plaie avec de l'alcali volatil ou
avec un fer rouge.

Les plus dangereux des serpents venimeux sont le *crotale*,
la *vipère* et le *naja*.

Le *crotale* ou *serpent à sonnettes* ne se trouve que dans
les deux Amériques ; c'est un serpent des plus dangereux à
cause de l'effet rapide
de son venin. La *vipère*,
caractérisée par sa tête
triangulaire et sa queue
brusquement terminée
en pointe, est le seul
serpent venimeux de nos
pays. Le *naja*, appelé
aussi *cobra* et *serpent* à
lunettes, possède un venin dont l'action est si

FIG. 66. — Vipère.

foudroyante que, chez l'homme, il amène la mort en quelques instants. Ce serpent est très commun dans les Indes.

Batraciens.

75. Caractères des batraciens. — Les *batraciens* ont pour
type la grenouille. Ils se distinguent des reptiles par leur
peau nue et surtout par les métamorphoses qu'ils éprouvent avant d'arriver à l'état adulte.

Dans leur premier âge, les batraciens prennent le nom de
têtards, à cause probablement de leur grosse tête, confondue

avec leur ventre volumineux ; alors, ils possèdent une queue et sont dépourvus de membres ; leur respiration, qui est *aquatique*, s'effectue au moyen de *branchies*, placées de

FIG. 67. — Différentes métamorphoses des batraciens.

chaque côté du cou. Plus tard, les branchies se dessèchent, la respiration devient *pulmonaire*, les membres grandissent, la queue disparaît, et l'animal qui alors a atteint son complet développement, est à l'état adulte.

On distingue deux sortes de batraciens :

1º Les ANOURES, qui, à l'état adulte, sont dépourvus de queue. Ex. : la *grenouille*, la *rainette*, le *crapaud*.

2º Les URODÈLES, qui conservent toute leur vie la queue du premier âge. Ex. : la *salamandre*, la *sirène*.

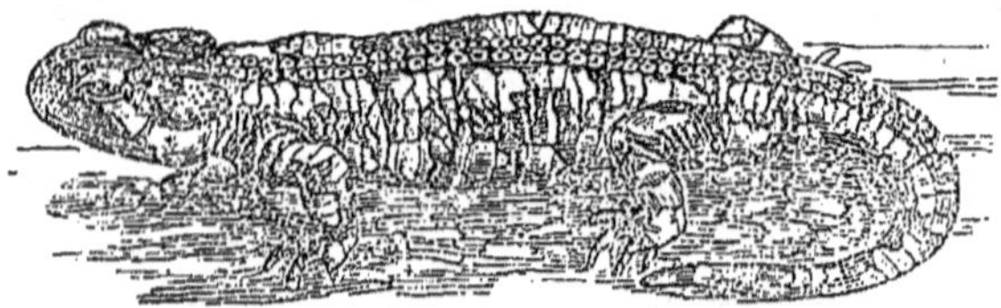

FIG. 68. — Salamandre.

La peau de quelques batraciens, et spécialement celle du crapaud et de la salamandre, sécrète une humeur visqueuse, blanchâtre, fortement vénéneuse. Il faut donc se garder de toucher ces animaux ; cependant, on ne peut pas dire qu'ils soient venimeux, car ils ne possèdent aucun moyen d'inoculer leur venin.

Les batraciens sont des animaux très utiles, car ils détruisent un grand nombre de limaçons, dont ils font leur nourriture habituelle.

Poissons.

76. Caractères des poissons. — Les *poissons* sont exclusivement conformés pour la vie aquatique. Ils respirent au moyen de *branchies* vulgairement nommées *ouïes*. Leur sang est froid et leur cœur n'a que deux cavités : une oreillette et un ventricule. L'oreillette reçoit le sang venant des différentes parties du corps, le refoule dans le ventricule, qui, à son tour, l'envoie aux branchies. Devenu artériel

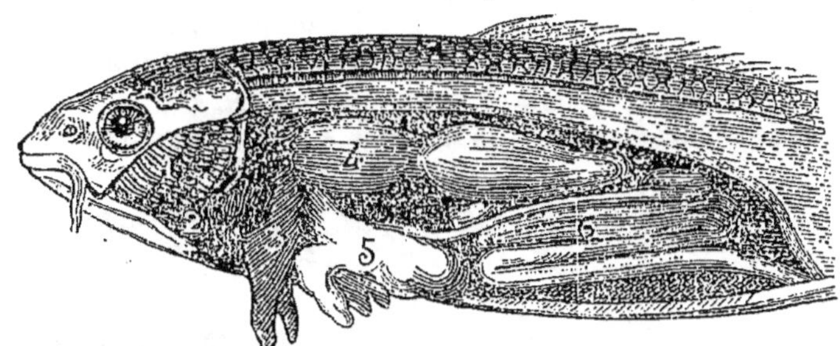

FIG. 69. — Organes des poissons.

1. Branchies. — 2. Cœur. — 3. Foie. — 4. Vessie natatoire. — 5. Estomac. — 6. Intestin.

dans ces organes, le sang, sans revenir de nouveau au cœur, se répand dans tout l'organisme. Les poissons ont le corps recouvert d'écailles et, au lieu de membres, ils possèdent des nageoires, qui leur servent à produire et à diriger leurs mouvements. Beaucoup d'entre eux ont en outre un organe très remarquable, la *vessie natatoire*, qui, à leur gré, leur permet de monter ou de descendre dans l'eau.

D'après la structure de leur squelette, on a divisé les poissons en deux groupes :

1º Les POISSONS OSSEUX, dont le squelette est formé par de véritables os. Ex. : la *carpe*, la *perche*, le *brochet*.

2º Les POISSONS CARTILAGINEUX, qui n'ont presque que des cartilages pour charpente solide. Ex. : le *requin*, la *raie*, la *lamproie*.

77. Poissons utiles. — Les poissons qui servent à l'alimentation de l'homme sont très nombreux ; on peut les diviser en deux séries : les *poissons d'eau douce* et les *poissons de mer*.

POISSONS D'EAU DOUCE. — Parmi les poissons d'eau douce les plus estimés pour la délicatesse de leur chair ou les plus utiles par la quantité d'aliments qu'ils nous fournissent, sont la *perche*, la *carpe*, l'*anguille*, la *truite*, le *saumon*, le *barbeau* et le *brochet*.

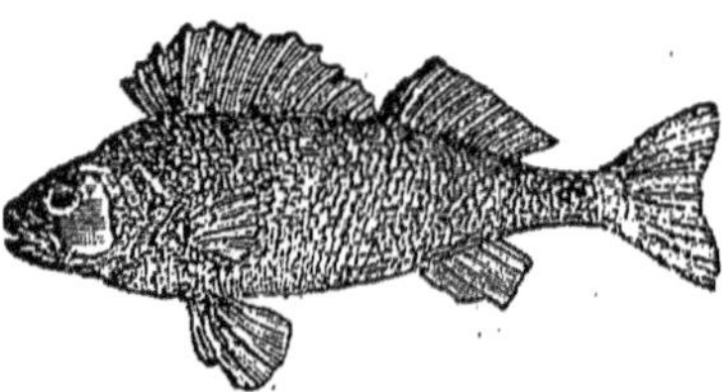

FIG. 70. — Perche (long. 0ᵐ70).

La *perche* se trouve abondamment dans les eaux courantes des rivières ; sa chair est ferme et délicate. La *carpe* est un des meilleurs poissons de nos étangs ; elle vit longtemps et atteint des dimensions considérables.

Par leur corps allongé et cylindrique, les *anguilles* ressemblent un peu aux serpents ; leur chair est très estimée. Les *truites* habitent les eaux vives des rivières et de certains lacs ; celles du lac de Genève sont très renommées.

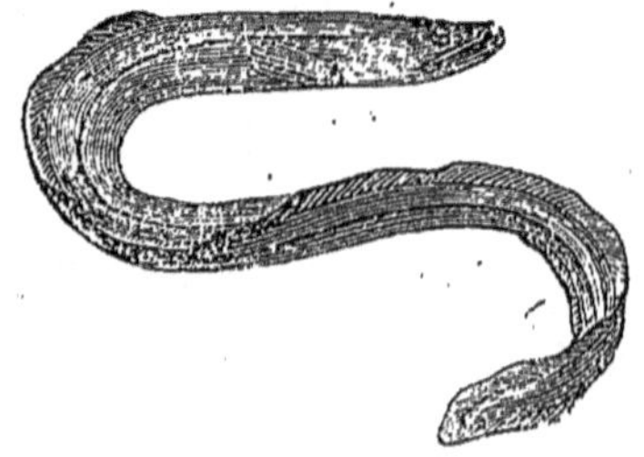

FIG. 71. — Anguille.
Elle peut atteindre 1 m. 50.

Le *saumon* naît dans nos fleuves, croît et prend tout son développement dans la mer; sa chair est très savoureuse. Le *barbeau* et le *brochet* forment des mets excellents, mais ils sont très carnivores et détruisent une quantité considérable de petits poissons. Le frai du barbeau est une substance vénéneuse, il est donc de toute nécessité de le rejeter lorsqu'on prépare ce poisson pour servir à l'alimentation.

78. Poissons de mer. — Les principales variétés de poissons que la mer nous donne pour notre nourriture, sont le *hareng*, la *morue*, la *sardine*, l'*anchois*, l'*esturgeon*, le *thon*, la *sole* et la *raie*.

Les *harengs* nous viennent des régions polaires par bandes immenses, occupant parfois plusieurs lieues carrées ; la pêche de ce poisson est une industrie très lucrative, à laquelle sont employés des milliers de bateaux.

La *morue* entre pour une grande part dans l'alimentation de certains peuples. Sa chair

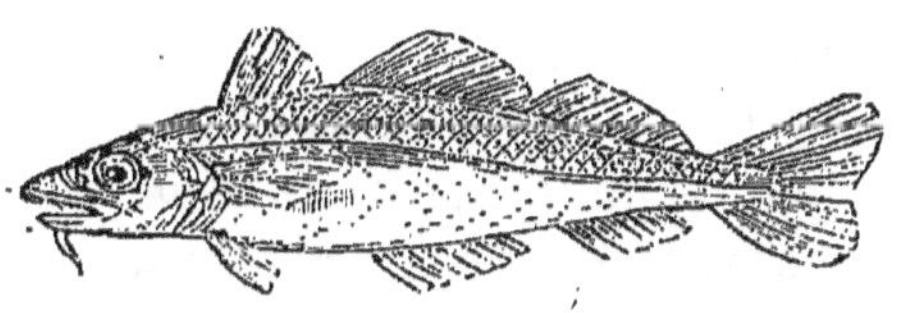

FIG. 72. — Morue (long. 0ᵐ80).

est un peu dure et coriace, mais elle est très nourrissante ; on la mange tantôt fraîche, tantôt salée. La morue se pêche en abondance dans le voisinage des bancs de Terre-Neuve.

Comme les harengs, les *sardines* et les *anchois* vont par bandes très nombreuses. La pêche de ces poissons est un revenu considérable pour les habitants des côtes de la Bretagne, où on les trouve en quantité.

L'*esturgeon* est un poisson énorme dont le poids atteint jusqu'à huit cents kilos. A des époques déterminées, il remonte les grands fleuves et c'est là qu'on le capture. Sa chair est estimée ; ses œufs servent à préparer le *caviar*, aliment très apprécié en Russie.

Le *thon* est un grand poisson que l'on pêche en quantité sur les côtes de la Méditerranée ; sa chair se rapproche beaucoup de celle du veau.

La *sole* et la *raie* sont des poissons dont le corps, large et aplati, a la forme d'un disque ; leur chair est très estimée.

79. Poissons nuisibles. — Les seuls poissons à redouter sont ceux qui appartiennent aux grandes espèces marines ; le plus à craindre parmi eux est le *requin*. Ce poisson est

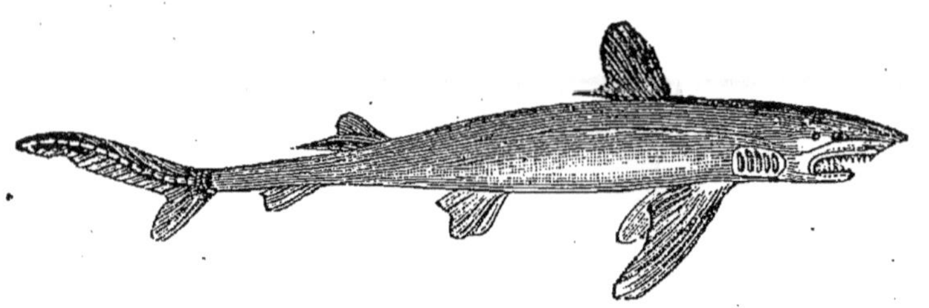

Fig. 73. — Requin.

vorace et audacieux. D'un seul coup de ses puissantes mâchoires, il peut couper un homme en deux. Aussi, fait-il chaque année de nombreuses victimes, surtout parmi les pêcheurs de perles et d'éponges, obligés de descendre au fond de la mer pour les y cueillir.

DEVOIRS

19ᵉ Devoir. — 1. Qu'est-ce qui caractérise surtout les reptiles ? 2. Nommez les trois ordres des reptiles. 3. Qu'est-ce qui caractérise les chéloniens ? 4. — les ophidiens ? 5. A quel ordre appartient le caïman ? 6. — la vipère ? 7. — la tortue ? 8. Où habitent les crocodiles ? 9. Nommez les reptiles venimeux les plus dangereux. 10. Quel est celui de nos pays ? 11. Qu'est-ce qui caractérise la vipère ? 12. Où se trouve le crotale ? 13. — le serpent à lunettes ? 14. Avec quoi faut-il cautériser la plaie faite par un serpent venimeux ?

20ᵉ Devoir. — 1. Qu'est-ce qui caractérise surtout les batraciens ? 2. Nommez les deux ordres des batraciens. 3. A quel ordre appartient la salamandre ? 4. — la grenouille ? 5. Par quoi les batraciens sont-ils utiles ? 6. Combien le cœur des poissons a-t-il de cavités ? 7. A l'aide de quoi les poissons respirent-ils ? 8. Quel est l'organe qui leur permet de monter et de descendre dans l'eau ? 9. A quel groupe de poissons appartient la carpe ? 10. — le requin ? 11. Quel est le poisson qui ressemble aux serpents ? 12. Quel est celui dont le frai est vénéneux ? 13. — qui sert à préparer le caviar ? 14. Quels sont ceux qui vont par bandes considérables ? 15. Quel est le plus redoutable de tous les poissons ?

SUJETS DE RÉDACTION

13ᵉ Sujet. — Décrire la vipère et son appareil venimeux et dire ce qu'il faut faire lorsqu'on a été mordu par ce serpent.

14ᵉ Sujet. — Principaux caractères distinctifs des poissons. Les poissons les plus utiles au point de vue alimentaire.

CHAPITRE II

Classification des animaux (*suite*).

DEUXIÈME EMBRANCHEMENT

LES ANNELÉS

80. Caractères des annelés. — Les *annelés* n'ont pas de squelette ; leur corps est divisé en anneaux successifs formés par des replis de la peau. Ils ont le sang froid, et, suivant le milieu où ils vivent, les annelés respirent au moyen de *branchies* ou de *trachées*, petites ouvertures situées de chaque côté de l'abdomen. On divise les annelés en deux sous-embranchements : les *articulés* et les *vers*.

Articulés.

81. Caractères des articulés. — Les *articulés* possèdent tous au moins trois paires de pattes ; ils ont la peau durcie de manière à former une enveloppe résistante, où se fixent les muscles.

D'après leurs caractères communs, on les a groupés en quatre classes :

1º LES INSECTES, caractérisés par leur corps divisé en trois parties : la *tête*, le *thorax* et l'*abdomen*. Tous les insectes subissent des métamorphoses : au moment de l'éclosion de l'œuf, ils sont à l'état de *larve* et ont alors la forme d'une chenille ; plus tard, cette larve devient *chrysalide*, et de la chrysalide sort ensuite l'*insecte parfait*.

Ex. : Les *mouches*, les *hannetons*, les *papillons*.

2° Les MYRIAPODES, dont le corps, très allongé, sans distinction de thorax et d'abdomen, est divisé en un grand nombre d'anneaux portant chacun une paire de pattes. Ex. : les *scolopendres*, les *iules*, les *cloportes*.

3° Les ARACHNIDES, caractérisés par leur corps divisé seu

FIG. 74. — Métamorphoses du hanneton.
1 et 2. Insectes parfaits. — 3. Larve (1re année).
4. Larve (2e année). — 5. Chrysalide (3e année).

lement en deux parties : la tête et l'abdomen. Ex. : les *araignées*, les *scorpions*, les *acarus*.

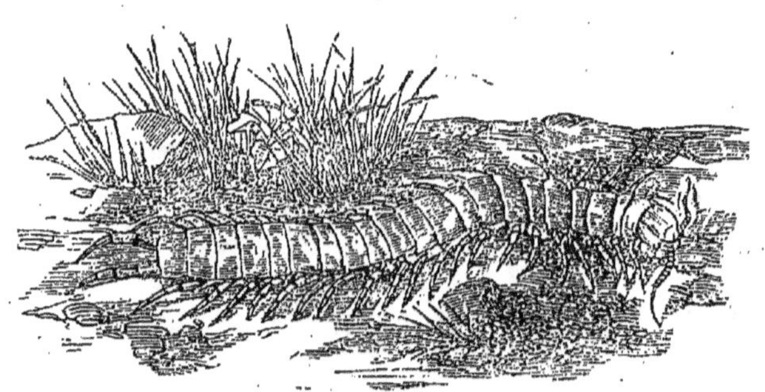

FIG. 75. — Iule.

4° Les CRUSTACÉS, dont le corps, comme celui des arach

nides, n'est divisé qu'en deux parties, mais qui sont organisés pour vivre dans l'eau.

Les crustacés respirent au moyen de branchies, tandis que les insectes, les myriapodes et les arachnides respirent à l'aide de trachées ; la première de leurs quatre paires de pattes est ordinairement armée de pinces puissantes.

Fig. 76. — Araignée.

Ex. : l'*écrevisse*, le *homard*, la *langouste*.

82. Insectes utiles. — Le sous-embranchement des articulés nous donne quelques crustacés comestibles, tels que l'*écrevisse*, le *homard*, la *langouste*, les *crabes* ; de plus, il nous fournit un certain nombre d'insectes très utiles par les produits que nous en retirons ; les principaux sont l'*abeille*, le *ver à soie*, la *cochenille* et la *cantharide*.

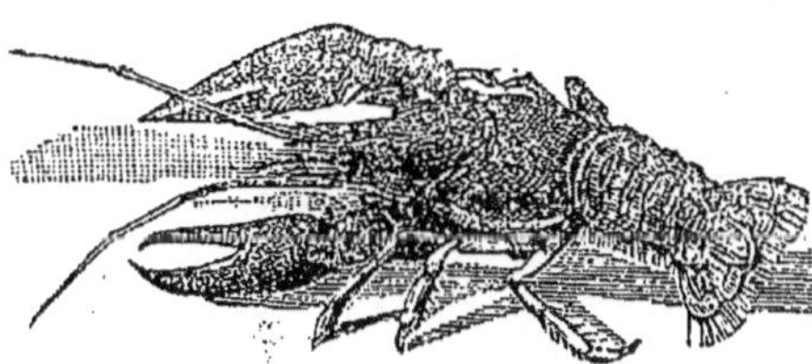

Fig. 77. — Ecrevisse.

Les *abeilles* produisent le miel et la cire, qu'elles vont puiser avec leur trompe au fond des corolles des fleurs. Elles vivent en troupes nombreuses appelées *essaims* ; chaque essaim se compose d'une reine, de quatre ou cinq cents bourdons et de vingt à trente mille abeilles ouvrières ; ces dernières seules travaillent.

Le *ver à soie* est la larve d'un papillon connu sous le nom de *bombyx du mûrier*. Avant de passer à l'état de chrysalide, la larve de ce papillon s'entoure d'un cocon construit avec

Fig. 78. — Abeille ouvrière vue par dessous.

un fil de soie très fin, long très souvent de plusieurs centaines de mètres ; ce sont les fils de ces cocons qui, par le tissage, servent à fabriquer nos magnifiques étoffes de soie.

La *cochenille* est un petit insecte dont on retire de très belles couleurs rouges ; l'espèce qui vit sur le nopal du Mexique est une des plus recherchées.

La *cantharide* est remarquable par sa couleur d'un beau vert doré et sa forme élégante ; on la

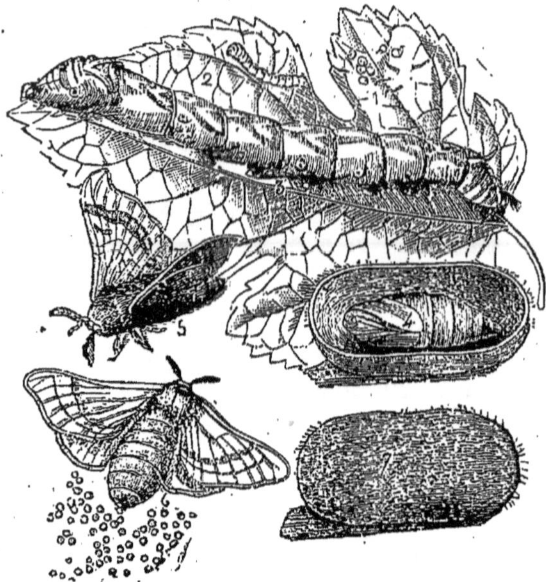

FIG. 79. — Métamorphoses du ver à soie.
1. Vers à soie après l'éclosion des œufs. 2. — après la 2e mue. 3.— après la 4e mue. 4. — à l'état de chrysalide. 5. — à l'état parfait. — 6. Ponte des œufs. — 7. Cocon.

trouve le plus souvent sur les frênes ; séchée et réduite en poudre, la cantharide sert à la préparation des vésicatoires.

Certains autres insectes nous sont d'une grande utilité, car ils dévorent une quantité considérable de chenilles, de

  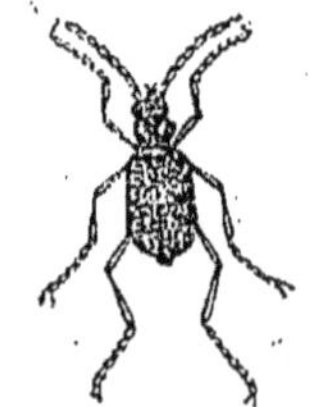

FIG. 80. — Nécrophore.   FIG. 81. — Réduve.   FIG. 82. — Cicindèle.

vers, de limaçons et d'autres ravageurs de nos champs et de nos jardins ; tels sont les *carabes*, les *cicindèles*, les *calo-*

somes, les *réduves*, les *nécrophores* et les *coccinelles* ou *bêtes du bon Dieu* ; ces insectes doivent donc être protégés.

83. Insectes nuisibles. — Beaucoup d'insectes sont nuisibles, soit à l'état de larve, soit à l'état parfait. Ce sont comme des légions d'ennemis, souvent invisibles, contre lesquels nous avons à défendre nos animaux domestiques, nos plantes, nos provisions et même nos personnes. Les principaux sont les *hannetons*, les *charançons*, les *criquets voyageurs*, les *courtilières*, le *phylloxéra*, la *pyrale* et la *teigne*.

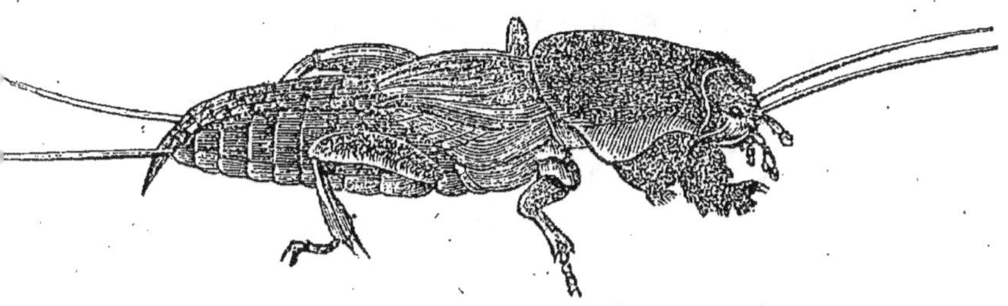

FIG. 83. — Courtilière.

Le *hanneton* est un des plus grands ennemis de l'agriculture ; sa larve, nommée *ver blanc*, pendant les trois années qu'elle passe dans la terre, coupe et ronge toutes les racines qu'elle rencontre. Les *charançons* sont de petits insectes qui s'attaquent à la plupart des récoltes et spécialement au blé.

Le *criquet voyageur* est le fléau des cultivateurs algériens. Ces insectes voyagent par troupes si nombreuses qu'ils forment dans les airs de véritables nuages. Lorsqu'ils s'abattent sur le sol, ils dévorent rapidement tout ce qui offre la moindre apparence de végétation. La *courtilière* ou *taupe-grillon* exerce de grands ravages dans nos jardins potagers ; elle se creuse des galeries sous terre et, avec ses pattes, coupe les racines de toutes les plantes qui se trouvent sur son passage.

De tous les insectes, celui qui depuis quelques années a causé les plus grands ravages dans nos vignobles est sans contredit le *phylloxéra vastatrix*. Cet insecte microscopique se multiplie avec une rapidité énorme ; il se fixe aux extrémités des racines de la vigne, suce la sève de ces racines et

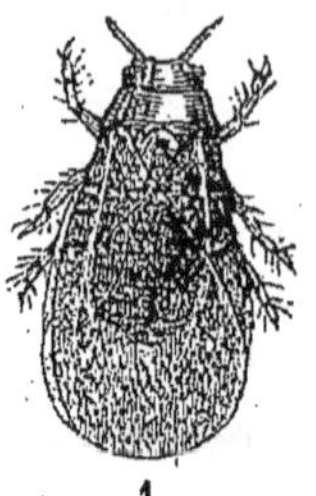
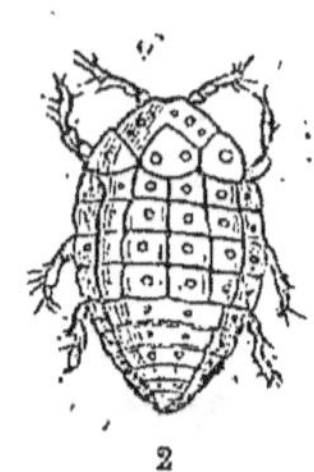

FIG. 84. — Phylloxéra vastatrix (très grossi).
1. Insecte parfait. — 2. Larve. — 3. Larve vue en dessous.

en peu de temps, fait périr la plante. A l'état d'insecte parfait, le phylloxéra prend des ailes et sort de terre ; alors, porté par les vents, il va envahir d'autres vignobles pour y continuer ses dévastations.

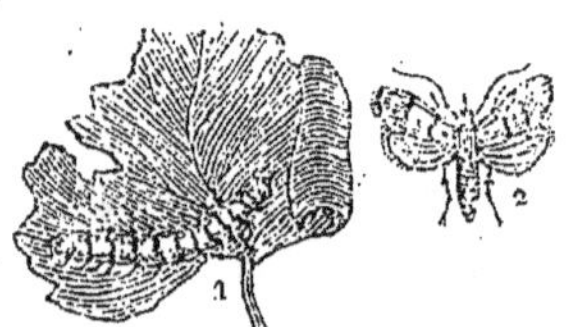
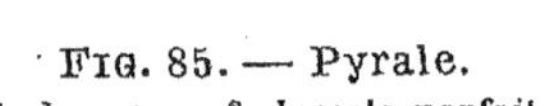

FIG. 85. — Pyrale.   FIG. 86. — Teigne.   FIG. 87. — Puce
1. Larve. — 2. Insecte parfait.   Insecte parfait.   vue à la loupe.

La *pyrale* est un petit papillon d'un beau jaune doré dont la chenille tord la feuille de la vigne et en fait un cornet, où elle se retire pour se transformer en chrysalide.

Avec les insectes nuisibles, on doit encore placer les *mouches*, les *cousins* et les *taons*, qui nous incommodent par leurs piqûres souvent aussi douloureuses que fatigantes ; les *puces*, les *punaises* et les *poux*, vivant en parasites sur les personnes qui ne savent pas se tenir dans un état convenable de propreté.

La classe des arachnides renferme le *scorpion* et l'*acarus de la gale.* Le scorpion porte à l'extrémité de l'abdomen un dard dont le venin est souvent mortel pour l'homme. L'acarus de la gale se loge sous l'épiderme de la peau, y creuse de vraies galeries et cause d'incessantes démangeaisons. Quelques bains sulfureux suffisent pour faire périr cet hôte incommode.

Vers.

84. Caractères des vers. — Les *vers* sont caractérisés par la souplesse de leur peau et par l'allongement de leur corps, entièrement dépourvu de membres.

On divise le sous-embranchement des vers en plusieurs classes ; les plus importantes sont :

1º Les ANNÉLIDES, dont le corps mou et cylindrique est partagé en un grand nombre de segments peu apparents, formés par des replis de la peau. Ex. : là *sangsue*, le *lombric* ou *ver de terre.*

2º Les HELMINTHES, qui vivent en parasites dans le corps de l'homme et des animaux. Ex. : le *ténia*, la *trichine.*

Parmi les vers, la *sangsue* peut être considérée comme utile, car elle est employée en médecine pour extraire le sang accumulé dans certaines parties du corps ; au contraire, le *ténia* et la *trichine*, vivant aux dépens de ceux chez qui ils ont établi leur demeure, doivent être placés au rang des animaux nuisibles.

Le *ténia* ou ver solitaire, dont le corps formé d'anneaux aplatis atteint plusieurs mètres de longueur, se fixe dans l'intestin de l'homme au moyen des crochets et des ventouses dont sa tête est garnie.

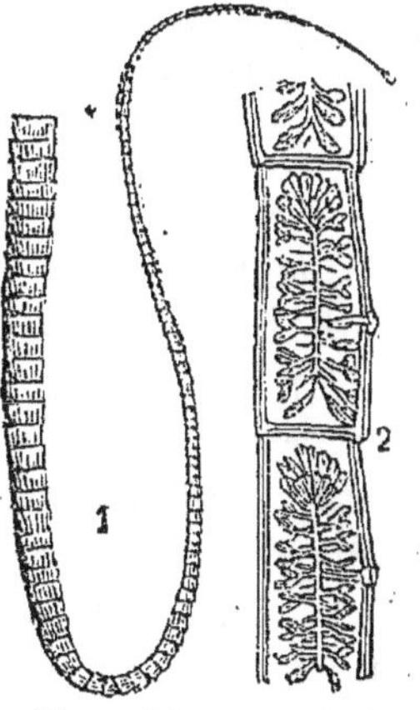

Fig. 88. — Ténia ou ver solitaire.
1. Portion du ténia.
2. Deux des anneaux.

Les *trichines*, vers excessivement petits, se trouvent au contraire disséminées dans toutes les parties du corps ; elles y provoquent des douleurs intolérables qui finissent presque toujours par amener la mort.

Les ténias et les trichines sont ordinairement communiqués à l'homme par l'ingestion de la chair du porc mangée crue ou n'ayant pas subi une cuisson suffisante.

TROISIÈME EMBRANCHEMENT

LES MOLLUSQUES

85. Caractères des mollusques. — Les *mollusques* sont caractérisés par la souplesse de leur corps. Quelques-uns ont la peau épaisse et contractile, d'autres sont renfermés

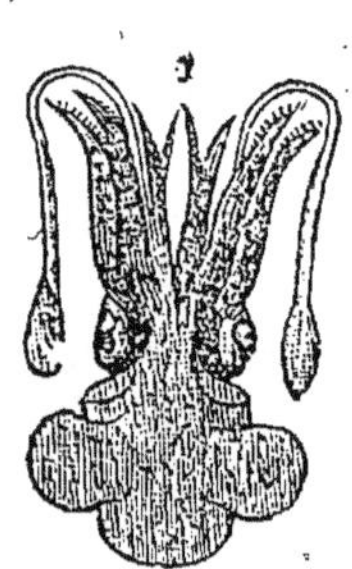

FIG. 89. — Sépiole.

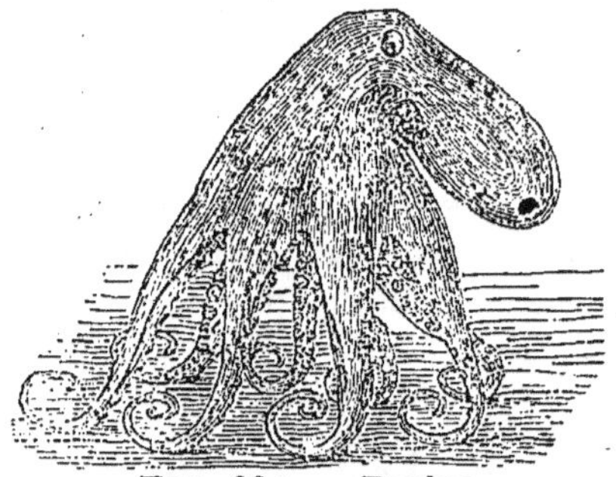

FIG. 90. — Poulpe.

dans une coquille dure et résistante. Presque tous sont aquatiques et respirent au moyen de branchies.

On les divise en plusieurs classes, dont les principales sont :

1º Les GASTÉROPODES, qui rampent au moyen d'un plan charnu sous le ventre. Ex. : la *limace*, l'*escargot*.

2º Les CÉPHALOPODES, caractérisés par les prolongements nommés *tentacules*, qui entourent leur tête et qui leur servent à se fixer aux parois des rochers. Ex. : les *poulpes*, les *sépioles*.

3º Les ACÉPHALES, dont la tête n'est pas distincte du reste du corps. Ex. : les *huîtres*, les *moules*.

86. Mollusques utiles. — Plusieurs mollusques sont comestibles, mais l'*huître* est le plus estimé de tous. L'huître habite une coquille bivalve, qu'elle ouvre ou ferme à son gré ; c'est son seul mouvement. Les huîtres se fixent aux rochers de la mer et y forment des amoncellements souvent considérables. Les plus renommées sont celles qui nous viennent de Granville, de Cancale et de Marennes, près Rochefort.

La partie intérieure de la coquille de l'huître est polie et luisante ; elle constitue la

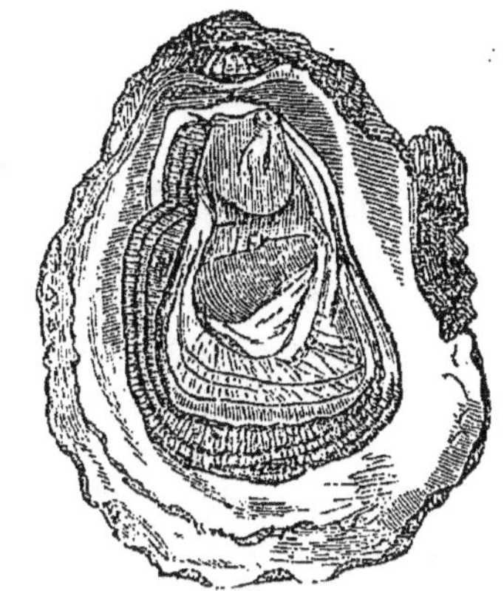

FIG. 91. — Huître comestible.

nacre très employée dans l'industrie pour la fabrication des boutons et la décoration des objets de luxe. C'est dans la coquille d'une espèce d'huître que l'on trouve les perles précieuses si recherchées en bijouterie.

87. Mollusques nuisibles. — Les principaux mollusques nuisibles sont les *escargots*, les *limaces* et les *tarets*.

Les *escargots* et surtout les petites *limaces grises*, causent de véritables dégâts à l'agriculture et au jardinage, en rongeant les jeunes pousses des arbres et en dévorant les légumes des potagers.

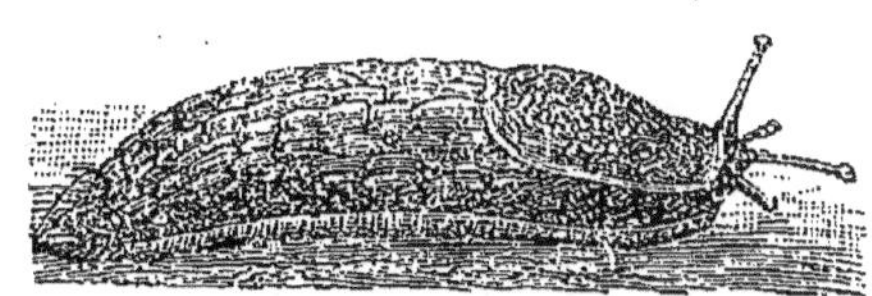

FIG. 92. — Limace.

Les *tarets* sont de petits mollusques très allongés, qui sont munis d'une coquille avec laquelle ils perforent les pièces de bois submergées et y creusent d'innombrables galeries. En quelques mois, la coque d'un navire pourrait être détruite par les tarets, si l'on n'avait le soin de la revêtir extérieurement de lames de cuivre pour s'opposer à leur action déprédatrice.

QUATRIÈME EMBRANCHEMENT
LES ZOOPHYTES

88. Caractères des Zoophytes. — Les *zoophytes* sont les plus imparfaits des animaux. Il est difficile de reconnaître chez eux l'existence d'un organe complet ; c'est à peine si l'on y voit des traces des organes de la digestion: pour tout appareil de circulation, on n'y trouve que quelques rudiments de vaisseaux sanguins.

Ces animaux sont appelés zoophytes, nom qui signifie *animal-plante,* parce qu'ils semblent tenir autant de la plante que de l'animal ; ils servent ainsi à établir le passage entre le règne animal et le règne végétal.

FIG. 93. — Corail rouge.

Les zoophytes vivent généralement dans la mer. Beaucoup ne se déplacent pas d'eux-mêmes ; ils flottent au hasard à la surface des eaux. Un certain nombre d'entre eux vivent en coloniés innombrables au fond des océans ; par leurs amoncellements, ils forment des dépôts pierreux très importants, appelés *polypiers* ou *madrépores* ; le corail est un de ces polypiers.

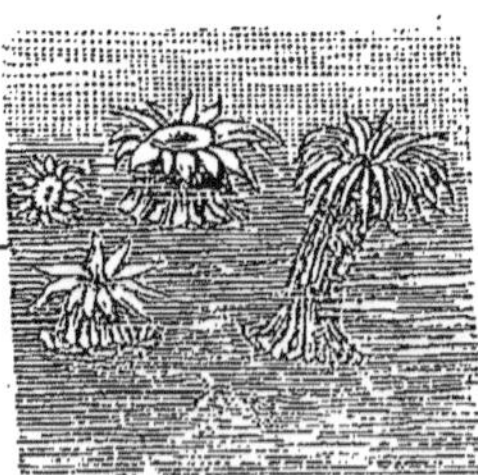

FIG. 94. — Actinies.

FIG. 95. — Actinie œillet.

Les plus importants des zoophytes sont les *astéries* ou *étoiles de mer*, dont la forme rappelle celle d'une étoile à cinq branches ; les *actinies* ou *anémones de mer*, qui ont l'apparence de belles fleurs diversement colorées ; les *oursins* armés de piquants comme les châtaignes ; les *éponges*, dont la masse gélatineuse est soutenue par la charpente filamenteuse qui constitue les éponges de commerce.

C'est encore dans l'embranchement des zoophytes que se trouvent les *infusoires*, sortes d'animalcules microscopiques qui se développent rapidement dans les eaux renfermant des substances organiques en décomposition.

Les infusoires les plus dangereux sont les *microbes*, que l'on peut considérer comme les véhicules de la plupart des maladies contagieuses, telles que la phtisie, la petite vérole, la diphtérie, etc.

La craie, dont on se sert au tableau noir, est formée par l'amoncellement de coquillages extrêmement petits, ayant appartenu à certains zoophytes, les *foraminifères*, qui vivaient au temps où se sont constitués les terrains où nous la trouvons actuellement.

DEVOIRS

21e Devoir. — 1. Quel est le caractère distinctif des annelés ? 2. Quels sont les deux sous-embranchements des annelés ? 3. Nommez les quatre classes des articulés. 4. A quelle classe appartient l'écrevisse ? 5. — le cloporte ? 6. — le scorpion ? 7. — le hanneton ? 8. Avec quoi respire le homard ? 9. — l'araignée ? 10. — le papillon ? 11. Nommez les crustacés comestibles. 12. — les insectes utiles par les produits qu'ils nous donnent. 13. — par les chenilles, vers ou insectes qu'ils dévorent. 14. Combien un essaim a-t-il de reines ? 15. — d'abeilles ouvrières ?

22e Devoir. — 1. Quel est l'insecte qui nous donne la soie ? 2. Comment s'appelle sa larve ? 3. Quelle longueur peut avoir le fil d'un cocon de soie ? 4. Quel est l'insecte qui nous donne de belles couleurs rouges ? 5. — qui sert à préparer les vésicatoires ? 6. Sur quel arbre trouve-t-on le plus souvent ce dernier ? 7. Quel est le nom de l'insecte appelé vulgairement bête du bon Dieu ? 8. Quels sont les principaux insectes nuisibles ? 9. Quel est celui dont la larve cause de grands ravages ? 10. Comment s'appelle cette larve ? 11. Nommez l'insecte qui s'attaque spécialement au blé. 12. — qui est un fléau pour les cultivateurs algériens. 13. — qui ravage nos jardins potagers. 14. — qui cause les plus grands ravages dans nos vignobles. 15. Nommez les insectes qui vivent en parasites sur l'homme malpropre. 16. Quels sont les arachnides nuisibles ?

23e Devoir. — 1. Par quoi sont caractérisés les vers ? 2. Nommez leurs principales classes. 3. A quelle classe appartient la sangsue ?

4. —la trichine? 5. Nommez un ver utile. 6. — deux vers nuisibles. 7. Quel est celui des deux qui se loge dans les muscles? 8. Nommez les trois principales classes de mollusques. 9. Nommez un mollusque comestible. 10. Citez les principaux mollusques nuisibles. 11. Quels sont les mollusques qui s'attaquent aux pièces de bois? 12. Où trouve-t-on les perles précieuses? 13. Nommez les plus importants des zoophytes. 14. A quelle espèce de zoophytes appartiennent les microbes? 15. — les coquillages qui ont formé la craie?

SUJET DE RÉDACTION

15ᵉ **Sujet.** — Parlez des insectes. En quoi les insectes nous sont-ils utiles. Nommez les principaux insectes nuisibles et indiquez très succinctement en quoi ils sont nuisibles.

TROISIÈME PARTIE

LES VÉGÉTAUX

CHAPITRE I

Organes de nutrition.

89. — Si l'on examine une plante, on voit qu'elle se compose de parties bien distinctes, qui en sont les organes. Ces organes servent, les uns à la *nutrition* de cette plante, les autres à sa *reproduction*. Les principaux organes de la nutrition sont : les *racines*, la *tige* et les *feuilles* ; ceux de la reproduction : les *fleurs* et les *fruits*.

Racines.

90. Définition. — La *racine* est la partie du végétal qui s'enfonce dans le sol pour l'y fixer et puiser l'eau et les sucs nécessaires à sa nutrition.

La racine peut être *simple*, comme dans le radis, la carotte, mais elle est généralement *ramifiée*. Les dernières subdivisions des racines forment les *radicelles* ou le *chevelu*. Ces radicelles sont très importantes pour la nutrition des végétaux, car elles seules ont la propriété d'absorber les sucs disséminés dans le sol ; aussi, lorsqu'on transplante un arbre, faut-il avoir soin de conserver le plus possible le chevelu de sa racine, pour favoriser la réussite de l'opération.

91. Différentes espèces de racines. — D'après leur forme, on distingue trois espèces principales de racines savoir :

1° Les racines *pivotantes*, qui s'enfoncent comme un pivot

dans le sol ; elles peuvent être simples ou ramifiées. Ex. :
la *carotte*, le *poirier ;*

FIG. 96. — Racine pivotante
simple.

FIG. 97. — Racines fibreuses,
ou fasciculées.

2° Les racines *fibreuses*, formées par des faisceaux de radicelles partant toutes de l'extrémité de la tige. Ex. : le
blé, le *jonc* ;

3° Les racines *tubéreuses*, qui présentent des renflements
en forme de tubercules. Ex. : le *dahlia*, la *pivoine*.

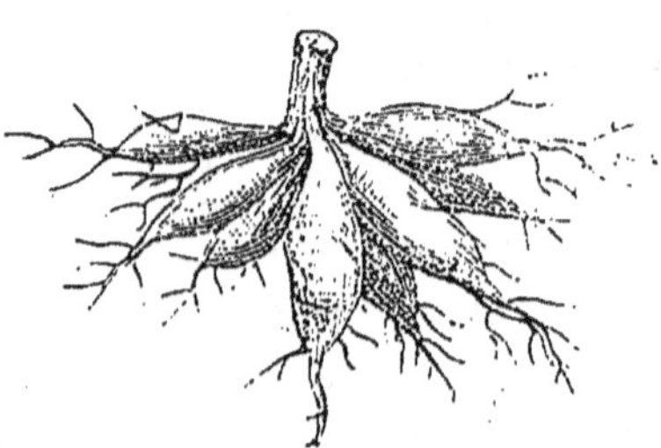

FIG. 98. — Racines tubéreuses.

92. Bouturage. Marcottage. — Chez quelques végétaux,
placés dans certaines conditions, on voit souvent la tige,
les rameaux et même les feuilles produire des racines adventives, propriété qui est utilisée pour la multiplication de

ces végétaux. Ce mode de reproduction se nomme, selon le cas, *bouturage* ou *marcottage.*

Le *bouturage* consiste à planter dans la terre humide une jeune branche détachée de son sujet. Après un certain temps, on voit naître de nombreuses racines des différents points en contact avec le sol ; ces racines permettent à la branche de se nourrir, de croître et de devenir une nouvelle plante.

Le *marcottage* se fait en couchant en terre un jeune rameau sans le détacher du végétal auquel il appartient. Des racines adventives naissent de la partie enterrée, et lorsque ces racines sont assez développées on sépare le rameau de la plante-mère, ce qui donne un nouveau sujet.

FIG. 99. — Marcottage.

93. Usage des racines. — Beaucoup de plantes nous offrent des racines savoureuses, recherchées pour l'alimentation ; les principales sont la *rave*, le *navet*, la *carotte*, le *radis*, le *panais* et la *scorsonère.*

Un grand nombre de racines servent à préparer des médicaments : la racine de l'*ipécacuana* est employée comme vomitif ; celle de la *rhubarbe*, comme purgatif ; celle de la *gentiane*, comme fébrifuge.

Tige.

94. Définition. — La *tige* est la partie du végétal qui, habituellement, sort de terre et s'élève dans l'atmosphère. Elle supporte les *feuilles*, les *fleurs* et les *fruits.*

Relativement à sa forme, la tige peut être *simple* ou *rami-*

fiée, et, d'après sa consistance, elle est *herbacée, sous-ligneuse* ou *ligneuse*.

95. Différentes sortes de tiges. — Les principales sortes de tiges sont le *tronc*, le *stipe*, le *chaume*, le *rhizome* et le *tubercule*.

Le *tronc* a pour type la tige des arbres de nos forêts et de nos vergers. Ex. : le *chêne*, le *poirier*.

Le *stipe* est droit .et cylindrique, mais sans ramifications ; son sommet porte un bouquet de feuilles ordinairement très grandes. Ex. : le *palmier*, le *cocotier*, le *dattier*.

Le *chaume* est le plus souvent creux à l'intérieur et porte de distance en distance des nœuds d'où partent les feuilles. Ex. : le *blé*, le *roseau*, la *canne à sucre*.

Fɪɢ. 100.—Stipe du palmier.

On appelle *rhizomes* des tiges souterraines qui s'allongent horizontalement sous le sol, en émettant de loin en loin des bourgeons, qui sortent de la terre et viennent s'épanouir à l'extérieur. Ex. : l'*iris*, le *sceau de Salomon*.

Les *tubercules* sont des renflements

Fɪɢ. 101.— Rhizome du sceau de Salomon.

remplis de matières féculentes qui se forment aux extrémi-

és des racines de certaines plantes. Ce qui les distingue des
enflements analogues que portent les racines tubéreuses,
ce sont les bourgeons qu'ils ont à leur surface, et qui sont
susceptibles de se développer pour produire chacun une
nouvelle plante. Ex. : la *pomme de terre*, la *patate*.

96. Structure de la tige. — Les tiges de la plupart des
arbres de nos pays se composent de trois parties : la *moelle*,
le *bois* et l'*écorce*.

La *moelle* occupe le centre de la. tige. C'est une· matière
molle et souvent blanchâtre
présentant différents as-
pects suivant l'âge et l'espèce du végétal. Autour de
la moelle, se trouve le *bois*,
composé d'un certain nom-
bre de couches concentri-
ques ; les plus internes de ces
couches, qui sont les plus
anciennes et les plus dures,
constituent le *cœur du bois*,
tandis que les autres, plus
jeunes et plus tendres, forment l'*aubier*. L'*écorce* recouvre le bois et le protège ;

FIG. 102. — Coupe horizontale
d'une tige ordinaire.

1. Ecorce. — 2. Aubier. — 3. Duramen. —
4. Moelle.

elle est elle-même recouverte par l'*épiderme*, lequel finit par
disparaître chez les végétaux à longue existence.

Entre l'écorce et le bois, on trouve une mince couche d'un
liquide visqueux nommé *cambium*. Ce cambium est le liquide
générateur des tissus végétaux ; chaque année, il forme, par
ses dépôts successifs, une nouvelle couche de bois, qui
s'ajoute aux anciennes. La division de ces couches est quelquefois si bien marquée, qu'elle peut suffire pour déterminer
l'âge du végétal.

97. Usage des tiges. — Certaines tiges souterraines entrent pour· une grande part dans notre alimentation, tels

sont la *pomme de terre*, l'*oignon*, l'*ail*, l'*échalote* et le *poireau*. La médecine emploie celles de la *réglisse* et du *quinquina*.

Les tiges du *lin*, du *chanvre*, de la *ramie*, espèce d'ortie originaire de la Chine, nous fournissent les matières textiles servant à confectionner la toile.

Beaucoup de tiges, riches en matières colorantes, sont employées en teinturerie ; telles sont celles du *santal*, du *quercitron*, du *fustet* et des *bois de Campêche* et du *Brésil*.

Du chaume de la *canne à sucre*, on retire un liquide sirupeux avec lequel on prépare le *sucre ordinaire* ; ce liquide, fermenté, sert aussi à la fabrication de l'*alcool* et du *rhum*.

Mais de tous les usages auxquels servent les tiges végétales, le plus important est, sans contredit, l'emploi que l'on en fait pour le chauffage, pour la confection des meubles et pour la construction des navires et des habitations.

98. Greffe. — La *greffe* repose sur la propriété que possède un bourgeon ou un jeune rameau, lorsqu'il est introduit entre l'aubier et l'écorce d'un arbre de même espèce ou d'une espèce voisine, de pouvoir s'y développer et produire un arbre de l'espèce du végétal d'où il a été détaché. Il y a plusieurs sortes de greffes, mais la plus commune est la *greffe en écusson*.

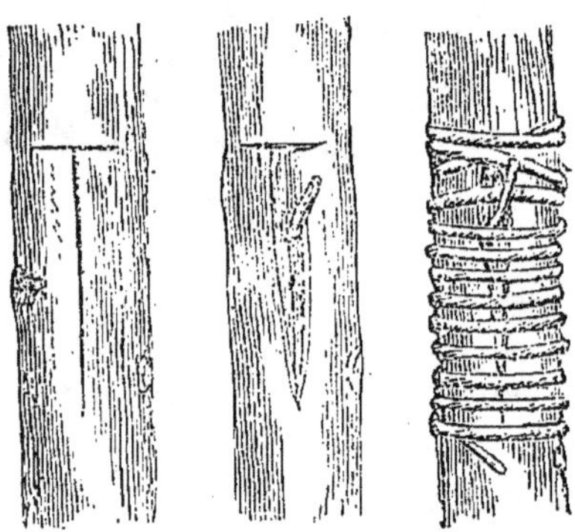

FIG. 103. — Greffe en écusson.

Pour greffer en écusson, on pratique sur l'écorce du sujet à greffer une entaille en forme de T, allant jusqu'à l'aubier. Les deux lèvres de l'entaille étant écartées, on place le greffon au-dessous et on lie soigneusement le tout avec de la laine.

Le greffon doit être un bourgeon pris à un jeune rameau

Pour le détacher de ce rameau, on fait à l'écorce trois incisions : une horizontale, au-dessus du bourgeon, et deux latérales se rejoignant par le bas ; ces incisions permettent d'enlever facilement le bourgeon.

Feuilles.

99. Caractères généraux. — On désigne sous le nom de *feuilles* des expansions de la tige, de couleur généralement verte et de forme presque toujours aplatie.

La portion aplatie de la feuille a reçu le nom de *limbe* et l'espèce de tige plus ou moins grêle qui l'unit à la branche, celui de *pétiole*.

Le pétiole porte parfois deux petits appendices latéraux ressemblant à de petites feuilles ; ces appendices se nomment *stipules*.

Lorsque le limbe s'attache directement à la branche, sans l'intermédiaire du pétiole, la feuille est dite *sessile* ; dans le cas contraire, elle est appelée *pétiolée*.

Relativement à la forme du limbe, les feuilles peuvent être *simples* ou *composées*.

Les feuilles *simples* sont celles dont le limbe est d'une seule pièce, c'est-à-dire n'est pas échancré jusqu'à la nervure centrale, quels qu'en soient d'ailleurs les dentelures, lobes ou segments. Les

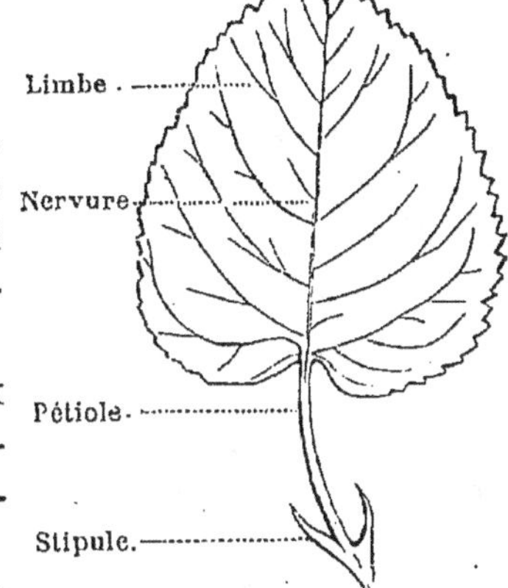

FIG. 104. — Feuille simple.
Feuille de poirier.

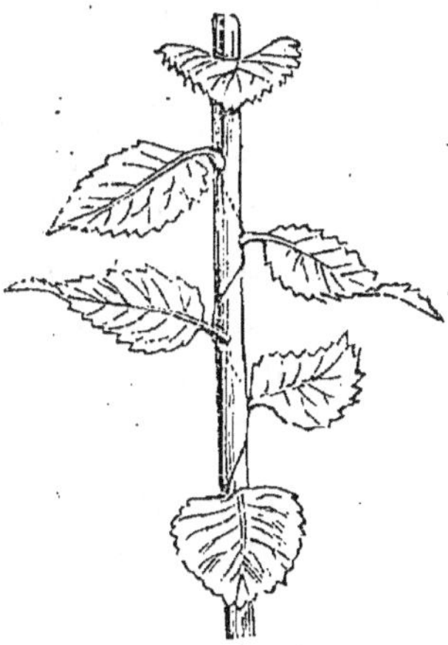

FIG. 105.—Feuilles alternes

feuilles *composées* ont le limbe divisé en plusieurs pièces distinctes, nommées *folioles*, placées sur les parties latérales, ou à l'extrémité d'un pétiole commun. Ce pétiole peut lui-même se ramifier et former ainsi des feuilles *bi-composées*.

100. Disposition des feuilles sur la tige. — Relativement à leur disposition sur la tige ou sur les rameaux, les feuilles sont dites *alternes*, *opposées* ou *verticillées*.

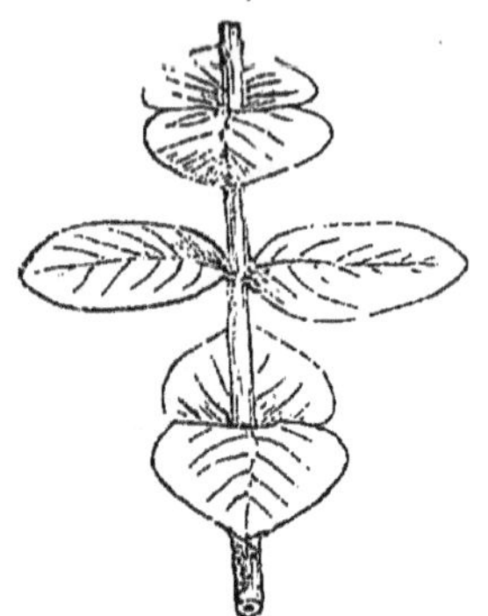 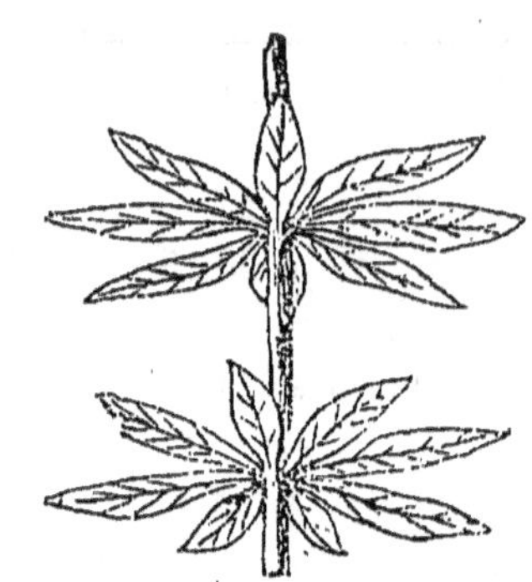

Fig. 106. — Feuilles opposées.   Fig. 107. — Feuilles verticillées.

On appelle feuilles *alternes* celles qui naissent toutes à des hauteurs différentes, mais qui sont disposées sur la tige de manière que si l'on faisait passer un fil par les points d'insertion de ces feuilles, ce fil formerait une spirale. Les feuilles *opposées* sont celles qui naissent deux par deux à la même hauteur, vis-à-vis l'une de l'autre. On les appelle *verticillées* quand elles naissent trois par trois, quatre par quatre ou davantage, d'un même nœud, en formant ainsi une sorte de collerette autour de lui.

101. Structure des feuilles. — Les feuilles sont composées de trois parties : les *nervures*, le *parenchyme* et l'*épiderme*.

Les *nervures* partent toutes du pétiole et se ramifient dans le limbe. On désigne sous le nom de *parenchyme* le tissu qui remplit les intervalles laissés par les nervures ; les

cellules qui le composent renferment une substance de couleur verte très importante,
c'est la *chlorophylle*.

A la surface de l'épiderme
se trouvent un grand nombre
de petites ouvertures nommées
stomates ; c'est par ces ouvertures que s'effectuent continuellement, entre les feuilles et
l'atmosphère, les échanges des
produits gazeux déterminés par
les fonctions des feuilles.

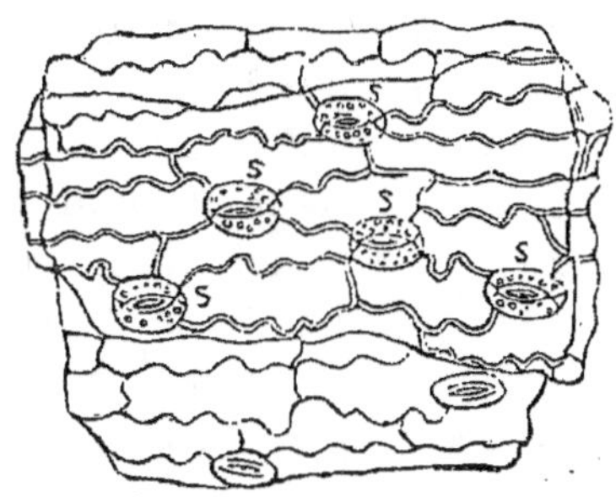

Fig. 108. — Stomates.

102. Fonction des feuilles. — Les principales fonctions
des feuilles sont la *respiration*, la fonction *chlorophyllienne*
et la *transpiration*.

Respiration des végétaux. — La respiration des végétaux, comme celle des animaux, consiste dans l'absorption de l'oxygène de l'air et dans le dégagement de l'anhydride carbonique, gaz provenant des phénomènes chimiques qui se produisent dans leurs tissus. Cette fonction
se fait par toutes les parties des végétaux, colorées en vert
ou non, pendant le jour comme pendant la nuit. Elle n'est
apparente que pendant la nuit, car, pendant le jour, elle est
masquée par la fonction chlorophyllienne, qui donne lieu
à une absorption et à un dégagement inverses.

103. Fonction chlorophyllienne. — La fonction
chlorophyllienne consiste dans le fait que les feuilles, ainsi
que toutes les parties vertes des végétaux, par leur chlorophylle et sous l'action de la lumière absorbent l'anhydride
carbonique de l'air, le décomposent, fixent le carbone dans
leurs tissus et laissent dégager l'oxygène.

La fonction chlorophyllienne est beaucoup plus active
que la respiration, surtout dans l'action directe des rayons
solaires, de sorte que les végétaux dégagent plus d'oxygène,

qu'ils n'en absorbent. A l'ombre, dans la lumière diffuse, la respiration chlorophyllienne se produit encore, mais avec d'autant moins d'intensité que la lumière est plus faible.

C'est aussi sous l'influence de la lumière que se forme la chlorophylle. Cette matière cesse de se produire dans l'obscurité, car les feuilles, n'absorbant plus alors de gaz carbonique, ne peuvent fixer du carbone dans leurs tissus, et même, si l'obscurité se prolonge, la chlorophylle disparaît complètement.

Les jardiniers utilisent cette propriété lorsqu'ils veulent faire blanchir des légumes. A cet effet, ils les lient avec un jonc en les transplantant dans un endroit sombre, dans une cave, par exemple ; ces légumes étant alors privés de lumière, perdent leur chlorophylle et deviennent très tendres.

104. Transpiration des végétaux. — La transpiration est le phénomène par lequel les feuilles rejettent constamment dans l'atmosphère, à l'état de vapeur, l'excès d'eau introduit dans les végétaux par l'absorption des racines.

L'activité de cette fonction varie avec la température et l'état d'humidité de l'air : elle est d'autant plus active que la chaleur est plus forte et l'air plus sec. Mises en contact avec l'eau, les feuilles absorbent de ce liquide. Pour se rendre compte de ce fait, il suffit de plonger en partie dans l'eau une branche garnie de ses feuilles, et on constate que la partie non immergée conserve sa fraîcheur pendant un temps assez long.

Fig. 109. — Absorption de l'eau par les feuilles.

105. Usage des feuilles. — Beaucoup de plantes nous fournissent les feuilles qui servent à préparer nos salades;

les principales sont les *laitues*, les *chicorées* et les *dents-de-lion*.

Les feuilles du *chou*, de l'*épinard*, de l'*oseille*, du *persil*, du *cerfeuil*, de l'*estragon* rentrent aussi dans notre alimentation. Plus nombreuses encore sont les feuilles dont se nourrissent les animaux herbivores. Le *foin*, le *trèfle*, la *luzerne*, et les feuilles du *maïs*, de la *betterave* et de beaucoup d'autres végétaux, constituent la principale nourriture d'un grand nombre de nos animaux domestiques.

La médecine utilise les propriétés spéciales des feuilles de la *belladone*, de la *jusquiame*, de la *digitale*, de la *menthe*, de l'*oranger*, etc.

Ce sont les feuilles du *tabac*, qui, après avoir subi certaines préparations, nous donnent le tabac à fumer et le tabac à priser.

DEVOIRS

24ᵉ Devoir. — 1. Nommez les organes de nutrition des végétaux. 2. — ceux de reproduction. 3. Comment appelle-t-on les racines qui présentent des renflements? 4. — celles qui sont formées de radicelles partant toutes de l'extrémité de la tige? 5. Quelle espèce de racine a la carotte? 6. — le dahlia? 7. Nommez quelques racines servant à notre alimentation. 8. — employées comme médicaments. 9. Nommez deux modes de reproduction des végétaux basés sur les racines. 10. Nommez les principales sortes de tiges. 11. Quel nom porte la tige du blé? 12. — du palmier? 13. — celle qui s'allonge horizontalement sous terre? 14. Qu'est-ce qui distingue les tubercules des racines tubéreuses? 15. Nommez deux tubercules.

25ᵉ Devoir. — 1. Nommez les différentes parties de la tige. 2. Par quoi est recouverte l'écorce? 3. Comment se subdivise le bois? 4. Comment appelle-t-on le liquide situé entre le bois et l'écorce? 5. Où se trouve la moelle? 6. Nommez les plantes dont les tiges sont employées en médecine. 7. — en teinturerie. 8. — pour notre alimentation. 9. De quelle tige retire-t-on le sucre? 10. — la matière textile de la toile? 11. Quelle est la greffe la plus employée? 12. Comment appelle-t-on la portion aplatie de la feuille? 13. — l'espèce de tige qui unit la feuille à la branche? 14. Comment nomme-t-on les feuilles qui n'ont pas de pétiole? 15. — les appendices du pétiole?

26ᵉ Devoir. — 1. Comment nomme-t-on les feuilles qui forment comme une collerette autour de la tige? 2. — qui naissent deux par deux à la même hauteur? 3. — qui naissent toutes à des hauteurs différentes? 4. Nommez les trois parties dont se compose une feuille. 5. Comment appelle-t-on la substance verte des cellules du parenchyme? 6. — les petites ouvertures de l'épiderme? 7. Quelles sont les principales fonctions des feuilles? 8. Quelle est celle qui ne se produit que pendant le jour? 9. — qui a pour résultat de purifier l'atmosphère? 10. — d'absorber du gaz carbonique? 11. — de rejeter de de la vapeur d'eau dans l'atmosphère? 12. Nommez les plantes dont les feuilles servent à préparer nos salades. 13. — à notre alimentation. 14. — à celle des animaux. 15. — dont les feuilles sont utilisées en médecine.

SUJETS DE RÉDACTION

16e Sujet. — Faire la description d'une feuille et montrer le rôle des feuilles dans la végétation.

17e Sujet. — Tige des végétaux : description de la tige des arbres ordinaires de nos forêts. — Produits que l'on retire des tiges des végétaux.

CHAPITRE II

Organes de reproduction.

Fleur.

106. Description de la fleur. — La *fleur* est l'ensemble des organes qui servent d'une manière plus ou moins directe à la production du fruit, et, par suite, à la reproduction du végétal.

Une fleur complète comprend quatre séries d'organes, qui sont, en allant de l'extérieur à l'intérieur : le *calice*, la *corolle*, les *étamines* et le *pistil*.

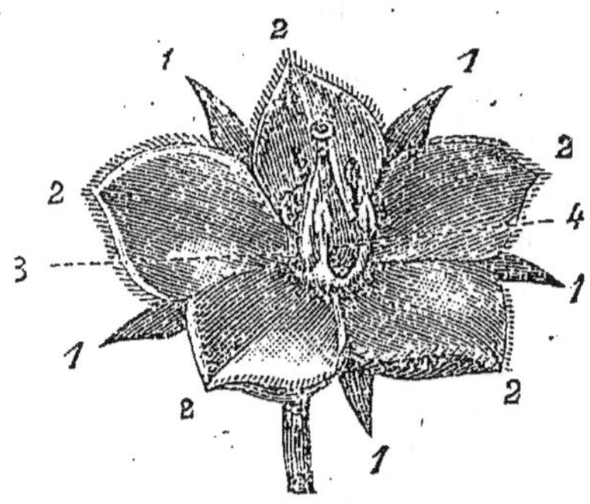

FIG. 110. — Fleur.

1. Sépales formant le calice.
2. Pétales formant la corolle.
3. Etamines. — 4. Pistil.

107. Calice. — Le *calice* est la plus extérieure des enveloppes florales. Bien qu'il soit ordinairement vert, le calice peut être autrement coloré. Il se compose de feuilles nommées *sépales*. Lorsque les sépales sont tous soudés ensemble par leur base, on dit que le calice est *monosépale* ; quand, au contraire, les sépales sont indépendants les uns des autres, le calice est dit *polysépale*.

Par rapport à sa forme, le calice peut être *régulier* ou *irrégulier* : il est régulier lorsqu'il est composé de sépales égaux et symétriquement disposés, ainsi qu'on l'observe dans la rose ; il est irrégulier lorsque les sépales sont inégaux et manquent entre eux de symétrie, comme dans la sauge et l'aconit.

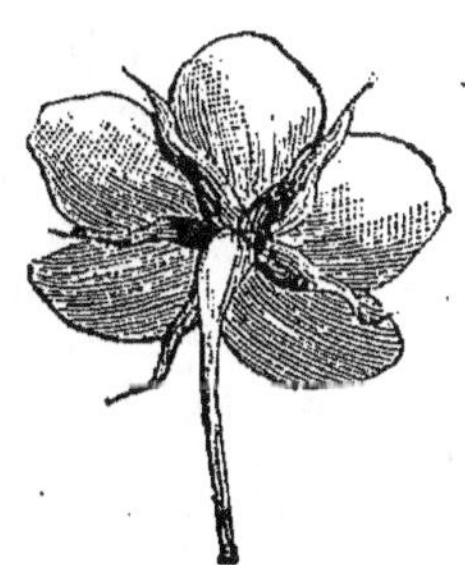

Fig.111.—Fleur vue en dessous, montrant le calice.

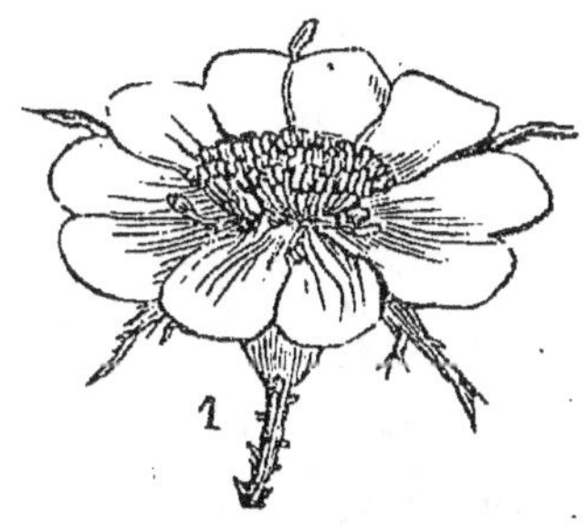

Fig.112.—Fleur vue en dessus, montrant la corolle.

107. Corolle. — La *corolle*, seconde enveloppe florale, est constituée par un certain nombre de feuilles nommées *pétales*, qui ont généralement une coloration vive et éclatante, en même temps qu'une odeur plus ou moins agréable. Comme le calice, la corolle peut être *monopétale, polypétale, régulière* ou *irrégulière*.

108. Étamines. — Les *étamines* sont situées à l'intérieur des deux premières enveloppes florales, qui en sont les organes protecteurs. Elles peuvent être plus ou moins nombreuses dans chaque fleur, égales ou inégales en hauteur, indépendantes les unes des autres ou soudées entre elles. Chaque étamine comprend trois parties : le *filet*, l'*anthère* et le *pollen*.

Le *filet* est une faible tige qui supporte l'anthère. L'*anthère* est un petit sac membraneux, de couleur variable, de forme généralement ovoïde, renfermant le pollen. Le *pollen*

FIG. 113. Fleur du liseron.
Calice monosépale.
Corole monopétale.

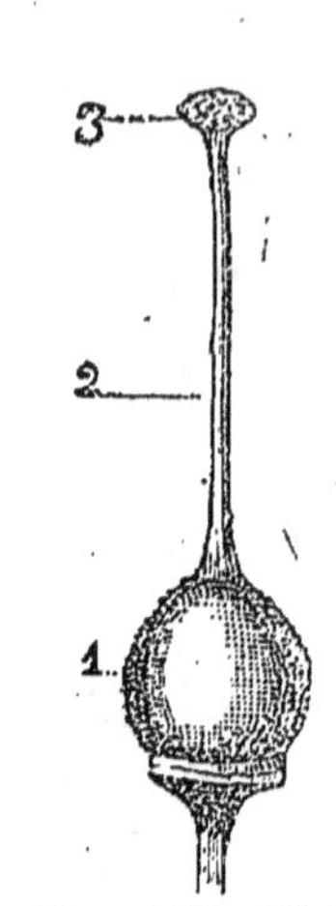

FIG. 114. Etamines
de la giroflée.
1. Filet. — 2. Anthère.

FIG. 115. Pistil.
1. Ovaire. — 2. Style.
3. Stigmate.

est la poussière fécondante de la fleur ; il se présente sous la forme de granules excessivement fins, de couleur ordinairement jaune.

109. Pistil. — Le *pistil* est l'organe le plus central de la fleur ; comme les étamines, il comprend trois parties : l'*ovaire*, le *style* et le *stigmate*.

L'*ovaire* est une sorte de renflement placé au bas de la fleur et contenant les *ovules* ; c'est le fruit en voie de formation. Le *style* est une sorte de canal plus ou moins allongé qui surmonte l'ovaire et le fait communiquer avec le stigmate. Le *stigmate* est la partie glanduleuse qui termine le style.

110. Fleurs incomplètes. — Les fleurs qui manquent d'un ou de plusieurs des organes précédemment décrits, sont dites *incomplètes*. Celles qui possèdent des étamines et n'ont pas de pistil, sont nommées fleurs *staminées*, et celles qui ayant un pistil n'ont pas d'étamines ont reçu le nom de fleurs *pistillées*.

Certains végétaux, le chêne, le noisetier, par exemple, portent sur un même pied des fleurs staminées et des fleurs pistillées, séparées les unes des autres ; ces végétaux sont dits *monoïques*. On désigne sous le nom de plantes *dioïques* celles dont un même pied ne porte que des fleurs staminées ou que des fleurs pistillées, comme on le remarque dans le houblon, l'épinard et le chanvre.

111. Fructification.— Pour que la fleur puisse produire un fruit, c'est-à-dire pour que l'ovaire puisse se développer, il est indispensable qu'il soit

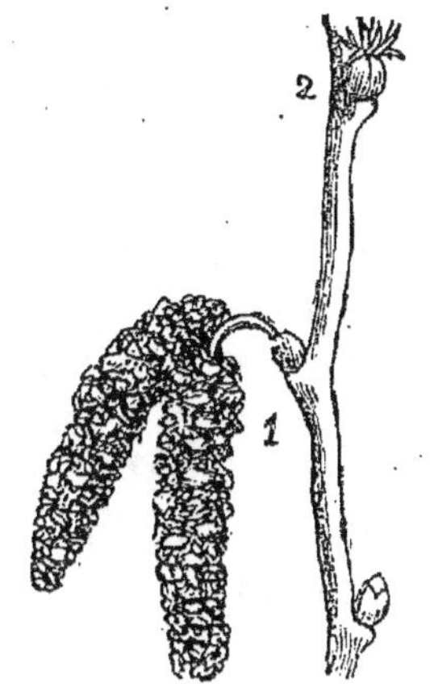

Fig. 116. — Fleurs du noisetier.

1. Fleurs staminées.
2. Fleurs pistillées.

fécondé par le pollen des étamines. La chose est facile pour les fleurs qui renferment à la fois un pistil et des étamines. Au moment où ces fleurs sont dans la plénitude de l'épanouissement, le stigmate sécrète un liquide visqueux sur lequel se fixent les grains de pollen tombés des anthères ; parvenu sur le stigmate, le pollen descend par le style dans l'intérieur de l'ovaire.

La difficulté de la fécondation est plus grande lorsque les fleurs pistillées se trouvent distantes des fleurs staminées, soit sur le même pied, soit sur des pieds différents et éloignés. Dans ce cas, les vents, les insectes ailés, les abeilles surtout, transportent sur les fleurs pistillées la poussière pollinique indispensable au développement de l'ovaire.

Lorsque le pollen ne parvient pas sur le pistil d'une fleur, elle se dessèche et ne porte pas de fruit : on dit qu'elle *coule*. Ce fait se produit surtout lorsqu'il pleut abondamment au moment de la floraison ; la pluie entraîne le pollen et l'empêche de se déposer sur le pistil des fleurs pour les féconder.

112. Usage des fleurs. — Les fleurs que la médecine utilise sont nombreuses ; telles sont la *bourrache*, la *violette*, etc.

La parfumerie extrait des fleurs du *rosier*, du *géranium*, de l'*oranger*, du *jasmin* et de l'*héliotrope* des parfums délicieux. La teinturerie emploie aussi les fleurs du *safran* et du *carthame*.

Les fleurs sont en outre pour l'homme une source de jouissances toujours nouvelles. C'est pour lui seul qu'elles ont de l'agrément. De tout temps, elles ont été le symbole de la joie et l'expression des sentiments du cœur. Elles sont de toutes les fêtes : l'enfant emprunte leur gracieux langage pour dire sa piété filiale, et l'Eglise elle-même en décore ses autels.

Fruit.

Le *fruit* n'est autre chose que l'ovaire développé et parvenu à sa maturité. Il se compose de deux parties : le *péricarpe* et la *graine*.

113. Péricarpe. — Le *péricarpe* est la portion du fruit qui provient du développement des parois de l'ovaire ; c'est le fruit proprement dit. Le péricarpe se compose de trois parties : l'*épicarpe*, le *mésocarpe* et l'*endocarpe*.

L'*épicarpe* est la pellicule qui enveloppe le fruit : c'est la pelure. Le *mésocarpe* est la partie moyenne du fruit ; il en constitue la partie comestible ; dans certains fruits, tels que la poire et la pomme, le mésocarpe atteint un développement considérable. L'*endocarpe* est la membrane interne qui tapisse la cavité où sont contenues les graines.

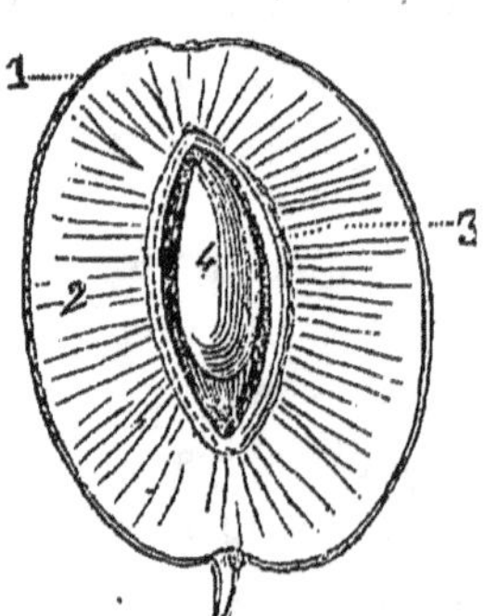

FIG. 117.
Coupe d'un fruit.
1. Epicarpe. — 2. Mésocarpe.
3. Endocarpe. — 4. Graine.

Dans quelques fruits, comme la pêche et l'abricot, cette

membrane devient dure et épaisse ; elle forme ce qu'on appelle le *noyau*.

114. Graines. — Les *graines* résultent du développement des ovules. Ce sont les graines qui, placées dans des conditions favorables, reproduisent, par la germination, les plantes dont elles proviennent.

Une graine complète se compose de trois parties : le *tégument*, l'*albumen* et l'*embryon*.

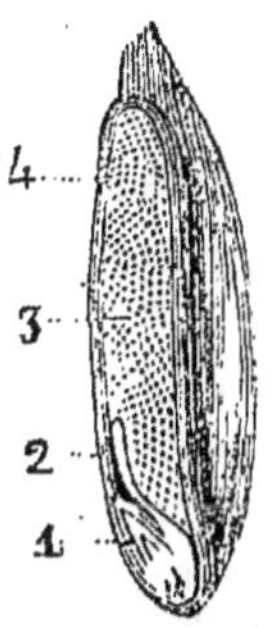

FIG. 118. — Coupe
d'un grain de blé.

1. Embryon. — 2. Cotylédon.
3. Albumen. — 4. Tégument.

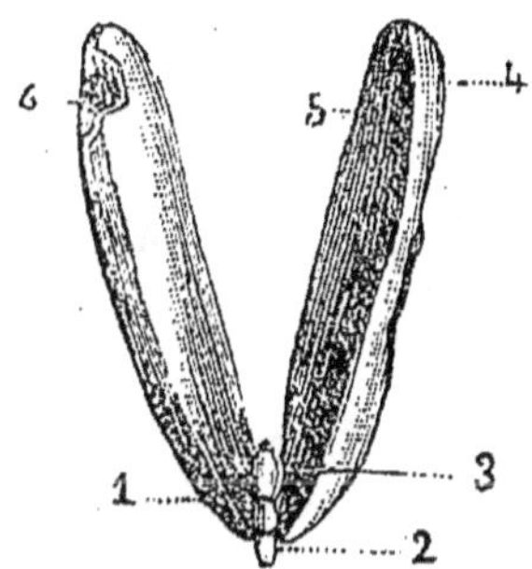

FIG. 119. — Graine
de l'amandier.

1. Tigelle. — 2. Radicule. — 3. Gemmule.
4. Tégument. — 5-6. Cotylédons.

Le *tégument* constitue l'enveloppe de la graine. L'*albumen* est un amas de matières nutritives destinées à fournir à l'embryon les substances alimentaires dont il a besoin au commencement de la germination. Certaines graines, telles que le haricot et le pois, sont complètement dépourvues d'albumen, tandis que d'autres, comme le blé et les autres céréales, en renferment une riche provision.

L'*embryon* est le rudiment de la nouvelle plante. Il comprend trois parties : la *radicule*, la *tigelle* et la *gemmule*.

La *radicule* est la racine de la plante future. La *tigelle* fait suite à la radicule, c'est la partie de l'embryon qui, par son développement, doit constituer la nouvelle plante. La *gemmule* termine la tigelle ; elle est formée par un bourgeon rudimentaire, qui se développe par la germination et donne naissance aux premières feuilles du végétal.

115. Cotylédons. — Beaucoup de graines possèdent en outre un ou deux appendices latéraux fixés à la base de la tigelle ; ce sont les *cotylédons*. Comme l'albumen, les cotylédons constituent une réserve alimentaire destinée à nourrir la jeune plante pendant la première période de la germination, alors que ses racines ne sont pas encore assez développées pour puiser dans le sol les sucs qui lui sont nécessaires. Aussi les cotylédons sont-ils épais et charnus dans les graines qui sont dépourvues d'albumen, tandis qu'ils sont nuls ou tout à fait rudimentaires dans celles qui sont munies d'un albumen abondant.

116. Germination. — La *germination* consiste dans le développement de l'embryon. Elle s'accomplit toutes les fois que les graines sont placées dans des conditions qui lui sont favorables, c'est-à-dire lorsque les graines trouvent autour d'elles la chaleur, l'air et l'humidité nécessaires.

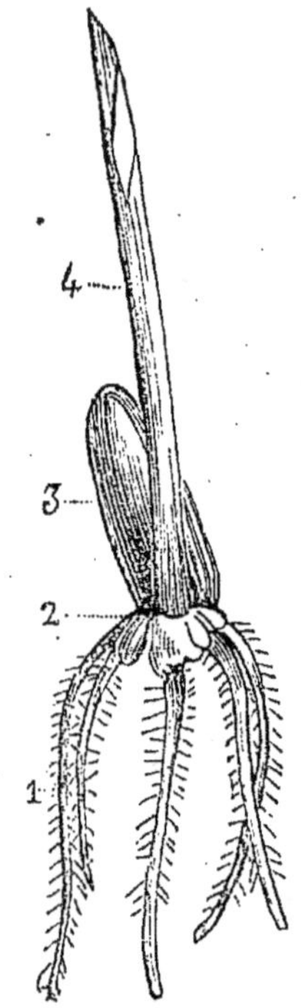

Fig. 120. — Germination du blé.

1. Racine.— 2. Cotylédon.
3. Albumen. — 4. Tigelle.

Voici alors ce qui se passe : l'embryon grandit, les enveloppes de la graine se déchirent, la radicule s'accroît, s'enfonce en terre, se ramifie et devient une véritable racine ; la tigelle s'allonge, sort de terre, en emportant avec elle la gemmule et les cotylédons. Ceux-ci, d'abord blancs et épais, deviennent verts et minces ; ils finissent par se flétrir et disparaître. La gemmule s'épanouit à son tour ; ses folioles se déploient dans l'atmosphère et acquièrent bientôt tous les caractères des feuilles, dont elles ne tardent pas à remplir les fonctions. La germination est alors achevée ; la jeune plante pourvue de ses organes fondamentaux, peut vivre par elle-même et parcourir les diverses phases de la végétation.

117. Usages des fruits et des graines. — Beaucoup de fruits rentrent directement dans notre alimentation ; tels sont les *pommes*, les *poires*, les *raisins*, les *pêches*, les *abricots*, etc.

Quelques fruits nous donnent en outre notre boisson : ainsi le raisin nous fournit le *vin* ; la pomme et la poire produisent le *cidre* et le *poiré*. L'orge sert à préparer la *bière* et avec les grains de la plupart des céréales, on fabrique de l'*alcool*. Le *café* provient des grains du caféier torréfiés, réduits en poudre et infusés dans l'eau.

On extrait de l'huile de l'*olive* et de la *noix*, ainsi que de la graine du *colza*, du *lin* et de certains *pavots*.

Les céréales nous rendent d'immenses services par les grains qu'elles nous fournissent ; ces grains servent à notre alimentation ou à celle de nos animaux domestiques. Les principales céréales utiles sont le *blé*, le *seigle*, l'*orge*, l'*avoine*, le *millet*, le *maïs* et le *riz*.

Plusieurs graines, telles que celles du *lin* et de la *moutarde*, servent à préparer des médicaments.

DEVOIRS

27ᵉ Devoir. — 1. Quel nom porte l'ensemble des organes servant à la reproduction du végétal ? 2. Quel est le plus extérieur des organes floraux ? 3. — le plus intérieur ? 4. — celui qui est ordinairement coloré en vert ? 5. Comment nomme-t-on les feuilles du calice ? 6. — de la corolle ? 7. Quel nom donne-t-on à la corolle lorsque ses feuilles sont distinctes ? 8. — sont soudées ? 9. Nommez les parties qui composent l'étamine. 10. Où est situé le pollen ? 11. Qu'est-ce qui supporte l'anthère ? 12. Où est situé le pistil ? 13. Nommez les parties qui le composent. 14. Où est situé l'ovaire ? 15. Qu'est-ce qui supporte le stigmate ?

28ᵉ Devoir. — 1. Comment appelle-t-on les fleurs qui manquent d'un des organes floraux ? 2. — qui ayant un pistil n'ont pas d'étamines ? 3. — qui ayant des étamines n'ont pas de pistil ? 4. Comment appelle-t-on les végétaux qui ont à la fois des fleurs staminées et des fleurs pistillées ? 5. — qui n'ont qu'une de ces espèces de fleurs ?

6. Quelle est la condition nécessaire pour que l'ovaire puisse se développer? 7. Quels sont les insectes qui favorisent la fructification des végétaux monoïques? 8. Qu'est-ce qui nuit surtout à la fructification? 9. Nommez des fleurs médicinales. 10. Quelles sont les fleurs employées par la parfumerie? 11. — par la teinturerie? 12. Pour qui les fleurs ont-elles de l'agrément? 13. De quoi sont-elles le symbole? 14. Que contient l'ovaire? 15. Que devient-il par son développement?

29° **Devoir.** — 1. Nommez les différentes parties du fruit. 2. Quelle est celle qui atteint le plus de développement? 3. — qui parfois forme un noyau? 4. D'où proviennent les graines? 5. Comment se divise une graine? 6. Quelle est la plus importante de ces parties? 7. Qu'est-ce que le tégument? 8. — l'albumen? 9. Nommez les principales parties de l'embryon. 10. Nommez quelques fruits comestibles. 11. — quelques céréales. 12. De quelles graines extrait-on l'huile? 13. Avec quelle céréale fait-on la bière? 14. Avec quel fruit fait-on le cidre? 15. Quelles sont les graines utilisées en médecine?

SUJETS DE RÉDACTION

18° **Sujet.** — Décrire un grain de blé et dire ce qu'il devient lorsqu'il est jeté en terre.

19° **Sujet.** — Faire sommairement la description d'une fleur composée.

CHAPITRE III

Classification des végétaux.

118. On appelle PHANÉROGAMES les végétaux qui ont des fleurs, et CRYPTOGAMES ceux qui n'en ont pas.

Les *phanérogames* se divisent en deux groupes : les ANGIOSPERMES et les GYMNOSPERMES. L'ovaire de la fleur des angiospermes est une cavité fermée ; celui de la fleur des gymnospermes est une cavité ouverte.

Les *angiospermes* comprennent deux classes :

1° Les DICOTYLÉDONES, dont la graine a deux cotylédons ;

2⁰ Les MONOCOTYLÉDONES, dont la graine n'a qu'un cotylédon.

Chacune de ces classes se divise en *familles* qui sont trop nombreuses pour qu'il soit possible de les décrire toutes dans cet ouvrage. On n'indiquera donc que celles renfermant les végétaux les plus importants au point de vue de l'alimentation et de l'industrie.

Embranchement des Phanérogames
Dicotylédones. — Conifères.

119. Dicotylédones. — Les plantes de la classe des *dicotylédones* ont des racines pivotantes et des tiges ramifiées, formées par des zones concentriques. Les fleurs sont généralement complètes ; le nombre des pétales, des sépales et des étamines, est le plus souvent cinq ou un multiple de cinq. La graine présente toujours deux cotylédons opposés entourant l'embryon.

Les principales familles de cette classe sont celles des *légumineuses*, des *ombellifères*, des *rosacées*, des *crucifères*, des *cucurbitacées*, des *solanées*, des *composées* et des *cupulifères*.

120. Famille des légumineuses. — Cette famille est ainsi nommée parce qu'elle renferme la plupart des végétaux qui produisent nos légumes. Les fleurs des légumineuses ressemblent presque toutes à celles du pois cultivé, et les fruits sont toujours des *gousses* renfermant des graines plus ou moins arrondies.

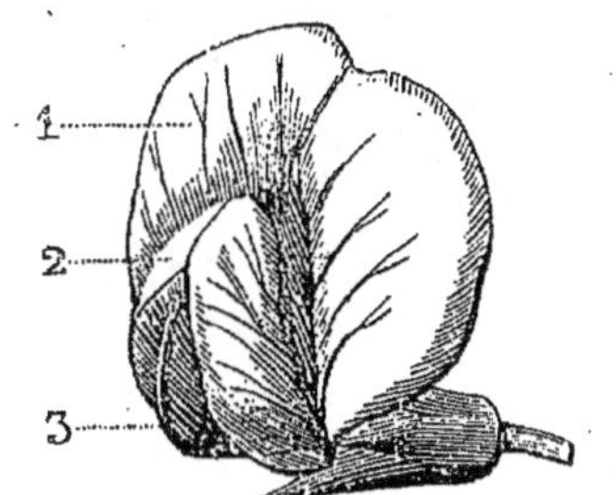

FIG. 121. — Fleur du pois·
1. Etendard. — 2. Ailes.
3. Carène.

La famille des légumineuses nous donne le *pois*, le *haricot*, la *lentille*, la *fève*, comme plantes alimentaires ; la *luzerne*, le *trèfle*, le *sainfoin*, comme plantes fourragères : le *bois de campêche*, le *bois du Brésil*, le *genêt des teinturiers*, comme plantes industrielles ; le *séné* et la *casse,* comme plantes médicinales.

FIG. 122. — Fève.

FIG. 123. — Haricot.

121. Famille des ombellifères. — Les plantes de cette famille sont caractérisées par leur mode d'inflorescence qui est toujours en *ombelle*.

FIG. 124. — Fleurs en ombelle.
1. Involucre. — 2. Involucelle. — 3. Petite ombelle.

Les fleurs en ombelle sont celles qui sont portées par des axes égaux partant tous du sommet de la tige, de sorte que ces fleurs forment, dans leur ensemble, une surface légèrement convexe. Presque toutes les ombellifères sont odorantes ; les plus communes sont la *carotte,* le *persil,* le *cerfeuil,* le *céleri,* le *fenouil,* etc. La grande et la petite *ciguë* sont des ombellifères très vénéneuses, ayant beaucoup d'analogie avec le persil.

122. Famille des rosacées. — La famille des *rosacées* tire son nom du rosier sauvage, dont la fleur a été prise comme type de celles des plantes qui la composent.

C'est à cette famille qu'appartiennent la plupart des arbres fruitiers de nos jardins, tels que le *pommier*, le *poirier*, le *prunier*, le *néflier*, le *cerisier*, l'*abricotier*, le *pêcher*, l'*amandier*, etc.

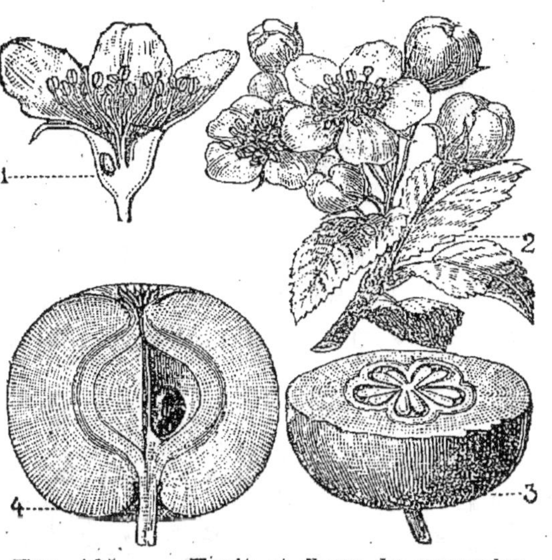

FIG. 125. — Fruit et fleur du pommier.
1. Coupe de la fleur.— 2. Fleurs en corymbe.— 3. Coupe horizontale montrant les cinq loges des graines. — 4. Coupe verticale.

Les haies lui doivent la *ronce*, l'*églantier*, l'*aubépine* et le *prunellier* ; les jardins, les différentes espèces de *roses*, qui en font l'ornementation.

FIG. 126. — Fruit du néflier.

123. Famille des crucifères. — La famille des *crucifères* est ainsi appelée à cause de la corolle de ses fleurs, qui se compose toujours de quatre pétales distincts disposés en croix.

Les crucifères les plus employées dans l'économie domes-

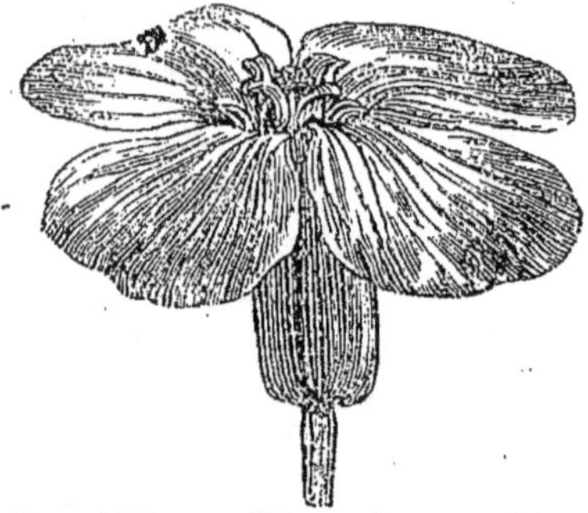

tique sont le *chou*, le *navet*, la *rave*, le *raifort*, le *radis*, le *cresson* ; ces plantes entrent pour une assez grande
part dans notre alimenta-
tion. Le *colza*, la *cameline*
et la *navette* sont des crucifères dont on extrait de
l'huile. Quelques espèces de
cette famille sont cultivées
comme plantes d'agrément,

Fig. 127. — Fleur de crucifère.

telles sont la *giroflée*, la *julienne*, la *corbeille d'or* et la *corbeille
d'argent*.

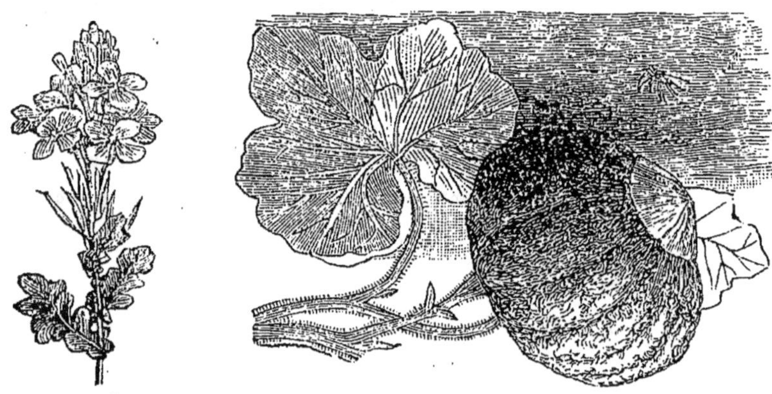

Fig. 128. — Colza.　　　　　Fig. 129. — Melon.

124. Famille des cucurbitacées. — Cette famille comprend, comme espèces principales, la *courge* ou *potiron*, qui
lui donne son nom ; le *melon*, qui nous fournit un frui
excellent ; le *concombre*, dont le fruit cueilli très jeune forme
le *cornichon*, employé dans les apprêts culinaires.

125. Famille des solanées. — La famille des *solanées* s
compose de plantes herbacées, d'arbrisseaux et d'arbuste

ayant les feuilles de couleur vert sombre, ce qui leur donne un aspect triste.

FIG. 130. — Tabac.

FIG. 131. — Jusquiame.

Les principales solanées alimentaires sont la *pomme de terre*, originaire du Pérou et vulgarisée en France, à la fin du XVIIIe siècle, par Parmentier ; la *tomate* et le *poivron*, dont les fruits sont utilisés pour l'assaisonnement de nos mets ; l'*aubergine*, qui produit un fruit formant un bon aliment.

Plusieurs solanées sont vénéneuses, telles sont la *belladone*, la *jusquiame* et le *tabac*. Cette dernière plante, originaire d'Amérique, nous a été apportée en France, en 1560, par Jean Nicot.

126. Famille des composées. — La famille des *composées* comprend des arbrisseaux et des plantes herbacées

FIG. 132. — Fleur composée.

dont les fleurs très petites sont réunies en capitule sur un réceptacle commun.

Dans cette famille se trouvent le *cardon*, l'*artichaut*, la *laitue*, la *chicorée*, la *scorsonère* et le *salsifis*, plantes alimentaires ; la *centaurée*, l'*armoise*, l'*absinthe*, la *camomille*, l'*arnica* et le *tussilage*, plantes médicinales.

127 Famille des cupulifères. — La famille des *cupulifères* se compose d'arbres et d'arbrisseaux dont les fleurs

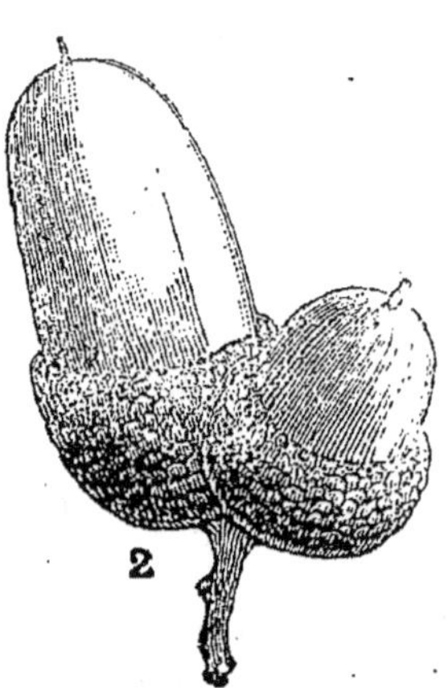

<table>
<tr><td>FIG. 133. — Fleurs
du peuplier.</td><td>FIG. 134. — Glands du chêne
dans leurs capsules.</td></tr>
</table>

ont le caractère commun de manquer de l'un des deux organes essentiels : étamines ou pistil. Les fleurs staminées sont toujours disposées en chatons, tandis que les fleurs pistillées sont généralement solitaires ; les unes et les autres se rencontrent fréquemment sur le même pied. Le fruit des cupulifères est un gland muni d'une cupule.

A cette famille appartiennent presque tous les arbres de nos forêts, tels que le *chêne*, le *châtaigner*, le *marronnier*, le *hêtre*, le *charme*, le *bouleau*, le *peuplier*, le *platane*, le *noyer*, le *noisetier*, etc.

128. Conifères. — Les *conifères* doivent leur nom aux
cônes que produisent les vé-
gétaux qui les composent ;
ces végétaux sont plus particulièrement connus sous le
nom *d'arbres verts*, parce
qu'ils conservent leurs feuilles en toute saison. Ils appartiennent au groupe des
gymnospermes.

Les conifères les plus remarquables sont le *pin* et
en particulier le *pin mari-
time*, qui nous donne di-
verses matières résineuses ;
les *sapins*, qui nous fournissent la plupart de nos
bois de construction ; les
mélèzes, les *cèdres*, les *thuyas*,
les *ifs*, et les *cyprès*, qui font
l'ornement de nos parcs et
de nos jardins.

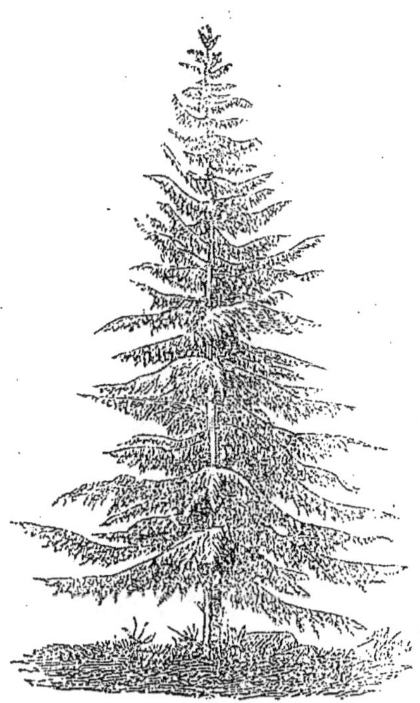

Fig. 135. — Sapin commun.

DEVOIRS

30º **Devoir.** — 1. Nommez les différents groupes que forment les
végétaux. 2. Nommez les principales familles de la classe des dicotylédones. 3. Nommez une ombellifère vénéneuse. 4. Quel est le
type des fleurs des rosacées? 5. — des légumineuses? 6. Nommez
les ombellifères comestibles. 7. Citez des légumineuses alimentaires.
8. Quelles sont les principales rosacées de nos jardins? 9. — des
haies qui bordent les chemins? 10. Quelle est la forme des fleurs
des crucifères? 11. Nommez les crucifères servant à notre alimentation. 12. — celles dont on extrait de l'huile. 13. A quelle famille
appartient la giroflée? 14. — la fève? 15. — la carotte?

31º **Devoir.** — 1. Nommez quelques arbres de la famille des cupulifères. 2. Par qui la pomme de terre a-t-elle été vulgarisée en France?
3. D'où est-elle originaire? 4. Nommez des solanées comestibles. — 5.
vénéneuses. 6. Pourquoi appelle-t-on les conifères ainsi? 7. Comment
les désigne-t-on encore? 8. Qui a introduit le tabac en France? 9. En
quelle année? 10. Nommez des conifères. 11. Citez des composées
médicinales. 12. — alimentaires. 13. A quelle famille appartient
la courge? 14. — le chêne? 15. — la pomme de terre?

SUJETS DE RÉDACTION

20e Sujet. — Nommez trois familles de la classe des dicotylédones ; indiquez leurs caractères particuliers ainsi que les principaux végétaux qu'elles renferment.

21e Sujet. — La pomme de terre : son origine, son mode de reproduction, ses usages.

CHAPITRE IV

Phanérogames (*suite*).

Monocotylédones.

129. Caractères généraux. — Les plantes de l'embranchement des *monocotylédones* ont des racines ordinairement fibreuses, des tiges généralement simples, creuses et non formées par des zones concentriques. Les feuilles sont souvent engainantes et les fleurs, qui possèdent rarement à la fois calice et corolle, ont le plus souvent trois ou six étamines.

A cet embranchement appartiennent, comme familles

Fig. 136. — Muguet de mai.

Fig. 137. — Tulipe.

principales, les *liliacées*, les *asparaginacées*, les *palmiers*, les *orchidées* et les *graminées*.

130. Famille des liliacées. — La famille des *liliacées* comprend des plantes pour la plupart herbacées, à feuilles allongées et dont la fleur, dépourvue de corolle, est munie d'un calice vivement coloré.

Parmi les liliacées, on trouve le *lis*, la *tulipe*, la *jacinthe*, l'*ail*, l'*oignon*, le *poireau*, l'*aloès* ; cette dernière plante donne un suc résineux souvent employé comme purgatif ; les fibres de l'aloès servent à faire des câbles très résistants.

131. Famille des asparaginacées. — Cette famille a pour type l'*asperge* de nos jardins potagers.

L'asperge est cultivée pour ses jeunes pousses qui, cueillies au moment où elles sortent de terre, forment un aliment recherché.

A cette famille appartiennent encore le *muguet de mai* et la *salsepareille*, plantes médicinales.

132. Famille des palmiers. — Les végétaux qui composent cette famille sont très utiles aux habitants des pays chauds, où on les rencontre principalement : leur bois est

Fig. 138. — Cocotiers.

employé dans les constructions, leurs feuilles forment de bonnes toitures, leurs fibres servent à fabriquer de solides cordages ; leurs fruits, pour la plupart comestibles, sont d'une agréable saveur. De certains palmiers, on retire un liquide connu sous le nom de *vin de palme* ; d'autres donnent une huile servant à la fabrication des bougies et des savons.

Dans la famille des palmiers se trouvent le *dattier*, le *cocotier* et le *bananier*, qui nous fournissent des fruits excellents ; le *sagoutier*, dont on extrait le *sagou*, fécule qui constitue un aliment.

133. Famille des orchidées. — La famille des *orchidées* renferme comme espèces principales, les *ophrys* et les *orchis* ; ce sont des plantes recherchées pour leurs fleurs aussi belles que bizarres. Dans les pays chauds, on trouve un arbrisseau de cette famille, le *vanillier*, qui donne un fruit utilisé à cause de l'odeur suave de l'essence qu'on en retire.

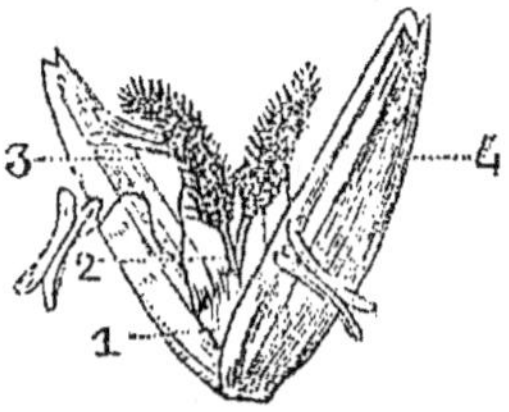

FIG. 139. — Cannes à sucre.

FIG. 140. — Épillet.
1. Ovaire. — 2. Style.
3. Stigmate. — 4. Glume.

134. Famille des graminées. — Les *graminées* sont des plantes généralement herbacées, caractérisées par leurs tiges creuses, leurs feuilles engaînantes et leurs fleurs, nommées *épillets*, disposées en *épis* ou en *panicules*.

Cette famille, une des plus nombreuses du règne végétal, est certainement la plus utile à l'homme, à cause des céréales qu'elle lui procure.

Les principales céréales sont le *blé*, l'*avoine*, le *seigle*, l'*orge*, le *maïs* et le *millet*.

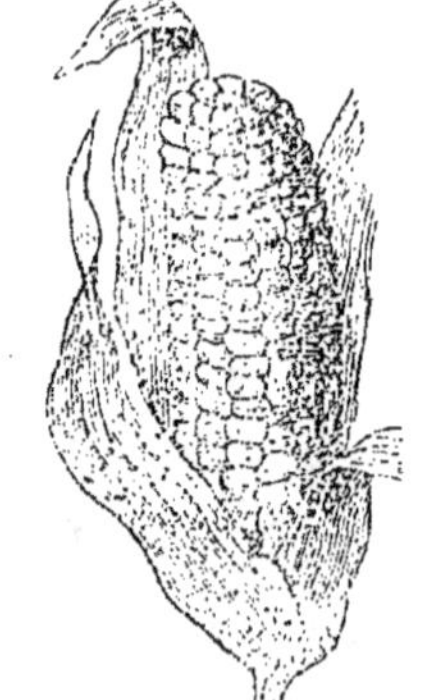

FIG. 141. — Épi de maïs.

La *canne à sucre* est une graminée dont la tige produit un liquide d'où l'on extrait le *sucre de canne* et le *rhum* ; le *bambou* en est une autre qui, par ses tiges, rend aux habitants des régions intertropicales des services inappréciables pour les constructions.

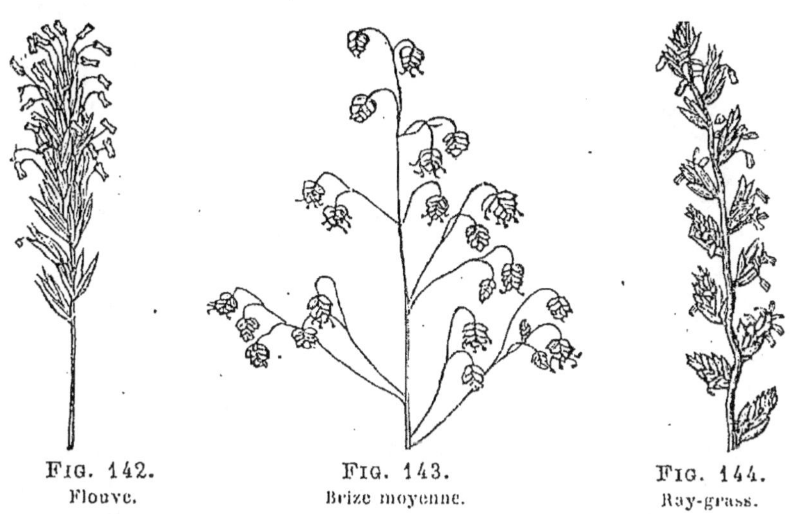

FIG. 142.
Flouve.

FIG. 143.
Brize moyenne.

FIG. 144.
Ray-grass.

A la famille des graminées, appartiennent encore la plupart des meilleures de nos plantes fourragères, telles que le *vulpin*, la *flouve*, la *brize*, le *paturin*, la *fétuque*, le *ray-grass*, etc.

Cryptogames.

135. Caractères généraux. — Les *cryptogames*, appelées aussi *acotylédones*, sont des plantes dépourvues d'embryon et par suite de cotylédons. Leur reproduction se fait d'une manière qui varie d'une plante à l'autre, mais jamais par des graines formées dans des fleurs. Les cryptogames forment trois embranchements : les CRYPTOGAMES VASCULAIRES (*fougères*), les MUSCINÉES (*mousses*) et les THALLOPHYTES (*lichens, champignons et algues*).

136. Fougères. — Les *fougères* sont des plantes vivaces, qui, dans nos contrées, ne sont qu'herbacées ; entre les tropiques, elles deviennent quelquefois arborescentes, et leur tige, semblable à celle des palmiers, peut atteindre jusqu'à vingt mètres de hauteur. Les feuilles des fougères sont toujours roulées en crosse avant leur complet épanouissement.

Ces végétaux n'ont jamais de fleurs; ils se reproduisent au moyen de *spores*, corpuscules excessivement petits, contenues dans des capsules membraneuses placées sous les feuilles et nommées *sporanges*.

Les fougères sont très nombreuses ; beaucoup contiennent un principe amer ; quelques-unes renferment un principe purgatif qui les fait employer en médecine.

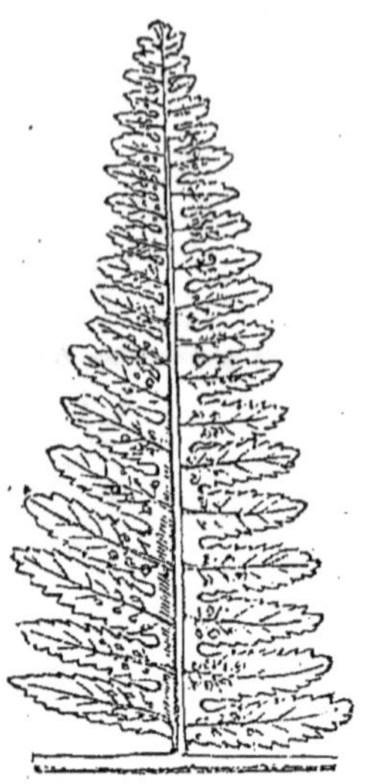

Fig. 145.
Feuille de fougère
avec spores.

137. Mousses. — Les *mousses* sont de petites plantes qui croissent par touffes dans les lieux humides et ombragés. Elles sont formées par des tiges grêles, couvertes de feuilles très fines et portant à leur extrémité les organes de reproduction. Ces organes ont l'apparence de fleurs, mais on n'y reconnaît ni les étamines, ni les pistils des plantes des deux premiers embranchements.

Les mousses servent à entretenir un certain degré d'humidité et de fraîcheur à la surface de la terre ; de plus, elles enrichissent de leurs débris les terres sablonneuses et les rendent ainsi très propres à la végétation. Placées sur les troncs des vieux arbres, où elles se développent d'une manière toute spéciale sur la face tournée vers le nord, les mousses protègent ces arbres contre l'action des grands froids.

138. Lichens. — Les *lichens* sont des excroissances de formes très variées qui se développent un peu partout, même sur les surfaces les plus arides, comme celles des rochers, des vieux murs, etc.

Le *lichen d'Islande* sert d'aliment chez les peuples des régions boréales. Nous employons certains lichens en médecine, comme toniques et adoucissants, à cause des matières mucilagineuses qu'ils renferment.

FIG. 146. — Lichen.

139. Champignons. — Les *champignons* croissent principalement dans les endroits frais et ombragés. Quelques-uns d'entre eux sont utiles, car ils servent à notre alimentation, mais la plupart sont nuisibles : la *rouille* du blé, l'*ergot* du seigle, les *moisissures*, la *maladie* des pommes de terre, l'*oïdium*, le *mildiou* et le *black-rot* de la vigne sont produits par des champignons ; il en est de même de la maladie du cuir chevelu, désignée sous le nom de *teigne faveuse*.

FIG. 147. — Champignons.

Agarics communs.

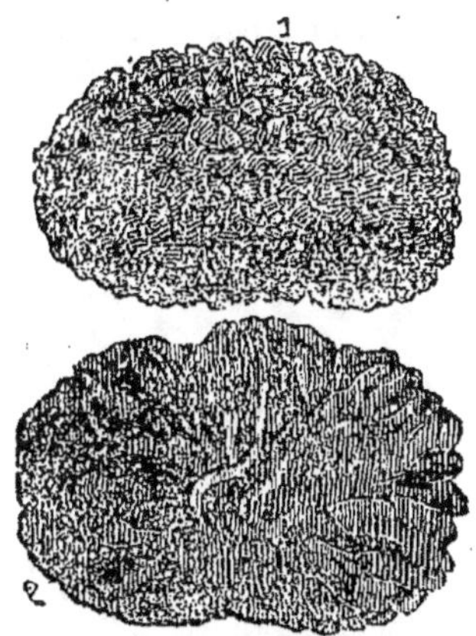

FIG. 148. — Truffes.

1. Truffe entière.
2. Truffe coupée.

Les champignons comestibles sont peu nombreux ; il est donc nécessaire d'apporter la plus grande discrétion dans le choix de ces cryptogames. Il ne faut cueillir que ceux que l'on est certain de bien connaître, et ne pas oublier que la ressemblance qui existe entre quelques espèces comestibles et d'autres qui ne le sont pas, cause chaque année de nombreux cas d'empoisonnement.

Les principaux champignons qui peuvent nous servir d'aliments sont l'*agaric commun*, le *bolet*, le *mousseron* et l'*oronge*.

Les *truffes* sont des champignons souterrains très recher-chés pour leur saveur. Elles croissent, vivent et se reproduisent au sein de la terre ; tous les efforts tentés jusqu'à présent pour les soumettre à la culture régulière ont été infructueux.

140. Algues. — Les *algues* sont des plantes aquatiques vivant les unes dans l'eau douce et les autres dans la mer. Leur organisation est très simple, mais leurs dimensions peuvent être considérables ; en cite des algues qui mesurent jusqu'à un demi-kilomètre de longueur. Comme les fougères, les algues se reproduisent au moyen de spores.

Certaines espèces d'algues marines, rejetées en grande quantité sur notre littoral, sont employées comme engrais et peuvent même servir à la nourriture du bétail. Les algues d'eau douce n'ont pas d'usages.

DEVOIR

32ᵉ Devoir. — 1. Comment appelle-t-on les angiospermes dont la graine n'a qu'un cotylédon? 2. — dont la graine n'a pas de cotylédons? 3. Nommez quelques familles de la classe des monocotylédones. 4. Quelles sont les liliacées comestibles? 5. — les asparaginacées médicinales? 6. Quelle est la liliacée dont le suc est purgatif? 7. A quelle famille appartient le dattier? 8. — le poireau? 9. — l'asperge? 10. — le bambou? 11. — le blé? 12. Nommez les céréales que vous connaissez. 13. Quels sont les trois embranchements des cryptogames? 14. Nommez les principaux champignons comestibles. 15. Au moyen de quoi se reproduisent les fougères?

SUJET DE RÉDACTION

22ᵉ Sujet. — Citez les plantes les plus importantes de la famille des graminées et indiquez leurs usages.

QUATRIÈME PARTIE
LES MINÉRAUX

CHAPITRE I

Globe terrestre. — Roches ignées.

141. — **Constitution et état du globe terrestre.** — La terre est une masse sphéroïdale isolée dans l'espace, renflée à l'équateur et déprimée aux pôles. Elle a environ **40.000** *kilomètres* de· circonférence et **6.366** *kilomètres* de rayon ; sa surface est d'environ **510.000.000** kilomètres carrés ; les eaux en couvrent les trois quarts.

La terre, dans son état. actuel, présente quatre parties :

1º Une partie *gazeuse*, formée par l'atmosphère ;

2º Une partie *liquide*, formée par les mers, les lacs, etc. ;

3º Une partie *solide*, qui constitue l'écorce terrestre ;

4º Une partie *ignée*, formée par les matières en fusion qui occupent l'intérieur du globe.

142. Formation de l'écorce terrestre. — La chaleur centrale et plusieurs autres considérations tirées de la forme du globe terrestre, nous prouvent que la terre n'était, à une certaine époque, qu'une masse sphéroïdale de matières minérales en fusion. Avec le temps, les parties extérieures de ce globe de feu se sont refroidies ; une croûte s'est formée peu à peu, et sur cette croûte encore chaude sont tombées les eaux qui primitivement étaient·suspendues à l'état de vapeur dans l'atmosphère.

Ces eaux ont désagrégé l'écorce terrestre ; elles en ont dissous certaines parties, et ont formé à sa surface une mer immense dont les eaux étaient troublées par les matières solides qu'elles tenaient en suspension. « *La terre était mêlée avec les eaux* », comme nous le lisons dans la Genèse.

Plus tard, les eaux ont formé, par leurs dépôts, des couches solides qui, avec le temps, se sont durcies et sont devenues des roches.

Pendant longtemps, il est arrivé que souvent la masse incandescente centrale soulevait et brisait l'enveloppe solide encore peu épaisse. Des matières en fusion se répandaient à sa surface et s'y solidifiaient.

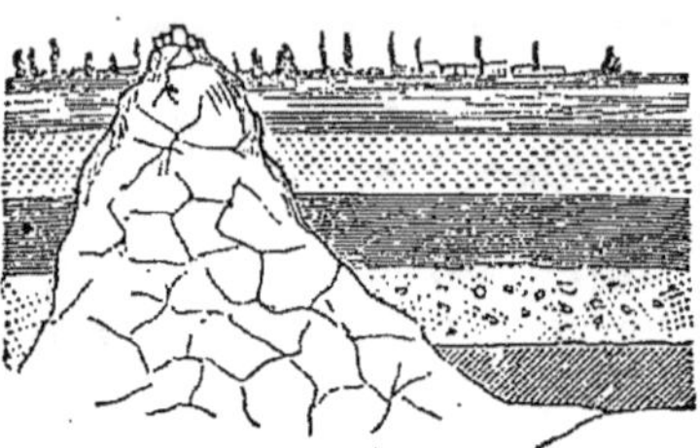

FIG. 149. — Coupe d'un terrain.

Les terrains ont donc deux origines différentes : les uns sont de *formation ignée*, les autres de *formation aqueuse*.

Les premiers résultent de la solidification des matières qui primitivement étaient en fusion, et, pour ces motifs, ils sont appelés terrains *plutoniens, ignés* ou *cristallins*.

Les seconds ont été constitués par les dépôts des matières solides que les eaux tenaient en suspension ; de là leur nom de *terrains sédimentaires*. On les appelle encore *terrains neptuniens* ou *stratifiés*.

ROCHES

143. On appelle *roches*, en géologie, les masses minérales qui constituent l'écorce terrestre. On les divise en *roches ignées* ou *plutoniennes*, et en roches *sédimentaires* ou *neptuniennes*.

144. Roches ignées. — Le caractère constant et distinctif des roches ignées est dans le mode de gisement : jamais on ne les rencontre en lits parallèles constituant des stratifications régulières. Elles sont composées d'une matière vitreuse et cristalline, et ne renferment jamais de coquillages, ni d'autres débris d'origine organique.

Les principales roches ignées sont le *quartz*, le *feldspath*, le *mica*, le *granit*, la *syénite*, le *porphyre* et les *basaltes*. Les trois premières roches sont simples, les autres sont composées.

Quartz. — Le *quartz* est de la silice pure ; il forme au moins les *trois dixièmes* de l'écorce minérale du globe.

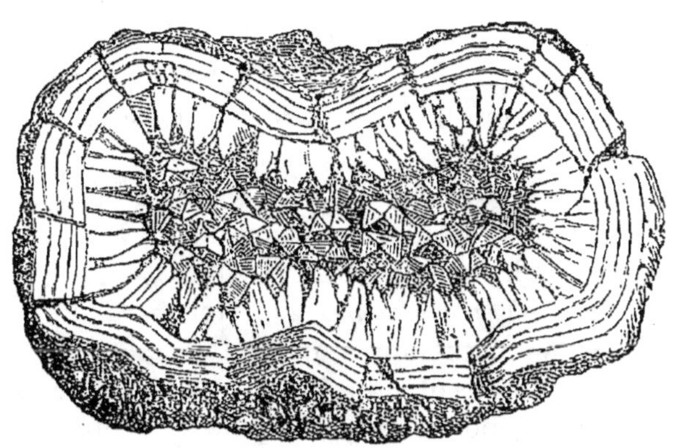

FIG. 150. — Géode de quartz cristallisé.

On rencontre dans la nature cinq variétés principales du quartz, qui sont : le *quartz hyalin*, *l'agate*, *l'améthyste*, le *jaspe* et *l'opale*. Le *quartz hyalin*, appelé encore *cristal de roche*, est incolore ; il est cristallisé en prismes hexagonaux terminés par des pyramides à six faces. Les *agates* comprennent tous les quartz demi-transparents ; elles sont diversement colorées. L'*améthyste*, qui est colorée en violet, forme une des plus belles pierres précieuses. Le *jaspe* est un quartz opaque, très diversement coloré et susceptible d'un beau poli. L'*opale* possède des teintes très vives et à beaux reflets intérieurs.

Feldspath. — Le *feldspath* est ordinairement blanc et fond à une très haute température en donnant un émail

blanc. Il se présente souvent sous la forme d'une poussière
blanche, qui constitue le *kaolin* avec lequel on fait la porcelaine.

Mica. — Le *mica* forme des lames très brillantes et
transparentes que l'on emploie quelquefois comme verre
à vitre. On le trouve aussi en poudre ; cette poudre, connue
sous le nom de *poudre d'or*, sert à sécher l'écriture.

Granit. — Le *granit* est la plus ancienne des roches
ignées. Il est composé de trois matières minérales distinctes
fortement agrégées ensemble : le *quartz*, le *feldspath* et le
mica. Les roches granitiques sont employées pour les
constructions, pour le pavage des rues et le dallage des
trottoirs.

Syénite. — La *syénite* est un granit où le mica est remplacé par l'*amphibole*, roche à couleur vert sombre. On
l'emploie pour la décoration des édifices.

Porphyre. — Les *porphyres* sont formés par des cristaux
de feldspath enchâssés dans une pâte fine de la même substance. Il renferme quelquefois des grains de quartz, de
mica et d'amphibole. Ses principales variétés sont le *porphyre rouge* et le *porphyre vert.* La dureté et la finesse des
porphyres en font une
des roches les plus esti-
mées. On s'en sert prin-
cipalement pour l'orne-
mentation des édifices.

Basaltes. — Les basal-
tes ont été produits par
les anciens volcans ; ils
constituent une espèce
de roche dure, d'un noir
plus ou moins foncé. On
les emploie dans les con-

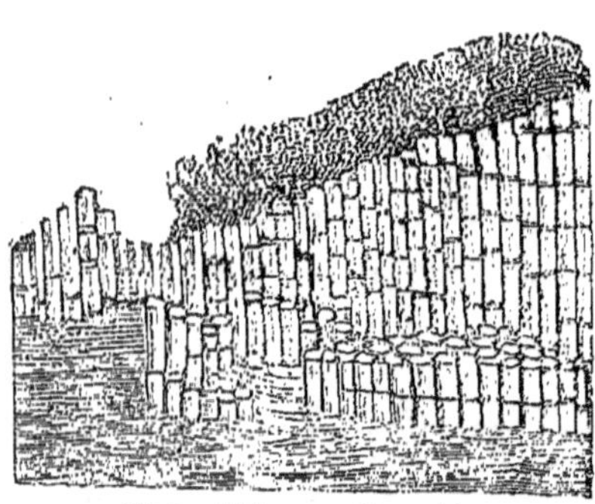

FIG. 151. — Basaltes.

structions et pour le pavage des rues. Ils ne peuvent être
taillés à cause de leur grande dureté.

DEVOIR

33ᵉ Devoir. — 1. Quelle est la forme de la terre? 2. Quelles sont ses dimensions? 3. Combien de parties comprend la terre? 4. Comment s'est formée l'écorce terrestre? 5. Quelles sont les différentes sortes de terrains? 6. Quels sont les caractères des roches ignées? 7. Quelles sont les roches simples d'origine ignée? 8. Que savez-vous du quartz et de ses variétés? 9. — du feldspath et du mica? 10. Citez quelques roches composées d'origine ignée. 11. Indiquez la composition du granit. 12. — de la syénite. 13. — du porphyre. 14. Quels sont les usages de ces roches? 15. Que savez-vous sur les basaltes?

SUJETS DE RÉDACTION

23ᵉ **Sujet.** — Expliquez la formation de l'écorce terrestre.
24ᵉ **Sujet.** — Dites ce que vous savez des principales roches ignées.

CHAPITRE II

Roches sédimentaires.

145. Les roches sédimentaires forment toujours des couches parallèles. Elles contiennent des cailloux roulés, des coquillages et d'autres débris organiques.

Ces roches, formées par les eaux, ont dû prendre une direction horizontale ; c'est en effet, cette direction que l'on observe dans toutes les couches des pays plats ; mais les révolutions que l'écorce terrestre a subies après la formation de ces dépôts ont amené des contractions et des plissements de toutes sortes ; c'est ainsi qu'au voisinage des montagnes, les couches de sédiment s'inclinent jusqu'à prendre quelquefois une direction verticale.

La stratification est *concordante* lorsque les diverses assises restent parallèles, quelles que soient d'ailleurs leur position et leur inclinaison.

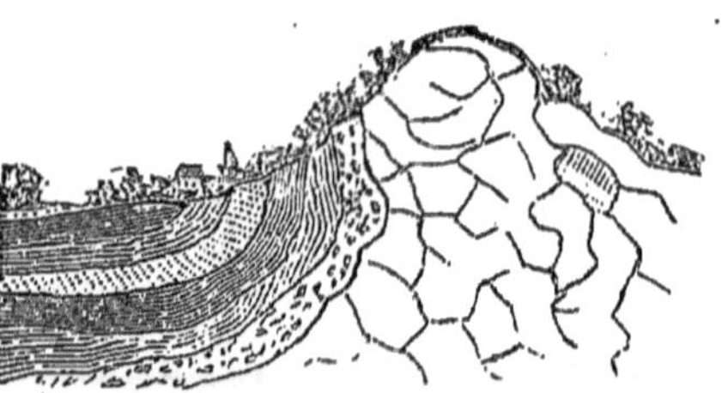

FIG. 152.
Stratification concordante.

Des couches horizontales se sont quelquefois déposées sur certaines couches inclinées. Elles forment alors des stratifications *discordantes*.

146. Principales roches sédimentaires. — Les roches que l'on trouve plus abondamment dans les terrains sédimentaires, sont les *calcaires*, le *gypse*, les *grès*, les *sables*, les *argiles*, le *sel gemme*, les *roches combustibles* et les *roches métallifères*.

Calcaires. — Les *calcaires* sont formés par du carbonate de calcium. Elles ont pour caractère de faire effervescence lorsqu'on les arrose avec un acide. Les principales variétés des roches calcaires sont : le *marbre*, la *pierre à chaux*, la *pierre lithographique* et la *craie*. Le *marbre* est une belle pierre à nuances très variables, et susceptible d'un beau poli. On l'emploie dans la décoration des édifices et dans l'ameublement. Une variété de marbre blanc sert à faire les statues. La *pierre à chaux* donne, par la calcination, la chaux vive, employée dans les constructions. En mélangeant à la chaux l'argile en diverses proportions, on obtient la *chaux hydraulique* et le *ciment*, qui ont la propriété d'acquérir une grande dureté dans l'eau.

FIG. 153.
Stratification discordante.

La *pierre lithographique* est une pierre à grain très fin,
qui peut recevoir un beau poli. La *craie* s'emploie pour
l'amendement des terres. On s'en sert aussi pour écrire
sur le tableau noir.

Gypse. — Le *gypse* est un sulfate de calcium. Une fois
calciné et moulu, il forme le *plâtre*, employé dans les constructions.

Grès. — Les *grès* sont formés par des grains de sable,
reliés par un ciment calcaire ou siliceux. On les emploie
dans les constructions et dans la fabrication des meules
à aiguiser.

Sables. — Les *sables* ont une composition et des couleurs qui varient suivant leur origine. Ils se forment sous
l'action de la pluie, de la gelée et des vents. Ils sont très
abondants dans la nature. Ils servent à l'amendement
des terres, à la confection des mortiers, des briques, du
verre, etc.

Argiles. — Les *argiles* sont des matières terreuses, généralement douces au toucher et diversement colorées par
des oxydes métalliques. Elles peuvent se mélanger à l'eau
et former une pâte plus ou moins liante, qui devient extrêmement dure sous l'action de la chaleur. C'est sur cette
propriété que repose l'emploi de l'argile pour la fabrication
des poteries. Ses prin-
cipales variétés sont
l'*argile plastique* ou
terre glaise, le *kaolin*,
la *terre de pipe* et l'*ar-
doise*. Cette dernière
est une argile schis-
teuse, c'est-à-dire une
argile qui se divise en
minces feuillets.

FIG. 154. — Mine de sel gemme.

Sel gemme. — Le
sel gemme est le même corps que le sel marin. Il forme
de grands gisements dans certains terrains. Les princi-

pales mines de sel sont celles d'Espagne, d'Allemagne, de Hongrie et surtout celle de Wielictza, en Pologne.

Roches combustibles. — Les principales *roches combustibles* sont le *soufre*, et les différentes variétés du carbone, c'est-à-dire le *graphite*, la *houille*, l'*anthracite*, le *lignite* et la *tourbe*, dont la plus importante est la houille, qui constitue la principale source de chaleur qu'utilise l'industrie.

Roches métallifères. — On appelle *roches métallifères* celles d'où l'on extrait les métaux. Ces roches sont aussi désignées sous le nom de *minerais*.

DEVOIR

34° Devoir. — 1. Quels sont les caractères distinctifs des roches sédimentaires ? 2. Comment se sont formées ces roches ? 3. Qu'appelle-t-on stratification concordante ? 4. — discordante ? 5. Quelles sont les roches sédimentaires les plus communes ? 6. Quelle est la composition du calcaire et quel en est le caractère distinctif ? 7. Citez les principales variétés des roches calcaires. 8. Que savez-vous sur le gypse ? 9. De quoi sont composés les grès ? 10. Comment les sables ont-ils été formés ? 11. Quels sont leurs usages ? 12. Quelles sont les principales variétés des argiles ? 13. Qu'appelle-t-on sel gemme ? 14. Nommez les principales roches combustibles. 15. Qu'appelle-t-on roches métallifères ?

SUJET DE RÉDACTION

25° Sujet. — Utilité des roches calcaires, du gypse, du sable et de l'argile.

CHAPITRE III

Phénomènes géologiques anciens. — Terrains

147. Formation du relief du sol. — Lorsque les eaux suspendues dans l'atmosphère se précipitèrent sur la terre, elles formèrent une mer qui enveloppa à peu près tout le globe terrestre. Puis les vapeurs qui, à cette époque, se dégageaient des matières centrales incandescentes, soulevèrent, ondulèrent et même déchirèrent l'écorce terrestre. Certaines parties émergèrent des eaux et constituèrent les premières îles. De quelques-unes des déchirures de l'enveloppe solide, il s'échappa des quantités énormes de matières ignées, qui, en se refroidissant, formèrent les montagnes. De plus, la masse centrale, continuant à se refroidir, elle s'est contractée plus que son enveloppe, et a laissé celle-ci sans appui, ce qui a produit soit des affaissements, soit des déchirements de la partie solide ; de là la formation de la plupart des accidents géographiques que nous constatons aujourd'hui : montagnes, chaînes de montagnes, collines, vallées, dépressions occupées par les mers, etc.

148. Fossiles. — On appelle *fossiles* des débris organiques que l'on trouve dans les terrains sédimentaires:

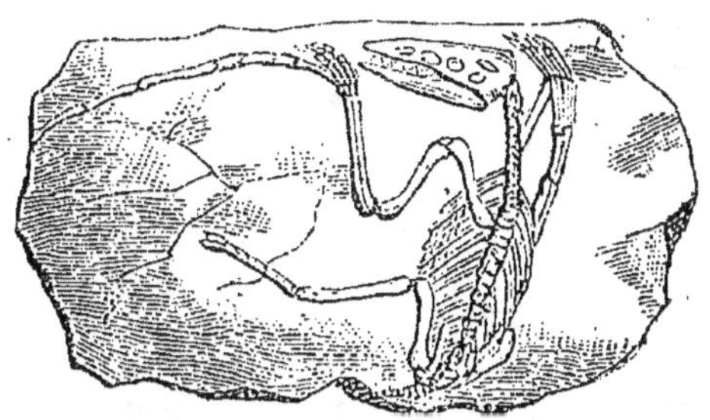

FIG. 155. — Squelette fossile.

troncs d'arbres, empreintes de feuilles et de fruits, crustacés, ossements, animaux entiers. Les fossiles sont précieux pour l'étude de la géologie, car ils varient d'une couche à l'autre, et servent pour caractériser les terrains stratifiés.

149. Terrains. — On donne le nom de *terrain* à chaque ensemble de couches que l'on peut considérer comme ayant été formées par un même concours de circonstances entre deux mêmes périodes d'agitation.

On a divisé les terrains sédimentaires en quatre grands groupes, savoir :

> LES TERRAINS PRIMAIRES ;
> LES TERRAINS SECONDAIRES ;
> LES TERRAINS TERTIAIRES ;
> LES TERRAINS QUATERNAIRES.

150. Terrains primaires. — Les *terrains primaires* sont aussi appelé *paléozoïques*, parce que la vie organique commence à s'y montrer. On y trouve des fossiles, des *crusta-cés*, des *annélides*, des *mollusques*, des *poissons*, des *repti-les*, etc. Les végétaux y sont représentés par des *conifères*, des *fougères arborescentes*, des *lycopodes* et un grand nom-

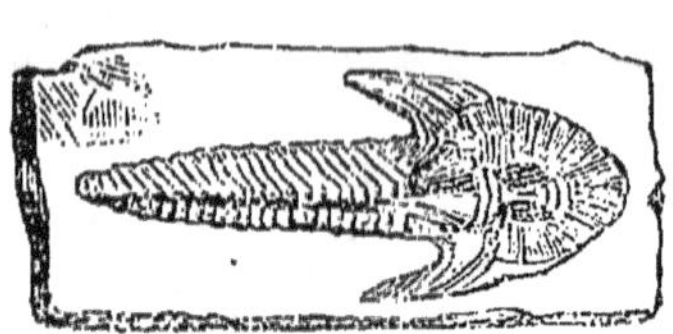

Fig. 156.
Empreinte de poisson.

Fig. 157.
Empreinte de conifère.

bre d'autres espèces de la classe des acotylédones. Les débris de cette végétation accumulés pendant des siècles ont été ensevelis dans les entrailles de la terre par les révolutions qui ont façonné les continents, et sous l'action de la chaleur et de la pression, ils sont devenus de la houille, aujourd'hui en exploitation.

151. Terrains secondaires. — Les terrains secondaires abondent en *sel gemme*, en *gypse* et en *lignite*. On y trouve des empreintes de poissons et d'oiseaux, et quelques osse-ments de grands reptiles à formes étranges, sans analogues de nos temps. L'un d'eux, l'*ichthyosaure*, était un puis-

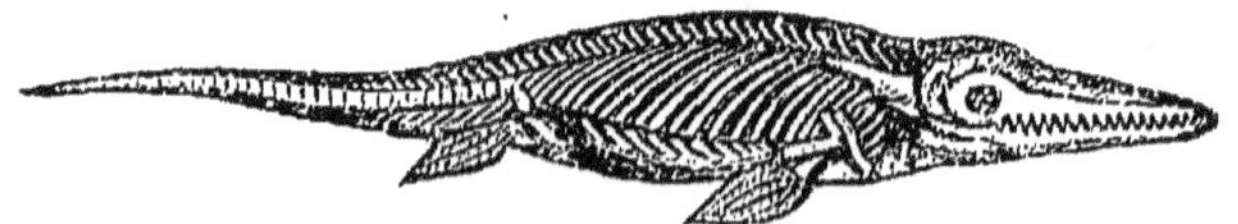

Fig. 158. — Squelette de l'ichthyosaure.

sant nageur et vivait dans la mer ; son corps mesurait une *dizaine de mètres* de longueur. Le *plésiosaure*, un peu moins grand, était d'une forme monstrueuse ; sur un tronc pourvu de quatre pattes en forme de rames, s'élevait un cou d'une longueur démesurée ; une petite tête semblable à celle des lézards le terminait. Les *mégalosaures* étaient des crocodiles analogues à ceux de nos jours, mais d'une taille beaucoup plus grande ; on en trouve qui dépassent *vingt-deux mètres* de longueur.

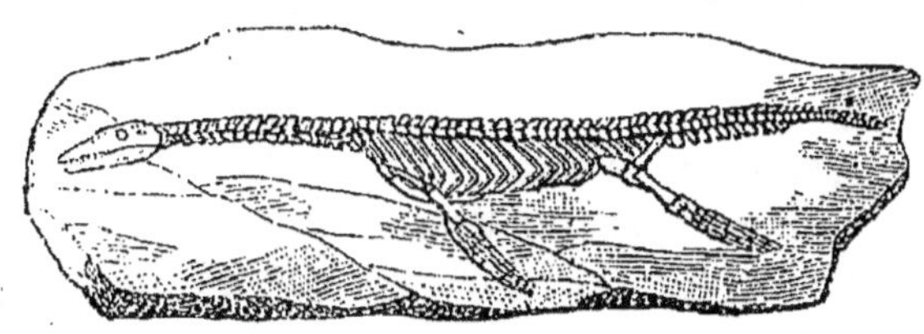

Fig. 159. — Squelette du plésiosaure.

Dans les terrains secondaires se montrent pour la première fois des végétaux d'une organisation complète : ce sont des *magnolias*, des *platanes*, des *saules*, des *figuiers*, etc.

152. Terrains tertiaires. — Les *terrains tertiaires* sont constitués par des dépôts marins et des dépôts d'eau douce. Les êtres monstrueux des premiers âges y sont remplacés par des mammifères, aussi élevés d'organisation que ceux de nos jours. Les principaux sont le *paléothérium*, l'*anoplothérium*, le *mastodonte* et le *dinothérium*.

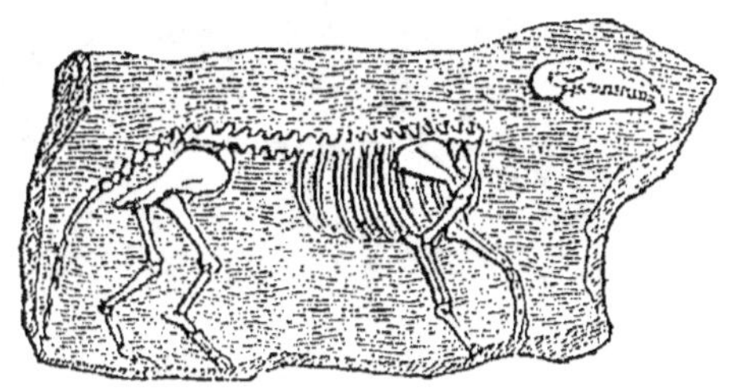

Fig. 160.
Squelette de l'anoplothérium.

Le *paléothérium* tenait du cheval par sa conformation générale, et du tapir par le nez prolongé en une courte trompe. L'*anoplothérium* était un pachyderme de la taille d'un âne, remarquable par sa queue aussi longue que son corps. Le *mastodonte* était assez semblable à nos éléphants. Le *dinothérium* était bien certainement le plus grand des mammifères qui ait existé, car il ne mesurait pas moins de *six mètres* de longueur. On présume qu'il vivait habituellement dans les lacs et les fleuves, où l'appui des eaux soutenait son énorme masse.

On trouve dans ces terrains des dicotylédones en tout semblables à celles de nos jours, telles que *noyers*, *ormes*, *bouleaux*, *palmiers*, etc.

153. Terrains quaternaires. — Les *terrains quaternaires* sont encore appelés *terrains diluviens*, parce que c'est pendant leur formation qu'a eu lieu le déluge universel décrit par la Bible. Ils sont constitués par des *sables*, des cailloux, des fragments de roches violemment entraînés et roulés par les eaux. Ils existent dans presque toutes les contrées du globe, et forment le fond des vallées.

Fig. 161. — Éléphant conservé dans la glace, trouvé en Sibérie en 1878.

Les fossiles de cette époque consistent surtout en des ossements d'*éléphants*, de *rhinocéros*, d'*hippopotames* et de plusieurs autres mammifères. On y remarque surtout le *cerf gigantesque*, l'*ours des cavernes* et le *mammouth*. Ce dernier était un énorme éléphant haut de *cinq à six mètres* dont on a trouvé des cadavres dans les glaces de la Sibérie. Quelques-uns d'entre eux étaient si bien conservés, que leurs chairs ont pu servir de nourriture aux chiens.

Enfin, c'est aussi dans les terrains quaternaires que

on trouve les premiers débris de l'espèce humaine. Ils sont aussi accompagnés de haches, de couteaux et de pointes de flèche en silex grossièrement taillé. Cela nous prouve que l'homme a été témoin du déluge décrit par la Sainte Ecriture et dont le souvenir s'est conservé dans les traditions de presque tous les peuples.

DEVOIR

35e **Devoir.** — 1. Indiquez les révolutions qu'a subies le globe terrestre. 2. Qu'appelle-t-on fossiles ? 3. A quoi servent-ils ? 4. Que désigne-t-on en géologie sous le nom de terrain ? 5. Comment divise-t-on les terrains sédimentaires ? 6. Quels fossiles trouve-t-on dans les terrains primaires ? 7. — secondaires ? 8. Donnez la description de quelques animaux correspondant à l'époque de formation de ces terrains. 9. Comment sont constitués les terrains tertiaires ? 10. Nommez quelques-uns des fossiles que l'on y trouve. 11. Quel *caractère* présentent les fossiles d'animaux et de végétaux des terrains tertiaires ? 12. Comment explique-t-on la formation des terrains quaternaires ? 13. Où existent ces terrains ? 14. En quoi consistent les fossiles de cette époque ? 15. Qu'est-ce qui prouve que l'homme a été créé pendant cette période ?

SUJET DE RÉDACTION

26e **Sujet.** — Que savez-vous des fossiles qui caractérisent les différents terrains ?

CHAPITRE IV

Phénomènes géologiques actuels.

154. — Quoiqu'il ne soit pas survenu de graves bouleversements depuis le déluge, la terre a pourtant subi des changements assez notables. Ces changements sont dus à des phénomènes géologiques qui s'accomplissent encore de nos jours.

155. Action de l'air et des vents. — Les vents dégradent les roches et les convertissent peu à peu en *sables*. Dans certains pays, sur la mer, les sables accumulés par les vents forment des *dunes*, qui tendent sans cesse à s'avancer dans les terres. En Angleterre, les dunes ont déjà couvert un

certain nombre de villages, dont on voit encore les clochers.
Dans la Haute-Egypte, des villes importantes ont été ense-
velies sous les sables du désert.

156. Action des eaux et de la gelée. — L'humidité et la
gelée désagrègent lentement les rochers les plus durs.
Les eaux de pluie dissolvent quelques-uns de leurs éléments
et les laissent déposer ensuite. Les fleuves et les rivières
entraînent les graviers et les sables qui encombrent les
lits des fleuves et des rivières et forment, avec le temps,
des bancs qui, couverts de limon par les inondations,
se convertissent en terrains très fertiles.

157. Glaciers. — Les glaciers sont constitués par des
amas de neige accumulés pendant des années et qui se sont
convertis peu à peu en glace. Entraînés par leur poids, les
glaciers s'avancent lentement dans les vallées ; là, trouvant une température plus chaude, ils fondent et deviennent des torrents qui poursuivent leur course à travers
les flancs de la montagne.

158. Tremblements de terre. — On appelle *tremblements
de terre* des secousses souvent très violentes, qui ébranlent
l'écorce solide du globe dans lequel ils forment des crevasses
profondes. On les attribue aux vapeurs que les masses incandescentes du centre de la terre laissent dégager. Ces
vapeurs, ayant une force élastique énorme, soulèvent le
sol et y produisent tous les phénomènes qui accompagnent
les tremblements de terre.

159. Volcans. — Les *volcans* sont des montagnes d'où
s'échappent, par intervalles, des fumées épaisses, des gaz
enflammés, des pierres et des laves incandescentes, qui s'a-
battent sur les régions environnantes et portent partout
la dévastation.

Il existe aujourd'hui un grand nombre de *volcans éteints*.
Ils abondent en Auvergne, dans le Velay, le Vivarais
et le Languedoc.

160. Puits ordinaires. — Puits artésiens. — Les *puits
ordinaires* sont des excavations artificielles pratiquées
dans le sol. Ils sont destinés à réunir les eaux qui s'infli-
trent dans l'intérieur de la terre.

On appelle *puits ar-
tésiens* des trous de
sonde descendant jus-
qu'à une nappe d'eau
souterraine située sou-
vent à une grande pro-
fondeur, et dont le ni-
veau supérieur est plus
élevé que celui du sol à
l'endroit où se pratique
la perforation. De ces
trous de sonde, il jaillit
des eaux qui s'élèvent
quelquefois à une gran-
de hauteur. Ce phéno-

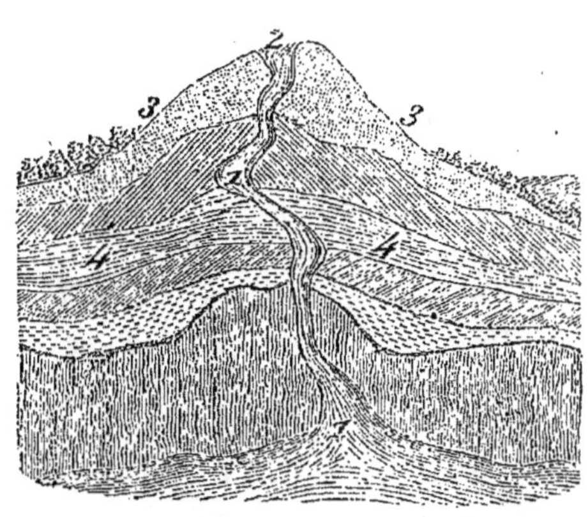

FIG. 162. — Coupe théorique d'un
volcan.
1. Cheminée. — 2. Cratère. — 3. Coulée de lave.
4. Terrains soulevés.

mène se réalise en vertu du principe des vases communiquants ; car l'eau tend à monter à la hauteur de son niveau supérieur.

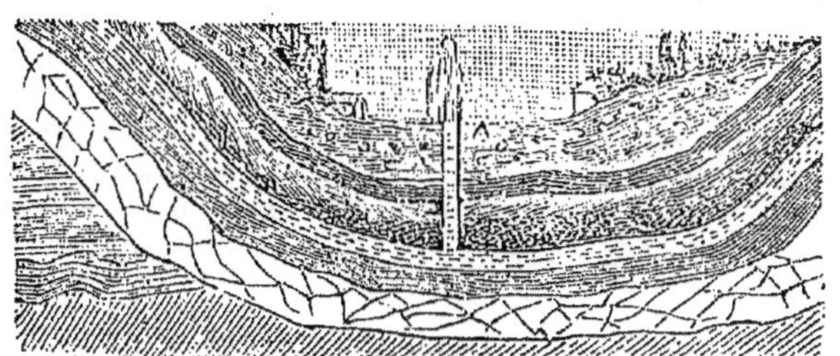

FIG. 163. — Puits artésien.

161. Sources. — Les sources ordinaires proviennent
des eaux pluviales qui se sont infiltrées dans le sol et qui
en ressortent après y avoir formé un dépôt.

On appelle *sources thermales* celles dont les eaux ont
une température plus élevée que celle des sources ordi-

naires. On attribue cette élévation de température à la chaleur centrale.

Lorsque les eaux de sources sont chargées de substances minérales, qu'elles ont dissoutes en traversant le sol, les sources sont dites minérales. Quelques-unes ont des propriétés médicales.

162. Sources incrustantes. — Les eaux de quelques sources, grâce à l'anhydride carbonique dont elles sont chargées, renferment en dissolution des quantités considérables de carbonate de calcium. Mais, arrivées au contact de l'air, ces eaux perdent une bonne partie du gaz carbonique, et alors, ne pouvant plus dissoudre autant de carbonate de calcium, elles en laissent déposer une grande quantité sur les corps qu'elles mouillent, et les couvrent ainsi d'un enduit pierreux qui leur donne l'aspect d'une pétrification. Ces sources sont appelées *sources incrustantes*. Ce sont ces eaux qui produisent les dépôts coniques appelés *stalagmites* et *stalactites* qui donnent un si bel aspect à certaines grottes.

DEVOIR

36° Devoir. — 1. Quelle est l'action de l'air et des vents sur la surface terrestre ? 2. — de l'eau et de la gelée sur les roches ? 3. Que savez-vous sur les glaciers ? 4. Qu'est-ce qu'un tremblement de terre ? 5. — un volcan ? 6 Où trouve-t-on des volcans éteints ? 7. Q'appelle-t-on puits ordinaires ? 8. — puits artésiens ? 9. En vertu de quel principe l'eau s'élève-t-elle dans un puits artésien ? 10. D'où proviennent les sources ? 11. Qu'est-ce qu'une source thermale ? 12 Qu'appelle-t-on eaux minérales ? 13 — eaux incrustantes ? 14. Que contiennent ces eaux ? 15. Expliquez quelques effets des eaux incrustantes.

SUJET DE RÉDACTION

27° Sujet. — Dites ce que vous savez sur les puits et les sources.

PHYSIQUE

CHAPITRE I

Notions préliminaires. — Pesanteur.

163. Objet de la physique. — La PHYSIQUE a pour objet
l'étude des propriétés générales des corps et des phénomènes qui produisent sur eux des modifications passagères,
sans altérer leur nature intime.

Ainsi, quand on frotte un bâton de verre avec un morceau
de drap, ce bâton acquiert pour un temps la propriété d'attirer les corps légers, comme des barbes de plume, de petits
morceaux de papier ; cette propriété momentanée est un
phénomène physique.

164. Divers états des corps. — Les corps se présentent
à nous sous trois états différents : l'état *solide*, l'état *liquide*,
l'état *gazeux*.

Les corps *solides* ont une forme et un volume déterminés ;
ils offrent une résistance plus ou moins grande à la rupture.

Les *corps liquides* ont un volume déterminé, mais ils n'ont
pas de forme propre ; ils prennent celle des vases qui les
renferment.

Les *corps gazeux* n'ont ni volume ni forme déterminés ;
ils prennent la forme des vases qui les renferment et tendent
toujours à acquérir un volume plus grand, en pressant sur
les parois de ces vases.

Sous l'influence de la chaleur, les corps peuvent changer
d'état ; ainsi l'eau et un grand nombre d'autres corps, suivant que leur température est plus ou moins élevée, se présentent à nous sous les trois états indiqués précédemment.

Tous les gaz peuvent être liquéfiés par une pression et un

refroidissement convenables ; quelques-uns même ont été solidifiés.

Pesanteur.

165. Les différents corps qui nous entourent, *pèsent* et *tombent* quand ils ne sont pas soutenus, parce qu'ils sont attirés par la terre. Chaque partie du globe terrestre attire les corps qui sont à la surface, et la somme de ces attractions produit le même effet que si elles étaient toutes réunies à son centre. Aussi la direction qu'un corps suit en tombant est telle, que, si elle était prolongée, elle passerait par le centre de la terre. Cette direction s'appelle la *verticale*; elle est donnée par le *fil à plomb*.

166. Chute des corps. — Lorsqu'on laisse tomber de la même hauteur deux corps de même forme et de même densité, ces corps arrivent ensemble au sol ; mais si les corps ont des densités ou des formes différentes, on obtient un tout autre résultat : le corps le plus dense tombe le plus vite.

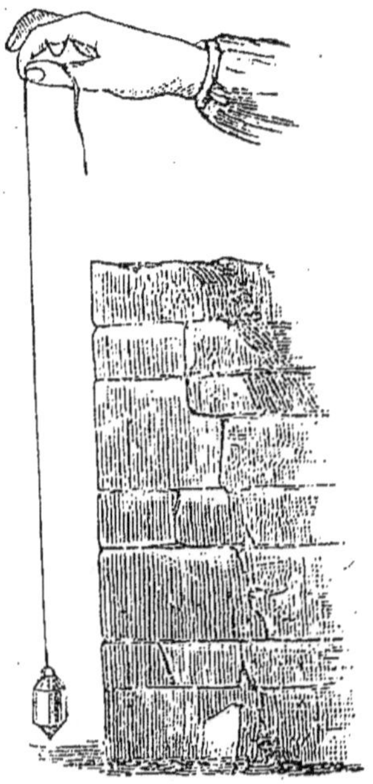

Leur différence de vitesse provient de la résistance de l'air, résistance variable suivant la forme et la densité des corps. Un corps très lourd triomphe plus facilement de la résistance de l'air qu'un autre plus léger sous le même volume. De même, de deux corps de même poids, celui qui offre le moins de résistance à l'air est celui qui présente la plus petite surface ; ainsi, lorsqu'on laisse tomber à la fois deux feuilles de papier de même grandeur, mais dont l'une a été mise en boule, cette dernière arrive au sol bien avant l'au-

FIG. 164. — Fil à plomb.

tre, parce que la résistance de l'air a été amoindrie par le changement de forme qu'elle a subi.

En supprimant totalement la résistance de l'air, les corps, quelles que soient leur forme et leur densité, tombent avec la même vitesse. On démontre expérimentalement ce fait au moyen du *tube de Newton*.

Le tube de Newton est en verre ; il a environ deux mètres de longueur ; il est fermé à ses extrémités par des garnitures métalliques qui permettent de l'adapter à une machine pneumatique, destinée à pomper l'air. Après avoir introduit dans ce tube des morceaux de plomb, de liège, de papier, etc., on y fait le vide ; si alors on le retourne brusquement, on constate que tous les corps qu'il renferme, quoique de densités bien différentes, tombent avec la même vitesse.

Lorsqu'un corps tombe en chute libre, sa vitesse n'est pas uniforme : elle va en s'accélérant. Cette vitesse est constamment proportionnelle à la durée de la chute. D'après cela, un corps qui tombe pendant *deux*, *trois*, *cinq* secondes, acquiert, après chacune de ces quantités de temps, des vitesses qui sont *deux*, *trois*, *cinq* fois plus grandes que la vitesse acquise après la première seconde de chute.

Il résulte de ce qui précède que les espaces parcourus par les corps qui tombent, ne sont pas proportionnels

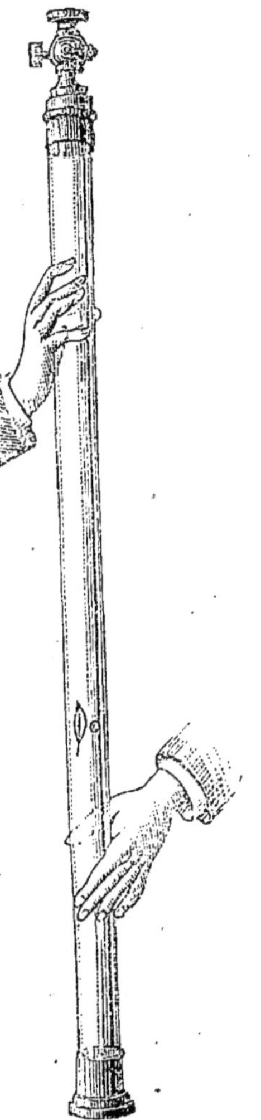

Fig. 165. — Tube de Newton.

aux temps employés à les parcourir, mais *aux carrés de ces temps.* Or, l'observation a appris qu'un corps qui tombe librement, parcourt à peu près 4ᵐ 90, pendant la première seconde de sa chute ; par suite, pour trouver l'espace parcouru par un corps tombant pendant un certain temps, il faut multiplier 4ᵐ,90 par le carré du nombre de secondes employées à sa chute. Si, par exemple, le corps tombe pendant quatre secondes, l'espace qu'il parcourt, durant ce temps, est de 4ᵐ,90 × 16 égale 78ᵐ,40. Ces indications donnent le moyen de trouver approximativement la profondeur d'un puits, la hauteur d'un édifice, etc.

167. Leviers. — Quand on veut soulever un corps très lourd, un bloc de pierre, par exemple, on engage sous ce bloc l'une des extrémités d'une barre de bois ou de fer, on cale cette barre au moyen d'un corps résistant et on appuie fortement sur l'autre extrémité.

FIG. 166. — Levier du premier genre.

La barre ainsi employée constitue un *levier* ; le bloc à soulever forme la *résistance*, la cale dont on s'est servi constitue le *point d'appui*, et l'effort exercé sur l'extrémité du levier est la *puissance*.

D'après les positions relatives de la puissance, de la résistance et du point d'appui, on distingue trois genres de leviers :

1° Le levier du *premier genre*, dans lequel le point d'appui est situé entre la puissance et la résistance. Ex. : le levier du maçon, les tenailles, les ciseaux à découper ;

2º Le levier du *deuxième genre*, dans lequel la résistance est située entre le point d'appui et la puissance. Ex. : la brouette, le casse-noisettes, le couteau du boulanger.

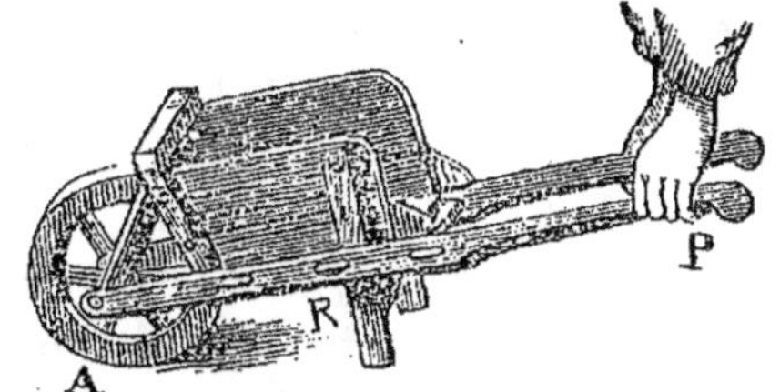

Fig. 167. — Levier du deuxième genre.

3º Le levier du *troisième genre*, dans lequel la puissance est située entre le point d'appui et la résistance. Ex. : les pinces à feu, les pédales d'un tour, d'un harmonium.

Lorsque le levier est droit, les distances du point d'appui au point où s'exercent la puissance et la résistance constituent les deux *bras du levier* : celui de la puissance et celui de la résistance.

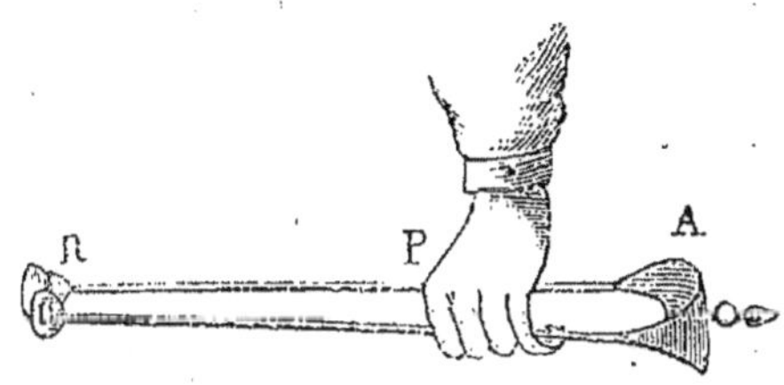

Fig. 168. — Levier du troisième genre.

Dans tout levier, l'effort à faire pour vaincre la résistance est d'autant plus faible que le bras de la puissance est plus long par rapport à celui de la résistance. Ainsi à l'aide de leviers dont le bras de la puissance est *deux*, *trois*, *cinq* fois plus long que celui de la résistance, on peut faire équilibre, avec une force donnée, à une résistance *deux*, *trois*, *cinq* fois plus grande que cette force.

168. Balances. — Les *balances* sont des appareils destinés à mesurer le poids des corps. Ces appareils ont reçu des formes variées suivant les usages auxquels on les destine. Les espèces les plus communes sont la *balance ordinaire*, la *balance de Roberval* et la *balance romaine*.

169. Balance ordinaire. — La balance *ordinaire* est un levier du premier genre à bras égaux. Aux extrémités de ce levier, appelé *fléau*, sont suspendus deux plateaux destinés à recevoir, l'un, le corps à peser, l'autre, les poids gradués qui doivent faire équilibre à ce corps. Pour qu'une balance soit bonne, elle doit être *juste* et *sensible*.

Il est toujours possible de trouver exactement le poids d'un corps, même avec une balance fausse, pourvu qu'elle soit sensible, en se servant de la méthode des *doubles pesées*. Pour cela, on place dans un des plateaux de la balance l'objet dont on veut connaître le poids ; dans l'autre, on met une tare quelconque, de la grenaille de plomb, par exemple, de manière à lui faire équilibre; puis, retirant du premier plateau l'objet à peser, on le remplace par des poids marqués jusqu'à ce que le fléau redevienne horizontal. Les poids employés indiquent celui de l'objet, car comme lui, ils font équilibre à une même résistance, celle de la tare.

170. Balance de Roberval. — La balance de *Roberval*, aujourd'hui très répandue dans le commerce, repose sur le même principe que la balance ordinaire. La modification qui la distingue de cette dernière, consiste en ce que les plateaux, au lieu d'être suspendus au-dessous du fléau, sont placés au-dessus. Cette disposition rend la balance de Roberval plus commode que la précédente.

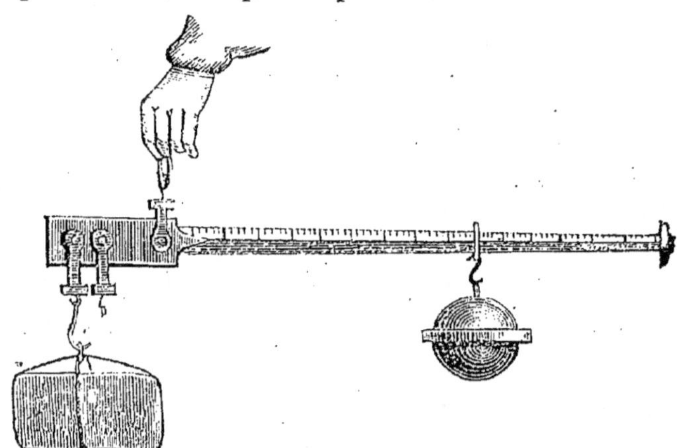

FIG. 169. — Balance romaine.

171. Balance romaine. — La balance *romaine* est auss

un levier du premier genre, mais à bras inégaux. A l'extré-mité du bras le plus court est suspendu un crochet destiné à recevoir les corps que l'on veut peser ; l'autre bras, qui est gradué, supporte un poids mobile appelé *curseur*. Pour peser un objet, on le suspend au crochet de la balance puis on donne au curseur la position nécessaire pour rétablir l'équilibre de l'instrument. Une simple lecture faite sur le bras gradué, donne le poids du corps à peser.

DEVOIRS

37° Devoir. — 1. Quels sont les phénomènes qui n'altèrent pas la nature des corps? 2. Sous quel état les corps ont-ils une forme et un volume déterminés? 3. — n'ont-ils ni forme ni volume déterminés? 4. Quel est l'agent qui permet aux corps de changer d'état? 5. Par quel moyen arrive-t-on à liquéfier les gaz? 6. Pourquoi les corps pèsent-ils? 7. Quelle direction suivent les corps en tombant? 8. Par quoi est donnée cette direction? 9. D'où provient l'inégalité de vitesse que les corps acquièrent en tombant? 10. Comment parvient-on à faire tomber tous les corps également vite? 11. De quel appareil se sert-on pour faire cette expérience? 12. Lorsqu'un corps tombe en chute libre que devient la vitesse? 13. A quoi est proportionnel l'es-pace parcouru? 14. Quel est l'espace parcouru pendant une seconde de chute? 15. — pendant quatre secondes?

38° Devoir. — 1. Quelles sont les trois choses considérées dans un levier? 2. De quel genre est un levier dont la puissance est au milieu? 3. — dont le point d'appui est au milieu? 4. A quel genre de levier appartient la brouette? 5. — la pince à feu? 6. — la balance ordinaire? 7. — la pédale d'un tour? 8. Le bras de la puissance d'un levier est cinq fois plus long que celui de la résistance, quelle puissance faut-il pour faire équilibre à une résistance de 100 kilog.? 9. — de 20 kilog. ? 10. Quelles conditions doit remplir une balance pour être bonne? 11. Nommez les balances les plus usitées. 12. Au moyen de quelle métho-de peut-on faire une pesée juste avec une balance fausse? 13. Com-ment appelle-t-on la balance dont les plateaux sont placés au-des-sous du fléau? 14. Quel nom donne-t-on au poids mobile de la balance romaine? 15. Quel est l'avantage de cette balance?

SUJETS DE RÉDACTION

28° **Sujet** — A quoi servent les leviers? — Divers genres de leviers.

29° **Sujet.** — De la chute des corps : inégalité de vitesse, espace parcouru.

CHAPITRE II

Hydrostatique.

On désigne sous le nom d'*hydrostatique* la partie de la physique qui a pour objet l'étude des liquides soumis à l'action de la pesanteur.

172. Principe de Pascal. — Le principe de Pascal s'énonce ainsi : *Les liquides transmettent intégralement et dans tous les sens les pressions qu'ils supportent.*

On peut vérifier ce principe par l'expérience suivante. Soit un vase de forme quelconque dont les parois portent des ouvertures égales fermées par des pistons très mobiles. On constate que si l'on exerce une certaine pression sur l'un des pistons, il faut exercer la même pression sur chacun des

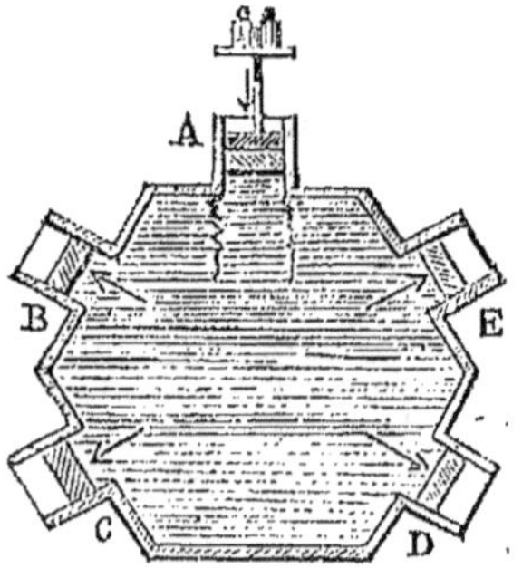

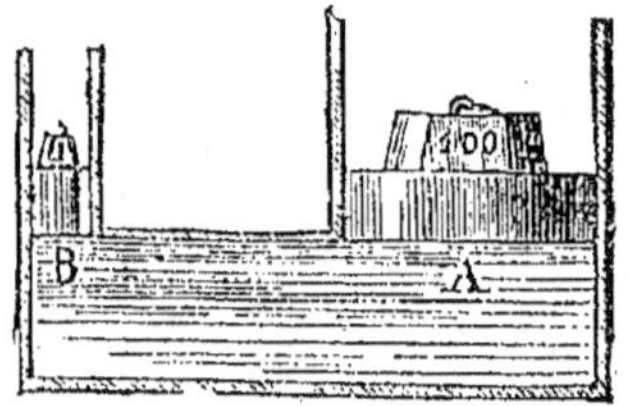

FIG. 170.   FIG. 171.
Appareils pour la démonstration du principe de Pascal.

autres pour qu'ils ne se déplacent pas; et si l'un des pistons a une surface *double, triple, centuple* de celle des autres, il faut exercer sur ce piston une pression *double, triple, centuple* de la première pour le maintenir en équilibre. Ce qui permet de dire que *les pressions transmises sont proportionnelles à l'étendue des parois qui les reçoivent.*

C'est sur ce principe qu'est basée la *presse hydraulique*, au moyen de laquelle on peut transmettre des pressions énormes. Supposons que sur le petit piston de la figure 171 on exerce une pression de **50** *kilogrammes*, au moyen d'un levier ; cette pression se transmettra au grand piston avec une force 100 fois plus grande, ou soit de **5.000** *kilogrammes*. Il existe des presses hydrauliques où, avec une force de **20** *kilogr.* appliquée à l'extrémité du levier qui surmonte le petit piston, on produit une pression de plus de **50.000** *kilogrammes*.

La presse hydraulique a de nombreux usages. On s'en sert pour extraire le jus de betteraves et de la canne à sucre et l'huile des plantes oléagineuses, pour presser le papier, pour soulever des masses d'un grand poids, pour éprouver les canons et les chaudières à vapeur, pour essayer la résistance des câbles à la traction, etc.

173. Pressions exercées par les liquides. — Les liquides, étant très mobiles et étant soumis à l'action de la pesanteur, exercent des pressions sur les parois des vases qui les renferment; ces pressions sont de deux sortes :

1° *Des pressions verticales sur le fond de ces vases ;*

2° *Des pressions horizontales sur leurs parois latérales.*

174. Pressions verticales. — La pression qu'exerce un liquide sur le fond d'un vase est indépendante de la forme et de la capa-

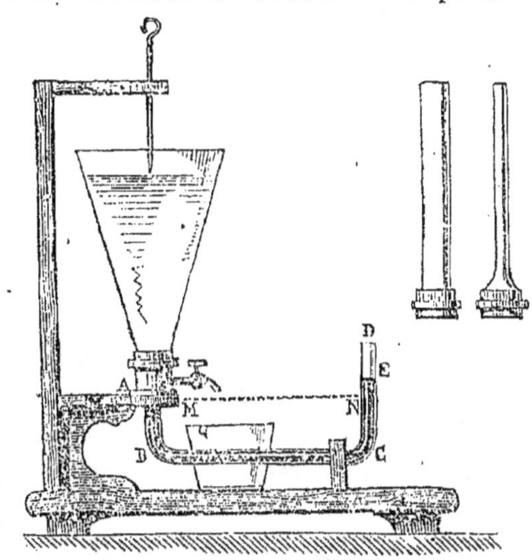

Fig. 172. — Appareil de Haldat.

cité de ce vase. Elle ne dépend que de la surface du fond et de la hauteur du liquide dans le vase.

On vérifie cette loi avec l'appareil de Haldat.

Cet appareil se compose d'un tube deux fois recourbé à angle droit. A l'une de ses extrémités est une garniture de cuivre qui permet d'y adapter différents vases ouverts par le bas et de formes très diverses.

Après avoir mis du mercure dans le tube recourbé, de manière qu'il s'élève jusqu'à la garniture de cuivre, on adapte successivement les différents vases à cette garniture, et, dans ces vases, on verse de l'eau jusqu'à un même niveau. La hauteur à laquelle le mercure s'élève dans le tube libre, à chaque expérience, représente évidemment la pression qu'exerce l'eau sur le mercure qui constitue le fond du vase ; or, on constate que cette hauteur est toujours la même, quelle que soit la forme du vase.

La pression qu'un liquide exerce sur le fond d'un vase *est égale au poids d'une colonne de ce liquide ayant pour base celle du fond du vase, et pour hauteur celle du liquide dans le vase.*

175. Pressions horizontales. — Les liquides exercent aussi des pressions sur les parois latérales des vases qui les contiennent. Pour s'en convaincre, il suffit de pratiquer une ouverture en un point quelconque de la paroi latérale d'un vase renfermant un liquide ; on voit aussitôt ce liquide s'échapper avec une force d'autant plus grande que cette ouverture est plus éloignée du niveau supérieur du liquide.

La pression exercée par un liquide sur une portion de la paroi latérale du vase qui la renferme, *est égale au poids d'une colonne de ce liquide ayant pour base la portion de paroi considérée, et pour hauteur la distance du milieu de cette portion de paroi à la surface libre du liquide.*

176. Tonneau de Pascal. — Une expérience imaginée par Pascal donne une idée assez exacte des pressions considérables auxquelles sont soumises les parois des vases

emplis d'un liquide dont le niveau est très élevé au-dessus
'elles. Pour la réaliser, on adapte à un tonneau plein d'eau
un tube étroit et long de plusieurs mètres. On verse en-
uite de l'eau dans le tube, et bientôt on voit les douves
lu tonneau se disjoindre et finir par se dis-
oquer complètement sous l'influence de
a pression intérieure. Cette pression pro-
luite par un litre d'eau à peine, est égale à
celle qu'exercerait le liquide d'un tube de
même hauteur que le précédent et ayant
pour diamètre celui du tonneau.

L'expérience du tonneau de Pascal montre le danger que peut offrir un conduit
quelconque amenant les eaux pluviales
dans un réservoir profondément situé au-
dessous du sol. Quelque solides que soient
les parois de ce réservoir elles finiraient
par céder sous l'influence de la pression intérieure si le conduit venait à se remplir.

177. Vases communiquants. — Lorsqu'on verse un liquide dans un
vase en communication avec
plusieurs autres, ce liquide s'élève à la même hauteur dans
chacun des vases. Le principe
précédent se vérifie très facilement avec l'appareil des *vases
communiquants.*

Cet appareil se compose d'un
grand vase dont la partie inférieure peut communiquer avec

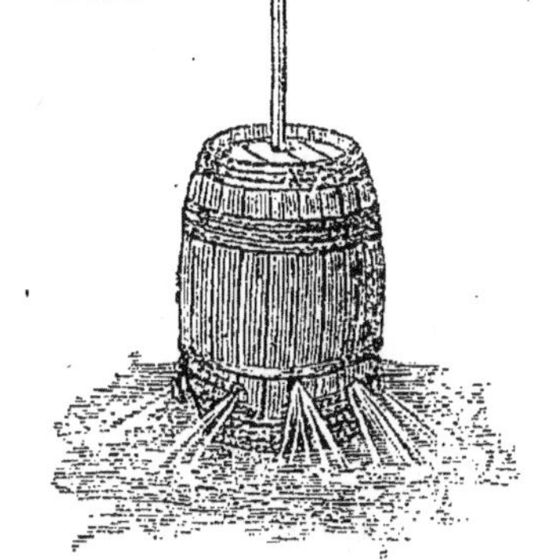

Fig. 173. Tonneau de Pascal.

une série de tubes de formes diverses. On met de l'eau dans
le grand vase et on ouvre le robinet qui établit la communication. Aussitôt on voit le liquide monter dans les différents tubes, et ne s'arrêter que lorsque tous les niveaux
de l'eau sont à la même hauteur.

C'est sur le principe des vases communiquants qu'est basé le fonctionnement des *jets d'eau* et celui des *fontaines artificielles* pour la distribution de l'eau dans les villes.

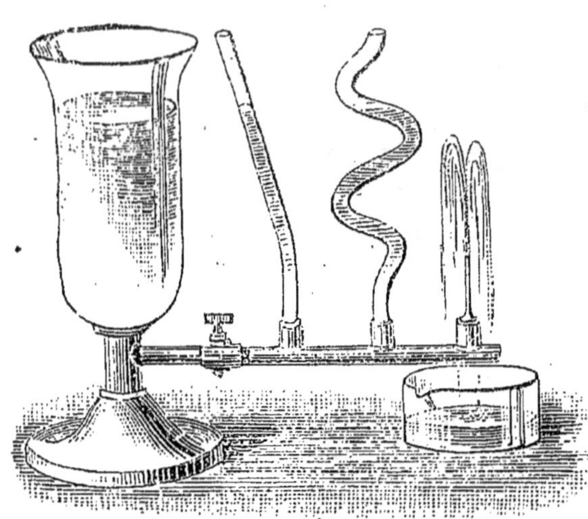

FIG. 174. — Vases communiquants.

178. Jets d'eau. — Les jets d'eau sont une application de la tendance qu'ont les liquides à se mettre de niveau dans les vases communiquants. L'eau que l'on voit ainsi jaillir, vient toujours d'un niveau plus élevé que celui où se trouve le jet. Théoriquement, un jet d'eau devrait s'élever à une hauteur égale à celle du niveau de l'eau dans le réservoir d'où elle s'écoule, mais il n'en est jamais ainsi, car le jet a trois sortes de résistances à vaincre : c'est d'abord le frottement de l'eau dans le tube qui la conduit, puis la résistance de l'air et enfin le choc des gouttelettes liquides qui, en retombant sur le jet, ralentissent son mouvement ascensionnel.

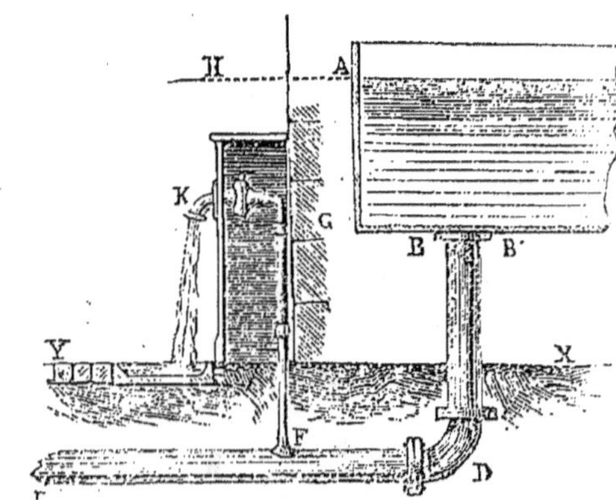

FIG. 175. — Fontaine artificielle.

179. Distribution de l'eau dans les villes. — Pour distribuer l'eau dans les différents quartiers d'une ville, on amène cette eau, par un moyen quelconque, dans de grands réservoirs placés aux points les plus élevés de la ville. De ces réservoirs partent des conduits sur lesquels sont greffés d'autres conduits secondaires, que l'on distribue dans les rues, les places publiques et les habitations. L'eau des conduits tend constamment à s'élever à la hauteur du niveau de celle des réservoirs ; pour avoir des fontaines artificielles, il suffit donc d'adapter des robinets à ces conduits.

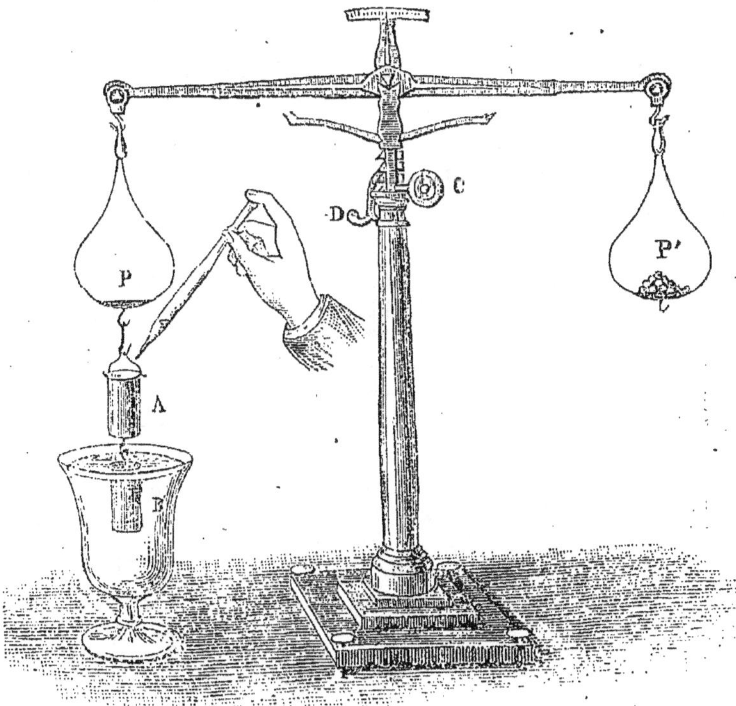

Fig. 176. — Balance hydrostatique.

180. Principe d'Archimède. — Les liquides exercent des pressions non seulement sur les parois des vases qui les

contiennent, mais encore sur celles des corps immergés.
Ce principe, découvert par Archimède peut s'énoncer ainsi :

Tout corps plongé dans un liquide y subit une poussée verticale de bas en haut égale au poids du liquide qu'il déplace.

On vérifie le principe d'Archimède à l'aide de la *balance hydrostatique*. Cette balance ne diffère de la balance ordinaire que par les crochets dont chaque plateau est muni. A l'un des plateaux, on suspend un cylindre creux A, en laiton, et au-dessous de celui-ci on accroche un cylindre plein B, ayant un volume parfaitement égal à la capacité du cylindre creux, puis on établit l'équilibre à l'aide d'une tare P' placée dans l'autre plateau. On fait ensuite plonger le cylindre plein dans l'eau, et l'équilibre est aussitôt détruit : le fléau incline du côté de la tare. On constate que pour ramener le fléau à l'horizontalité, il suffit de remplir d'eau le cylindre creux. Par cette expérience, on voit que le cylindre plein, en plongeant dans l'eau, a perdu un poids égal à celui du liquide qu'il a déplacé.

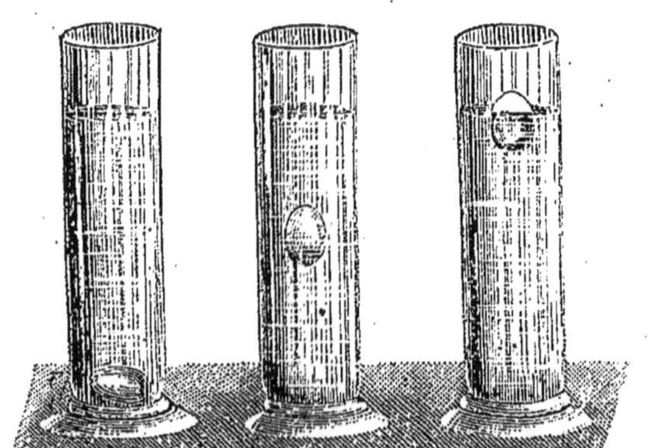

FIG. 177. — **Expérience servant à constater les trois conditions de la poussée des liquides.**

181. Conséquences du principe d'Archimède. — D'après le principe précédent, un corps plongé dans l'eau est soumis à une poussée qui agit en sens inverse de la pesanteur. Cette poussée peut être *inférieure*, *égale* ou *supérieure* au poids du corps ; de cela, il résulte que trois phénomènes différents peuvent se produire : lorsque la poussée est inférieure au poids du corps, celui-ci *tombe* au fond du liquide ; quand elle est égale, il *reste en* *quilibre* dans son sein, et lorsqu'elle est plus grande, le corps, sollicité par une force qui tend à le faire mouvoir de bas en haut, *remonte* à la surface du liquide, où il vient émerger en déplaçant un poids de liquide exactement égal au sien ; on dit alors qu'il *flotte*.

Il est facile au moyen de l'expérience de l'œuf et de l'eau salée, de réaliser ces trois conditions de la poussée des liquides. Un œuf frais s'enfonce dans l'eau ordinaire, mais il flotte sur l'eau saturée de sel, plus dense que la première. En mélangeant convenablement ces deux liquides, on peut en former un troisième au milieu duquel l'œuf restera suspendu.

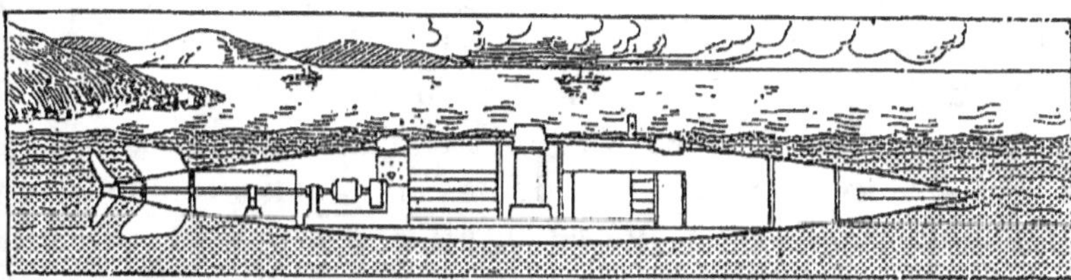

FIG 178. — Bateau submersible.

182. Remarques. — 1° Une expérience semblable se réalise au moyen des bateaux submersibles et sous-marins, que l'on peut à volonté faire plonger à plus ou moins de profondeur, puis faire remonter à la surface de l'eau. Il existe cette différence que les bateaux montent et descendent dans l'eau en vertu de la variation que l'on fait éprouver à leur propre poids, et non à cause du changement de densité du liquide.

Un bateau submersible est muni d'un réservoir qui est rempli d'air lorsque le bateau navigue en surface. Pour le faire plonger, on donne accès dans ce réservoir à l'eau de la mer, ce qui augmente son poids de manière à le rendre plus lourd que le liquide qu'il déplace. Pour le faire monter, on chasse l'eau au moyen de pompes à air comprimé. L'appareil ainsi allégé, pèse moins que le liquide qu'il déplace et remonte à la surface.

2º Un vaisseau flotte sur l'eau, parce qu'il déplace un grand volume de liquide, dont la poussée contrebalance son poids, tandis qu'un grain de sable tombe, parce qu'il ne déplace qu'un très petit volume de liquide, dont la poussée est inférieure à son poids.

Tous les corps, quelle que soit leur densité, peuvent flotter sur l'eau, lorsqu'on leur donne une forme convenable. Le fer en bloc ne peut flotter, car, en cet état, il ne déplace pas un volume suffisant de liquide pour que la poussée annule son poids ; mais si on le réduit en feuilles, et si avec ces feuilles on construit un bateau suffisamment grand, ce bateau surnagera. Supposons, en effet, que le poids du bloc de fer soit de 1.000 kilos, et le volume extérieur du bateau construit, de 10 mètres cubes. Pour enfoncer, ce bateau devrait déplacer dix mètres cubes d'eau, ce qui lui ferait éprouver une poussée de bas en haut de 10.000 kilos ; or, comme il ne pèse que 1.000 kilos, son poids est insuffisant pour combattre la poussée du liquide. Il en résulte que le bateau flottera et que pour enfoncer, il devra être chargé d'un poids supérieur à 10.000 — 1.000 ou à 9.000 kilos.

183. Vessie natatoire des poissons. — On trouve chez un grand nombre de poissons un organe spécial rempli d'air et désigné sous le nom de *vessie natatoire*. Cet organe est placé dans l'abdomen, au-dessous de l'épine dorsale. Au moyen de leur vessie natatoire, les poissons peuvent, à leur gré, monter et descendre. Lorsque, par un effort musculaire, ils compriment cette vessie, ils diminuent de volume et, déplaçant moins d'eau, leur poids l'emporte sur celui du liquide qu'ils déplacent. Si, au contraire, ils détendent les muscles qui compriment la vessie natatoire, celle-se dilate aussitôt, et le poisson, augmentant de volume sans augmenter de poids, est alors soulevé par la poussée du liquide.

184. Natation. — Le corps humain est un peu moins lourd, dans son ensemble, que le volume d'eau qu'il pe déplacer. Il surnage donc de lui-même et d'autant plus facilement que son volume est plus grand. Cependant la natation n'est pas naturelle à l'homme ; pour y réussir, il lui faut de l'exercice. Cela tient à ce que le poids de son corps n'est pas réparti d'une manière uniforme ; la moitié supérieure pèse plus que la moitié inférieure. Couché sur l'eau, le corps du nageur s'incline en avant : la tête s'enfonce et les pieds se relèvent. Mais, pour respirer, le nageur doit avoir la tête hors de l'eau ; il doit donc faire des mouvements qui tendent à cette fin.

La position la plus favorable à la natation est évidemment celle où le nageur déplace le plus d'eau possible. La densité du liquide influe aussi beaucoup sur la facilité de la natation ; ainsi dans l'eau de mer, on nage plus aisément que dans l'eau douce, parce que ce premier liquide étant plus dense que le second, on doit en déplacer moins pour éprouver une poussée de bas en haut égale au poids du corps.

DEVOIR

39e Devoir. — 1. Énoncez le principe de Pascal. 2. Quels genres de pression exercent les liquides sur les parois des vases qui les renferment ? 3. De quoi dépend la pression exercée par un liquide sur le fond du vase qui le contient? 4. A quoi est égale la pression? 5. Avec quel appareil la vérifie-t-on ? 6. A quoi est égale la pression exercée par un liquide sur une portion de paroi du vase qui le renferme ? 7. Sur quel principe est basé le fonctionnement des jets d'eau ? 8. Quelles sont les causes qui tendent à diminuer la hauteur d'un jet d'eau ? 9. Énoncez le principe d'Archimède. 10. Un bloc de pierre pèse 10 kilogs, son volume est de 1 dm., combien pèsera-t-il dans l'eau pure ? 11. Quel volume d'eau pure déplace un corps flottant pesant 10 kilogr ? 12. Pourquoi un œuf flotte-t-il sur l'eau salée ? 13. Par quel principe un sous-marin monte-t-il ou descend-il dans l'eau ? 14. Un bateau dont le volume extérieur est de 1 mètre cube, pèse 400 kilos, de combien faudra-t-il le charger pour le faire enfoncer dans l'eau ordinaire ? 15. Quel est l'organe qui permet aux poissons de monter et de descendre dans l'eau ?

SUJETS DE RÉDACTION

30e Sujet. — Pressions que les liquides exercent sur les parois des vases qui les renferment.

31e Sujet. — Principe d'Archimède : conséquences de ce principe.

CHAPITRE III

Pression atmosphérique.

185. Pesanteur de l'air. — L'air est pesant. Pour le vérifier, on suspend à l'un des plateaux d'une balance un grand ballon muni d'un robinet. On fait la tare dans l'autre plateau, et, lorsque l'équilibre est rétabli, on enlève le ballon pour y faire le vide, à l'aide d'une machine pneumatique. On remet ensuite le ballon au-dessous du plateau de la balance, et on constate que le fléau incline du côté de la tare. Le ballon vide pèse donc moins que le ballon plein d'air. Pour rétablir l'équilibre, il suffit d'ouvrir le robinet, c'est-à-dire de faire entrer de l'air dans le ballon. Un litre d'air pèse 1 gr. 30, à peu près.

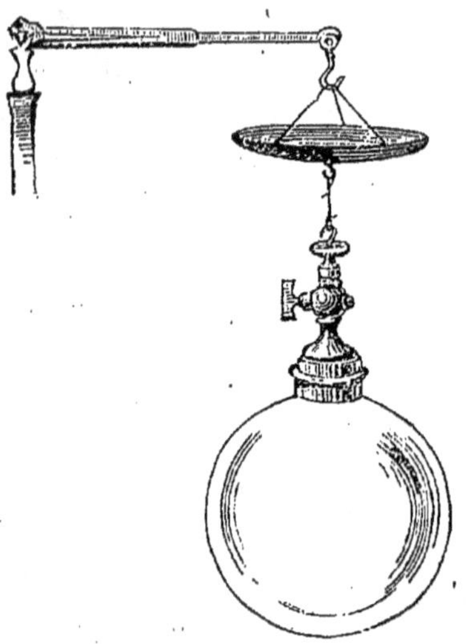

Fig. 179. — Ballon servant à déterminer le poids des gaz.

La densité de l'air n'est pas uniforme. En effet, si l'on suppose l'atmosphère partagée en couches horizontales superposées, il est évident que les couches inférieures, supportant le poids de toute l'atmosphère, sont plus comprimées, et, par suite, plus denses que les couches supérieures qui supportent un poids moins considérable. L'atmosphère est donc de plus en plus raréfiée à mesure que l'on s'élève. Sa hauteur est limitée ; on croit généralement qu'elle ne dépasse pas 100 kilomètres.

186. Pression atmosphérique. — La pression atmosphérique est le poids de la couche d'air qui enveloppe la terre.

Elle décroît à mesure qu'on s'élève dans l'atmosphère ; car à mesure que l'on monte, on a moins d'air au-dessus de soi.

Parmi les nombreuses expériences que l'on fait pour constater la pression atmosphérique, en voici quelques-unes que l'on peut facilement réaliser.

Dans une carafe, on projette un papier enflammé : on laisse ce papier brûler pendant quelques instants, puis on bouche l'ouverture de la carafe avec un œuf cuit dur et dépouillé de sa coquille. Le papier enflammé s'éteint, l'œuf pénètre peu à peu dans le goulot et finit par se précipiter au fond de la carafe. Voici ce qui se passe : l'air de la carafe, échauffé par la flamme du papier, se dilate et une partie de cet air est chassée au dehors; lorsque le papier s'éteint, l'air se refroidit ; alors la pression atmosphérique, n'étant plus contrebalancée par la pression intérieure à cause de l'air sorti, fait pénétrer l'œuf dans la carafe.

Fig. 180. — Expérience de l'œuf rentrant dans la carafe.

Une deuxième expérience consiste à remplir exactement un verre ordinaire avec de l'eau, à glisser une feuille de papier sur puis, mettant un livre sur la

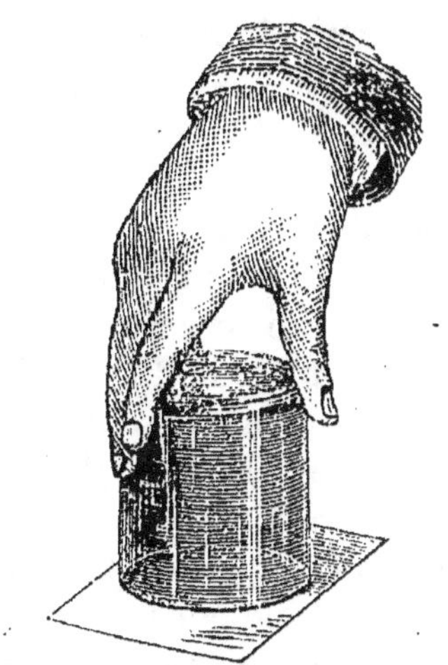

Fig. 181. — Eau soutenue par la pression atmosphérique.

l'ouverture du verre,

feuille de papier pour l'empêcher de tomber, à retourner le verre sens dessus dessous. On constate alors, qu'après avoir retiré le livre, l'eau et la feuille de papier restent en place. C'est la pression atmosphérique qui les empêche de tomber.

Pour constater l'existence de la pression atmosphérique par une troisième expérience, on prend une cloche ou un simple verre, on jette un papier enflammé dans cette cloche, puis on l'abouche sur l'eau contenue dans une cuvette quelconque. Le papier continue à brûler pendant quelques instants, puis il finit par s'éteindre. On voit alors l'eau de la cuvette monter peu à peu dans la cloche et s'arrêter lorsqu'elle occupe environ le cinquième de son volume. Cette ascension de liquide a lieu parce que la combustion du papier, en absorbant l'oxygène de l'air, produit un vide dans la cloche; alors la pression atmosphérique, n'étant plus contrebalancée par l'air de l'intérieur, fait pénétrer de l'eau dans la cloche de manière à combler ce vide.

Fig. 182. — **Eau soulevée par la pression atmosphérique.**

187. Mesure de la pression atmosphérique. — La valeur de la pression atmosphérique a été mesurée pour la première fois en 1643, par Torricelli, disciple de Galilée. Pour répéter l'expérience qui servit à Torricelli à évaluer cette pression on prend un tube de verre d'un mètre de longueur et fermé à l'une de ses extrémités. On remplit ce tube avec du mercure, on bouche avec le doigt son extrémité ouverte, puis on le renverse sur une cuvette contenant aussi du mercure. Après avoir retiré le doigt, on voit la colonne mercurielle descendre dans le tube, et s'arrêter lorsque son niveau supérieur est à environ 0^m76 au-dessus de celui de la cuvette. La colonne de mercure qui est maintenue e

...spension dans le tube par la pression atmosphérique,
.présente la valeur de cette pression.

Si, pour faire l'expérience de Torricelli, on prenait de
.eau au lieu de se servir de mercure, il en faudrait une
.olonne 13 fois 60 plus haute pour faire équilibre à la pres-
.on atmosphérique, car
.eau est 13 fois 60 moins
.ense que le mercure.

Pascal voulut réaliser
.ette expérience. Pour cela,
.l prit un tube de fer-blanc
.e 11 mètres de longueur,
.t, l'ayant rempli d'eau, il
.e renversa sur un vase con-
.enant également de l'eau ;
.l constata alors que la co-
.onne liquide de son appareil
.e maintenait à la hauteur
.le 10ᵐ33. Le nombre 10ᵐ33.
.galant 0,76 $\times$ 13,60, l'ex-
.érience de Pascal confirme
.arfaitement celle de Torri-
.elli.

Il est facile d'évaluer le
.oids de la colonne de mer-
.ure maintenue en suspen-
.sion dans le tube de Torri-
.celli ou dans celui de Pascal
.par la pression atmosphéri-
.que, et par suite de mesu-
.rer cette pression.

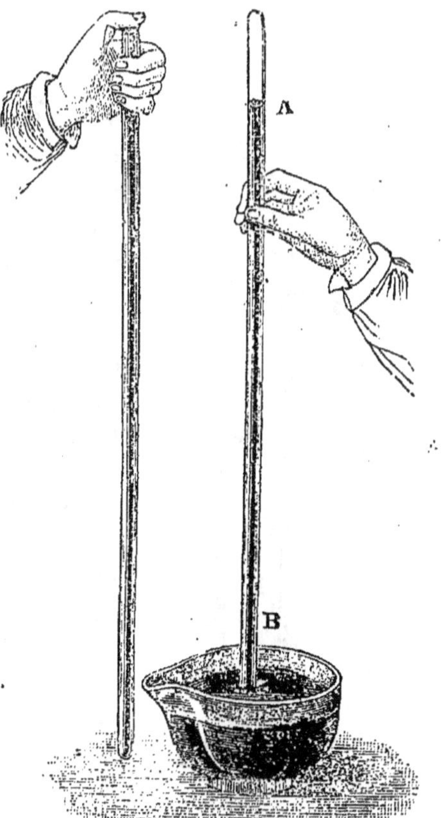

FIG. 183. — Expérience
de Torricelli.

En supposant à la co-
.onne mercurielle un centimètre carré de surface de section,
.le volume du mercure serait de 1 $\times$ 76 $=$ 76 centimètres
.cubes, et son poids de 13,6 $\times$ 76 $=$ 1.033 gr.60. La pression
.atmosphérique, faisant équilibre à une colonne de mer-

cure pesant **1** Kg. 033 par centimètre carré doit exercer elle-même cette pression pour la même unité de surface.

Pour une surface de un mètre carré, la pression atmosphérique serait de **1** Kg. 033 $\times$ 10.000 = 10.330 kilos. Ce nombre nous donne une idée du poids considérable qui représente la pression que l'air exerce sur notre corps, poids qui atteint une moyenne de 15000 kilogrammes, car la surface du corps humain est à peu près de un mètre carré et demi. Nous ne sommes pas écrasés par cette pression énorme, et même nous la supportons sans nous en apercevoir, parce qu'elle s'exerce également dans tous les sens, de l'intérieur à l'extérieur, comme de l'extérieur à l'intérieur. Pour qu'il y ait écrasement, il est nécessaire qu'un côté cède, qu'il soit moins pressé que les autres, ce qui n'est pas, car notre corps est constamment entouré de pressions égales.

188. Baromètre. — La pression atmosphérique n'est pas uniforme elle varie pour des causes qui nous sont généralement encore inconnues. Pour la mesurer à chaque instant du jour, on se sert d'instruments nommés *baromètres*.

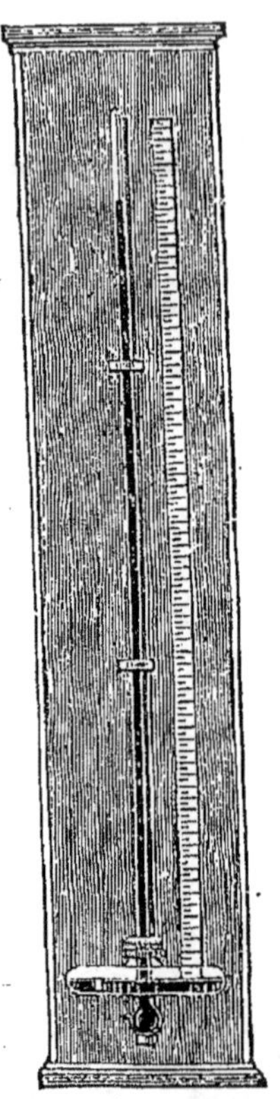

Fig. 184. — Baromètre à cuvette.

Le plus simple de ces instruments est le *baromètre cuvette*, qui n'est autre chose qu'un tube de Torricelli auquel on a adapté une échelle divisée en millimètres ; le zéro de cette échelle correspond au niveau du mercure dans la cuvette.

On donne quelquefois au tube barométrique la forme d'un siphon dans lequel les variations des pressions atmosphériques sont indiquées par une aiguille qui se meut sur un cadran gradué. L'axe de l'aiguille porte une poulie sur laquelle s'enroule un fil de soie ; ce fil est tiré d'un côté par un contrepoids, et de l'autre par un flotteur, qui plonge en partie dans le mercure de la branche ouverte du siphon et qui s'élève ou s'abaisse avec ce liquide. Quand la pression diminue, le mercure descend dans la branche fermée du baromètre et monte dans la branche ouverte ; alors le contrepoids tire le fil de soie et fait tourner l'aiguille à gauche. Le contraire arrive quand la pression augmente

189. Usages du baromètre.

— Le baromètre sert à la prévision du temps et à la mesure des hauteurs.

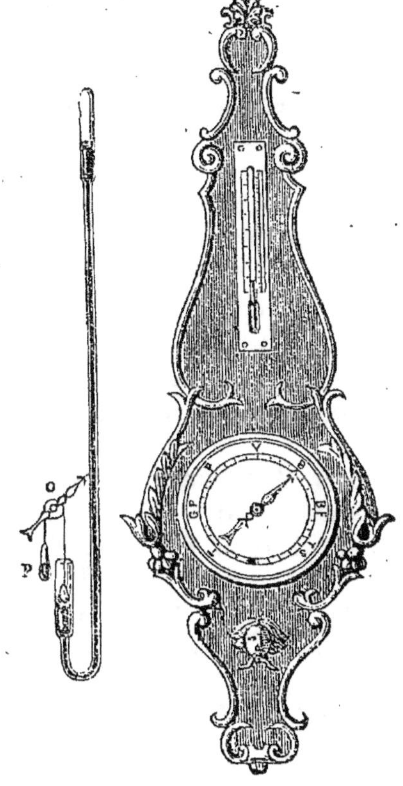

Fig. 185. — Baromètre à cadran.

Dans nos climats on a remarqué que le temps se met au beau quand la colonne barométrique monte d'une manière lente et régulière ; au contraire, qu'une baisse graduelle de cette colonne est le présage de la pluie, et qu'une variation brusque dans la pression atmosphérique annonce ordinairement un grand vent. D'après ces observations, on a divisé en sept parties égales la partie de la colonne barométrique comprise entre les hauteurs 0^m,731 et 0^m,785, limites extrêmes des variations observées ; à ces divisions on a écrit les mots : *tempête, grande pluie, pluie ou vent, variable, beau temps, beau fixe, très sec,* qui représentent les états de l'atmosphère auxquels ces pressions correspondent habituellement.

Le baromètre peut encore servir à évaluer les hauteurs, car à mesure qu'on s'élève dans l'atmosphère, la couche d'air supérieure, devenant moins épaisse, exerce une moindre pression sur le mercure contenu dans la cuvette du baromètre. Aussi a-t-on constaté que la colonne barométrique diminue proportionnellement à la hauteur à laquelle on s'élève. Cette diminution est environ de 1 millimètre pour une différence d'altitude de 10^m50. Pour évaluer la hauteur d'une montagne, par exemple, il suffit donc de multiplier par 10,50 la différence en millimètres des hauteurs barométriques observées à son pied et à son sommet.

190. Aérostats. — Le principe d'Archimède s'applique aussi bien aux gaz qu'aux liquides ; car, comme ces derniers, les gaz exercent des pressions sur les parois des objets qui y sont plongés. Appliqué au gaz le principe d'Archimède s'énonce ainsi : *tout corps plongé dans un gaz, éprouve une poussée de bas en haut égale au poids du gaz déplacé.*

D'après ce principe, si un corps pèse plus que l'air sous le même volume, il tombe ; s'il pèse autant, il reste suspendu dans l'atmosphère, et s'il pèse moins, il s'élève avec une force ascensionnelle égale à l'excès du poids de l'air déplacé sur le poids du corps. C'est sur ce principe que repose la théorie des *ballons* ou *aérostats.*

Les ballons se composent d'une ou de plusieurs enveloppes de forme sphéroïdale, en étoffe légère et imperméable, que l'on a remplies d'hydrogène, de gaz d'éclairage ou même d'air chaud.

Pour qu'un ballon puisse s'élever dans l'atmosphère, il faut que l'ensemble de ses enveloppes, du gaz qui a servi à le gonfler et de tous ses accessoires pèse moins que l'air déplacé.

Les ballons destinés à porter des voyageurs sont entourés d'un filet à mailles serrées auquel est attachée une nacelle.

L'aéronaute prend place dans cette nacelle et il y met aussi un certain nombre de sacs de sable, servant à lester le ballon et à régler sa force ascensionnelle.

Pour que la montée du ballon ne soit pas trop rapide, on règle sa force ascensionnelle de manière qu'au départ, elle ne soit que de quelques kilogrammes. A mesure qu'il s'élève, le

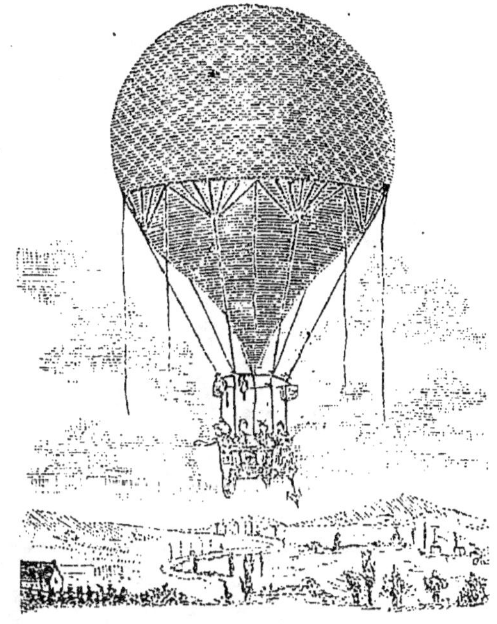

Fig. 186. — Aérostat.

ballon, rencontrant de l'air de moins en moins dense, perd de sa force ascensionnelle ; pour la maintenir, l'aéronaute jette un peu du sable contenu dans la nacelle.

A la partie supérieure du ballon, se trouve une soupape que l'aéronaute manœuvre à volonté, au moyen d'une corde qui aboutit dans la nacelle. Quand il ouvre cette soupape, une partie du gaz s'échappe ; le ballon diminuant alors de volume, déplace moins d'air et descend. Quand l'aéronaute veut monter, il allège le ballon en jetant du lest dont il a fait provision.

L'aéronaute doit se munir d'un baromètre. Cet instrument lui permet de reconnaître s'il monte ou s'il descend, quand il est parvenu dans les hautes régions de l'atmosphère ;

lorsqu'il monte, la colonne de mercure baisse ; au contraire, quand il descend, le mercure monte. C'est aussi à l'aide du baromètre que l'aéronaute évalue la hauteur à laquelle il se trouve.

Les ballons ont rendu de grands services comme moyen d'explorer les régions élevées de l'atmosphère et de reconnaître les positions de l'ennemi en temps de guerre. Mais

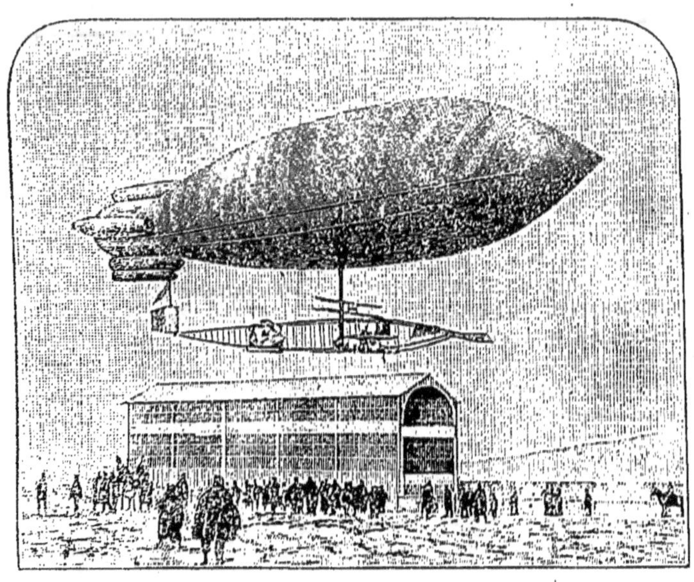

Fig. 187. — Ballon dirigeable.

les efforts de l'hommes ne se sont pas limités à cela ; ils ont tendu à voyager dans l'air. A cette fin, après plusieurs tentatives plus ou moins fructueuses, on est arrivé à l'invention des *ballons dirigeables*.

Un ballon dirigeable a une forme allongée, ce qui diminue considérablement la résistance de l'air. Il est fait d'une enveloppe imperméable de tissu ou de feuilles d'aluminium, que l'on remplit d'hydrogène. La nacelle est pourvue d'un moteur qui actionne une ou plusieurs hélices formées de deux grandes palettes et fonctionnant comme des vis à travers de l'air pour faire avancer le ballon. On y dirige l'appareil à droite et à gauche au moyen d'un gouvernail analogue à celui d'un navire. Un dirigeable peut faire facilement 100 kilomètres à l'heure.

191. Aéroplanes. — On désigne sous le nom d'*aéroplanes* des machines capables de s'élever dans l'air, sans être plus légères que lui. Elles s'élèvent en vertu de la résistance

Fig. 188. — Aéroplane.

qu'offre l'air à des surfaces inclinées et animées d'un mouvement horizontal de translation suffisamment rapide. Le principe sur lequel repose leur mouvement ascensionnel est donc tout différent de celui des aérostats ; c'est le même qui fait élever dans l'air le cerf-volant. Ce jouet, connu de tous les enfants, se compose d'un plan très léger attaché au bout d'une longue ficelle, et pourvu d'une *queue*, dont le but est de le maintenir incliné dans l'espace. Or, il est à remarquer que, à moins qu'il ne règne un vent très fort, le cerf-volant ne s'élève dans l'air et ne s'y maintient qu'à la condition de le faire avancer rapidement au moyen de vigoureuses tractions de la ficelle. L'air oppose une certaine résistance à ce mouvement, et cette résistance est une véritable force qui agit en dessous du plan pour l'élever. Il en est ainsi pour l'aéroplane; son moteur le fait avancer à grande vitesse et il s'élève grâce à la résistance de l'air. S'il cessait d'avancer, il tomberait lourdement sur le sol, comme un oiseau dont les ailes ne fonctionneraient plus.

Les aéroplanes se composent de châssis couverts de toile formant des plans. Un aéroplane peut n'avoir qu'une surface portante ; c'est le *monoplan*. Il peut en avoir deux superposées : il constitue alors le *biplan*. La force propulsive des aéroplanes est fournie par un puissant moteur à pétrole actionnant une hélice de grande dimension généralement en bois, le tout aussi léger que possible. Des gouvernails servent à les diriger et à les maintenir en équilibre pendant le vol. Lorsqu'ils sont à terre, ils reposent sur des roues semblables à celles des bicyclettes sur lesquelles ils roulent avant de s'élever. Certains aéroplanes sont munis de flotteurs qui leur permettent de reposer sur l'eau ; on les appelle des *hydro-aéroplanes*. La vitesse d'un aéroplane atteint aujourd'hui 200 kilomètres à l'heure.

DEVOIRS

40ᵉ Devoir. — 1. Quelle est la cause de la pression atmosphérique? 2. Combien pèse un litre d'air? 3. Citez des expériences permettant de constater la pression atmosphérique. 4. Quel est le physicien qui, le premier, a mesuré cette pression? 5. De quel liquide se servit-il? 6. A quelle hauteur le mercure se maintint-il? 7. De quel liquide Pascal se servit-il pour répéter l'expérience de Torricelli? 8. A quelle hauteur se maintint la colonne d'eau dans son expérience? 9. Quelle est la valeur de la pression atmosphérique par centimètre carré de surface? 10. — par mètre carré? 11. Pourquoi ne sommes-nous pas écrasés par cette pression? 12. Avec quel instrument mesure-t-on la pression atmosphérique? 13. Que fait le mercure dans le tube barométrique lorsque la pression augmente? 14. — lorsqu'elle diminue? 15. Quels sont les usages du baromètre?

41ᵉ Devoir. — 1. Que fait le mercure du baromètre lorsque le temps se met à la pluie? 2. — au beau? 3. Quelle différence d'altitude indique une variation de 1ᵐᵐ dans la colonne barométrique? 4. Pourquoi les ballons s'élèvent-ils dans l'atmosphère? 5. Avec quels gaz gonfle-t-on les ballons? 6. Que fait l'aéronaute pour maintenir au ballon sa force ascensionnelle? 7. De quel instrument se sert l'aéronaute pour connaître s'il monte ou descend, lorsqu'il est parvenu à une grande hauteur? 8. Que fait l'aéronaute lorsqu'il veut monter? 9. — descendre? 10. Citez le principe d'Archimède appliqué aux gaz. 11. Pourquoi un ballon gonflé d'air chaud peut-i s'élever ? 12. Quelle condition essentielle faut-il pour qu'un ballon puisse s'élever ? 13. Donner une description du ballon dirigeable. 14. — d'un aéroplane. 15. Quelle est la force qui soutient les aéroplanes dans l'air ?

SUJETS DE RÉDACTION

27ᵉ **Sujet.** — On vous a fait une leçon sur le baromètre : vous écrivez à un de vos amis et lui dites ce que vous savez de cet instrument, de son principe et de son utilité.

33ᵉ **Sujet.** — Dites ce que vous savez sur les ballons.

CHAPITRE IV

Pompes. — Siphon. — Pipette.

192. Pompes. — Les *pompes* sont des appareils destinés à élever des liquides. Les plus importantes sont la *pompe aspirante*, la pompe *foulante* et la pompe *aspirante* et *foulante*.

193. Pompe aspirante. — La pompe *aspirante* se compose d'un corps de pompe, dans lequel se meut un piston, et d'un tuyau d'aspiration, qui plonge dans l'eau.

Deux soupapes c et a, sont placées, l'une au piston et l'autre à la jonction du corps de pompe et du tuyau d'aspiration. Ces soupapes s'ouvrent de bas en haut.

Lorsque le piston est au bas de sa course, c'est-à-dire à l'extrémité inférieure du corps de pompe, les deux soupapes sont fermées. Quand on soulève le piston, le vide se fait au-dessous de lui et l'air du tuyau d'aspiration, soulevant la soupape a, passe en partie dans le corps de pompe. L'air intérieur, occupant alors un plus grand espace, perd un peu de sa force élastique ; la pression atmosphérique fait aussitôt monter de l'eau dans le tuyau d'aspiration, jusqu'à ce que la force élastique de l'air de la pompe, ajoutée à la pression de la colonne liquide déjà soulevée, fasse équilibre à la pression atmosphérique.

Lorsqu'on abaisse le piston, la soupape a se ferme ; l'air qui s'est introduit dans le corps de pompe, acquiert bientôt par la pression une force qui le rend capable de soulever la

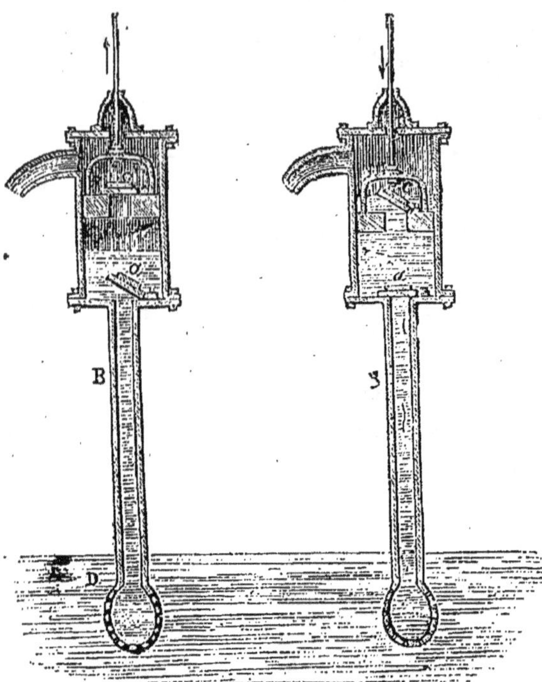

FIG. 189. — Pompe aspirante.

soupape c du piston pour s'échapper au dehors. Chaque fois que le piston est soulevé, l'eau monte dans le tuyau d'aspiration ; elle finit par pénétrer dans le corps de pompe, par passer au-dessus du piston et par arriver dans le conduit qui sert au déversement.

Théoriquement, la pression atmosphérique devrait faire monter l'eau à la hauteur de 10m33 dans le tuyau d'aspiration des pompes ; mais à cause de l'imperfection des appareils, l'eau ne peut atteindre cette limite. Dans la pratique, on ne donne jamais au tuyau d'aspiration plus de 7 à 8 mètres de hauteur verticale.

194. Pompe foulante. — La pompe *foulante* n'a pas de tuyau d'aspiration ; elle se compose d'un corps de pompe, qui plonge en partie dans l'eau, et d'un tuyau de *refoulement*. Deux soupapes, a et c, sont placées, l'une à la partie inférieure du corps de pompe, et l'autre à la partie inférieure du tuyau de refoulement. Le piston ne porte pas de soupape.

Le mécanisme de la pompe foulante est très simple. Lorsqu'on soulève le piston, l'eau du réservoir ouvre la soupape *a* et remplit le corps de pompe. Quand le piston descend, l'eau du corps de pompe, comprimée par la pression, ferme la soupape *a*, ouvre la soupape *c*, et monte dans le tuyau de refoulement.

195. Pompe aspirante et foulante. — Cette pompe n'est que la combinaison des deux précédentes. Elle se compose d'un tuyau d'aspiration, d'un corps de pompe, muni d'un piston plein, et d'un tuyau de refoulement. La pompe aspirante et refoulante aspire l'eau pendant la montée du piston et la refoule pendant la descente.

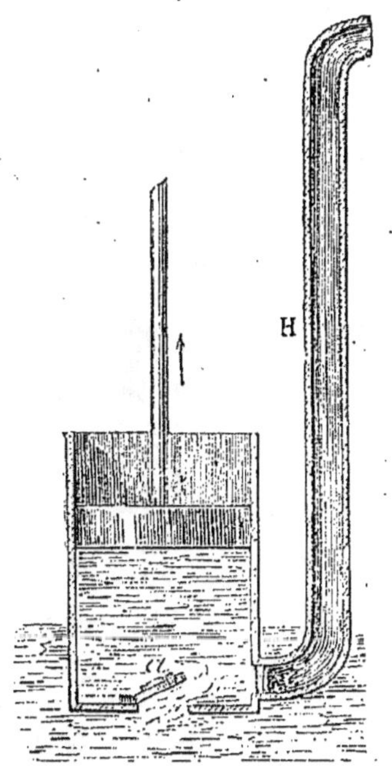

FIG. 190. — Pompe foulante.

196. Siphon. — Le *siphon* est un appareil destiné à transvaser les liquides. Il consiste en un tube recourbé, à branches d'inégales longueurs.

Pour faire usage de cet instrument, on commence par l'*amorcer*. Dans ce but, après avoir placé sa petite branche dans le liquide à transvaser, on aspire avec la bouche l'air de la grande branche, jusqu'à ce que le siphon soit rempli de liquide, puis on laisse l'écoulement se produire.

Quand on opère sur des liquides vénéneux ou corrosifs, on se sert d'un siphon dont la grande branche porte un tube

latéral. La petite branche du siphon étant plongée dans le
liquide, on ferme l'extrémité de la grande branche, et l'on

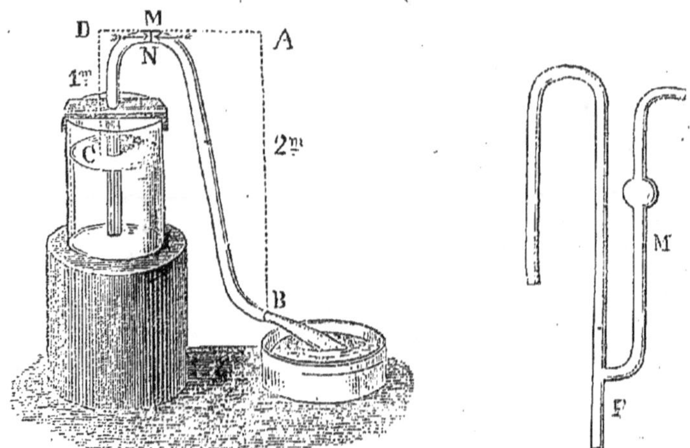

FIG. 191. — Siphon.

FIG. 192. — Siphon
avec tube latéral.

aspire avec la bouche par l'extrémité du tube latéral. Lorsque le liquide commence à pénétrer dans le tube, on ouvre

FIG. 193. — Fontaine intermittente.

grande branche du siphon et l'écoulement se produit
ussitôt.

197. Fontaines intermittentes. — C'est en se basant sur
e principe du siphon qu'on explique le fonctionnement des
ontaines intermittentes naturelles. Supposons dans l'inté-
ieur d'un rocher une cavité communiquant avec l'exté-
ieur par un conduit en forme de siphon, comme le repré-
ente la figure 193, et recevant par infiltration les eaux
e pluies. Ces eaux séjourneront dans cette cavité tant
qu'elles ne seront pas arrivées à la hauteur E H, sommet
u siphon, mais une fois qu'elles y seront parvenues, elles
'écouleront jusqu'à ce que leur niveau soit descendu
u-dessous de l'ouverture B du siphon. L'écoulement
essera alors pour recommencer lorsque le niveau des
aux de la cavité intérieure aura de nouveau atteint
e niveau E H.

Certaines fontaines intermittentes coulent plusieurs
ours de suite sans s'arrêter ; d'autres coulent et s'arrê-
ent plusieurs fois dans une heure, suivant le rapport qui
xiste entre leur cavité intérieure, les sources qui l'ali-
mentent et le débit des siphons qui leur servent de déver-
oir. La fontaine de Colmar, dans les
Basses-Alpes, jaillit et tarit de sept
minutes en sept minutes; celle de
Puits-Gros, près de Chambéry, coule
toutes les six heures : le matin, à
midi, le soir et à minuit.

198. Pipette. Tâte-vin. — Pour
transvaser de petites quantités de liquide on emploie un instrument désigné sous le nom de *pipette*. Cet instrument se compose d'un tube en verre
renflé en son milieu et terminé à sa
partie inférieure par un petit orifice.

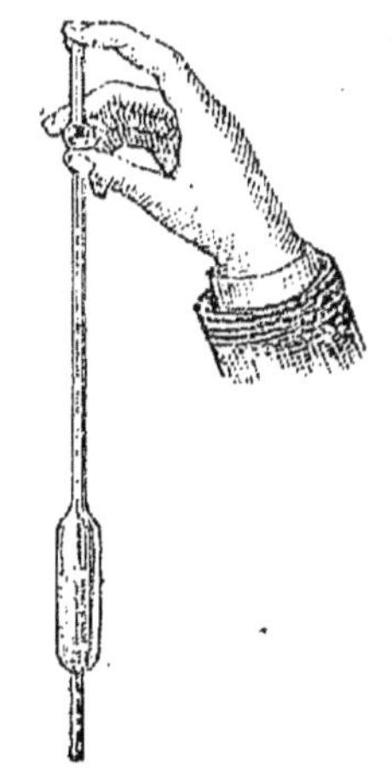

Fig. 194. — Pipette.

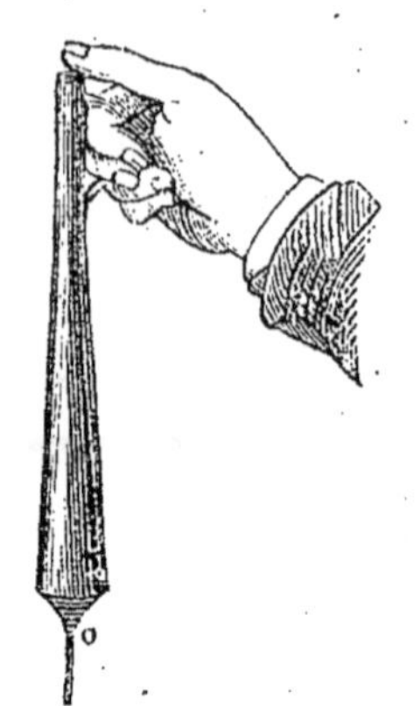

FIG. 195. — Tâte-vin.

La pipette étant pleine de liquide, si l'on applique le doigt sur son ouverture supérieure, de manière à la fermer hermétiquement, le liquide ne s'écoulera pas : il sera maintenu par la pression atmosphérique, qui ne s'exercera sur le liquide que par l'ouverture inférieure de la pipette ; mais si l'on enlève le doigt, la pression atmosphérique s'exercera alors aux deux extrémités de l'instrument et le liquide s'écoulera en vertu de son poids. Le *tâte-vin* n'est qu'une modification de la pipette.

DEVOIR

42ᵉ **Devoir**. — 1. Comment appelle-t-on les appareils destinés à élever les liquides? 2. Nommez les pompes les plus importantes. 3. Où se trouvent les soupapes dans la pompe aspirante? 4. — dans la pompe foulante? 5. Qu'est-ce qui fait monter l'eau dans la pompe aspirante? 6. — dans la pompe foulante? 7. Quelle est théoriquement la plus grande hauteur que peut avoir un tuyau d'aspiration? 8. Quelle est, dans la pratique, celle qu'on lui donne? 9. Pourquoi ne dépasse-t-on pas cette hauteur? 10. Comment appelle-t-on la pompe qui n'a pas de tuyau d'aspiration? 11. Comment appelle-t-on le tuyau qui, dans la pompe foulante, sert à élever l'eau? 12. De quel appareil se sert-on pour transvaser les liquides? 13. Quel est le phénomène naturel basé sur la théorie du siphon? 14. Citez quelques fontaines intermittentes. 15. Nommez d'autres instruments dont le fonctionnement est dû à la pression atmosphérique.

SUJETS DE RÉDACTION

34ᵉ **Sujet**. — Pompes : différentes sortes de pompes : théorie de pompe aspirante.

35ᵉ **Sujet**. — Dites ce que vous savez sur le siphon, la pipette et tâte-vin.

CHAPITRE V

Chaleur.

199. Définition. — La *chaleur* est la cause qui produit en nous la sensation du *chaud* et du *froid*.

Les corps nous paraissent chauds ou froids au toucher, selon que leur température est supérieure ou inférieure à celle de la partie de notre corps en contact avec eux. Ainsi lorsque après avoir plongé l'une des mains dans un vase plein d'eau très froide et l'autre dans un vase rempli d'eau chaude, on les met toutes les deux dans un troisième renfermant de l'eau de température moyenne, ce même liquide produit des impressions différentes sur les deux mains : il est *chaud* pour la première et *froid* pour la seconde.

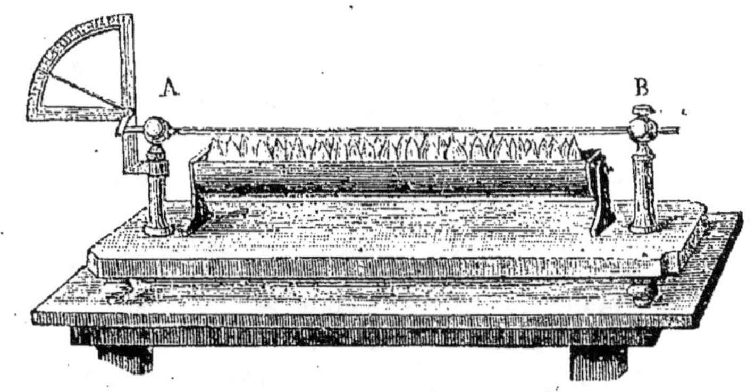

Fig. 196. — Pyromètre à cadran.

La chaleur a deux effets très apparents sur les corps : elle les *dilate* et *change leur état*.

200. Dilatation des corps solides. — Dans les solides, on distingue deux sortes de dilatations : la dilatation *linéaire* et la dilatation *en volume*.

On démontre la dilatation linéaire au moyen du *pyromètre à cadran*. Cet appareil se compose d'une tige métallique fixée à l'une de ses extrémités par une vis de pression;
l'autre extrémité de la tige est en contact avec le petit

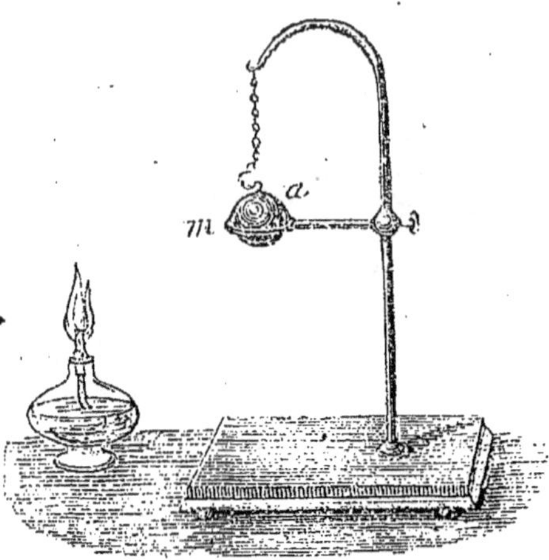

FIG. 197. — Anneau de S'Gravesande.

bras d'une aiguille cou-
dée, mobile sur un ca-
dran gradué. Quand on
chauffe la tige du pyro-
mètre, on voit l'aiguille
se déplacer d'un certain
nombre de divisions sur
le cadran, par suite de
l'allongement que prend
cette tige.

La dilatation en vo-
lume se constate à l'ai-
de de l'anneau de
S'Gravesande. Cet ap-
pareil se compose d'un
anneau dans lequel peut passer librement, à la température ordinaire, une sphère en métal d'un diamètre peu inférieur à celui de l'anneau. Quand on chauffe cette sphère,
on observe qu'elle ne peut plus passer dans l'anneau, à
cause de l'accroissement de volume qu'elle prend par la
chaleur.

201. Dilatation des liquides. — La dilatation des liquides est facile à constater. Pour cela, il suffit de remplir
exactement un ballon de verre avec un liquide quelconque,
de le fermer à l'aide d'un bouchon traversé par un tube et
de le chauffer. On voit aussitôt le liquide monter dans le
tube, et d'autant plus rapidement que la source de chaleur
est plus intense.

202. Dilatation des gaz. — Pour rendre visible la dilatation des gaz, on se sert d'un ballon plein d'air, dont le
bouchon est traversé par un tube droit, contenant un

petite colonne de mercure servant à intercepter la communication entre l'air de l'intérieur et celui de l'extérieur. La chaleur de la main appliquée sur le ballon suffit pour faire dilater l'air qu'il contient et avancer l'index de mercure vers l'extrémité libre du tube.

Les gaz se dilatant sous l'influence de la chaleur, deviennent plus légers. Ce fait explique pourquoi dans un appartement chauffé, l'air n'a pas partout la même température : l'air le plus chaud occupe les couches voisines du plafond, tandis que l'air froid reste dans la partie inférieure de l'appartement.

On peut constater le mouvement ascensionnel de l'air chaud au moyen d'une spirale de papier supportée par un pivot et placée au-dessus d'un poêle en activité. L'air devenant plus léger à mesure qu'il s'échauffe, s'é-

Fig. 198. — Spirale de papier mise en mouvement par l'air chaud qui s'élève au-dessus d'un poêle.

lève au-dessus de la source de chaleur, et, rencontrant obliquement les parois de la spirale de papier, communique à celle-ci un mouvement qui l'oblige à tourner autour de son support.

C'est encore à la dilatation que l'air subit par la chaleur, qu'il faut attribuer le double courant d'air qui s'établit lorsqu'on ouvre la porte d'un appartement chauffé pour le mettre en communication avec un autre plus froid. L'air chaud du premier appartement, plus léger que celui du deuxième, s'échappe par le haut de la porte, tandis que l'air froid entre par le bas pour venir le remplacer. Il est facile de constater l'existence de ce double courant d'air au moyen d'une bougie allumée que l'on place successivement en haut et en bas de l'ouverture de la porte: en haut, la flamme se dirige vers le dehors, elle est entraînée par l'air qui sort de l'appartement ; en bas, elle prend une direction contraire.

Fig. 199. — Double courant d'air établi par la porte de communication de deux appartements inégalement chauffés.

203. Applications de la dilatation. — On utilise la dilatation des corps solides dans plusieurs circonstances et notamment dans le cerclage des roues de voiture, dans l'assemblage des feuilles de tôle qui constituent les chaudières à vapeur, et dans la manière d'ouvrir les flacons bouchés à l'émeri.

Cerclage des roues de voiture. — Afin d'augmenter la solidité des roues de voiture, le charron les entoure d'un cercle de fer. Il fait le diamètre de ce cercle un peu plus petit que celui de la roue. Ce cercle étant chauffé, se dilate assez pour qu'il puisse être aisément mis en place. Par son refroidissement, que l'on accélère au moyen de l'eau, il se contracte et resserre fortement toutes les parties de la roue.

Fig. 200. — Cerclage des roues de voiture.

Assemblage des feuilles de tôle. — Les plaques de tôle dont
ont composées les chaudières des machines à vapeur, sont
assemblées au moyen de clous à river. Ces clous sont employés à la température rouge : ils sont alors plus faciles à
river et ont en outre la propriété de resserrer très fortement
les différentes parties de l'assemblage, par suite de la con-
raction qu'ils éprouvent en se refroidissant.

Flacons bouchés à l'émeri. — Il arrive quelquefois que les
bouchons des flacons bouchés à l'émeri adhèrent très fortement au goulot des flacons. Pour enlever ces bouchons,
l suffit de chauffer le goulot du flacon à la flamme d'une
bougie et la chaleur fait dilater le verre, ce qui permet de
déboucher facilement ces flacons.

204. Remarque. — Dans la construction des chemins de
fer, on est obligé de tenir compte de la
dilatation linéaire du fer. Un léger intervalle est ménagé entre les rails, pour laisser un libre cours à leur allongement.
Sans cet intervalle, pendant l'été, les rails
se pousseraient les uns les autres avec
une force irrésistible, et seraient arrachés
des traverses de bois qui les supportent.

Les barreaux de fer que l'on place aux
fenêtres ne doivent être scellés qu'à l'une
de leurs extrémités. Sans cette précaution, en été, ils se courberaient à cause
de leur allongement, et, en hiver, ils
s'arracheraient de leurs scellements.
Pour une raison analogue, les feuilles de
zinc ou de plomb qui composent certaines toitures, ne doivent être clouées
que sur un de leurs côtés.

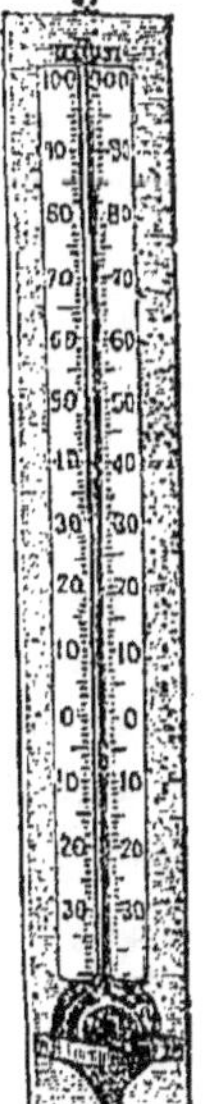

Fig. 201. — Ther-
momètre.

205. Thermomètres. — Les *thermomètres* sont des instruments qui servent à indiquer la température des corps.
Ils sont basés sur le phénomène de la dilatation.

Presque tous les corps pourraient servir à la construction des thermomètres; mais on choisit de préférence les liquides, parce que leur dilatation se prête mieux que celle des autres corps à l'observation des variations moyennes de température. Les liquides dont on fait usage pour la construction des thermomètres sont le *mercure* et l'*alcool*. Le mercure parce qu'il se dilate uniformément et surtout parce qu'il ne bout qu'à une température très élevée, 359°, et ne se congèle qu'à un froid très intense, — 40° ; l'alcool, parce qu'il ne se congèle qu'à la température de — 130°.

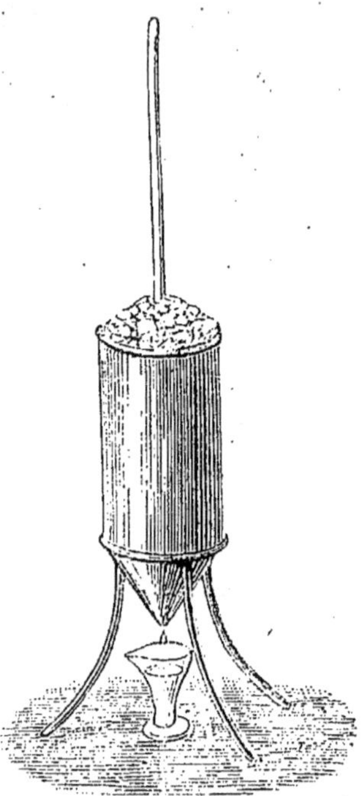

Fig. 202. — Appareil servant à déterminer le 0 du thermomètre.

206. Graduation du thermomètre. — Deux points fixes ont été adoptés pour la graduation du thermomètre : le point 0 et le point 100. Le premier est donné par la température de la glace fondante, et le second, par celle de la vapeur d'eau bouillante. Pour déterminer la position de ces deux points sur le tube thermométrique, on place d'abord l'instrument pendant quelque temps dans un vase rempli de glace fondante : le liquide qu'il contient descend dans le tube et finit par s'arrêter ; son niveau supérieur est alors celui du 0 de l'échelle thermométrique. On plonge ensuite le thermomètre dans une étuve à vapeur d'eau bouillante ; le liquide monte et finit par atteindre un point fixe, où l'on marque 100. Ces deux points étant obtenus, on divise en parties égales, appelées *degrés*, l'espace compris entre

ux et l'on prolonge la division au-dessous du zéro s'il
y a lieu.

207. Remarque. — La sensibilité d'un thermomètre à
liquide dépend des deux conditions suivantes :

1º Du rapport qui existe entre la capacité du réservoir
et le diamètre du tube : plus le réservoir est grand et le
tube étroit, plus l'instrument est sensible.

2º De la nature du liquide : plus le liquide est dilatable,
plus la sensibilité est grande. C'est pour cette raison que
les thermomètres à alcool sont plus sensibles que les
thermomètres à mercure.

208. Maximum de densité de l'eau. — L'eau présente
dans sa dilatation une particularité bien remarquable ;
comme les autres corps, elle se contracte en se refroidissant
mais seulement jusqu'à la température de 4 degrés au-dessus
de zéro ; si le refroidissement devient plus grand, elle se
dilate.

L'eau ayant son maximum de concentration à 4 degrés
au-dessus de zéro, doit aussi avoir son maximum de densité
à cette même température. Ce fait explique pourquoi dans
les lacs et dans les mers, l'eau, à partir d'une certaine profondeur, conserve invariablement, en été comme en hiver,
la température de 4 degrés.

En se congelant, l'eau diminue encore de densité, car elle
augmente de volume ; cette augmentation de volume est
accompagnée d'une force expansive considérable. Pour en
constater l'existence, on a exposé à un froid de plusieurs
degrés au-dessous de zéro des bombes pleines d'eau et solidement fermées par un bouchon en fer. Quelques-unes de
ces bombes ont eu leur bouchon chassé à une grande distance, d'autres ont éclaté et d'épais bourrelets de glace se
sont formés à leur surface.

C'est la force expansive de la glace qui fait déliter certaines pierres sous l'influence de la gelée ; ces pierres s'im-
prègnent facilement de l'eau de la pluie, qui, sous l'action

du froid, se convertit en glace, et la force expansive de cette
dernière les désagrège complètement. C'est aussi à la même
cause qu'il faut attribuer les funestes effets de la gelée sur
les jeunes tissus des végétaux.

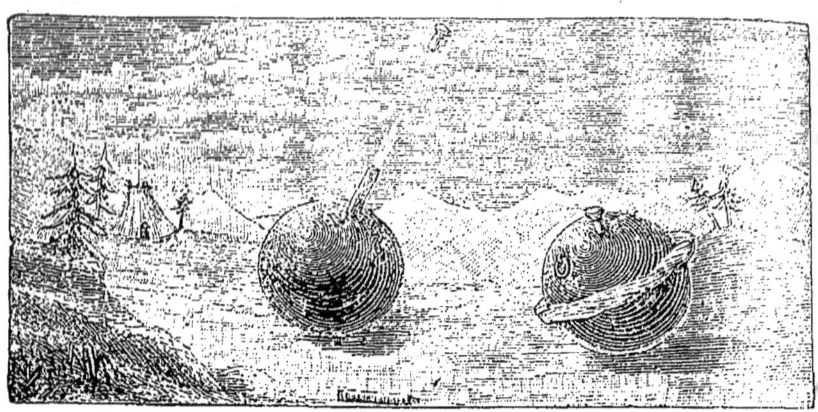

FIG. 203. — Effets de la force expansive de la glace.

209. Remarque. — La légèreté spécifique de la glace et
le maximum de densité de l'eau sont pour nous des bien-
faits du Créateur. En effet, par suite de la seconde de ces
deux propriétés, l'eau ne se congèle qu'à la surface. Elle conserve ainsi au-dessous de la couche glacée qui la protège
contre le refroidissement, la fluidité nécessaire à la vie des
poissons.

Si la glace était plus dense que l'eau, elle tomberait au
fond des lacs et des fleuves à mesure qu'elle se formerait
et bientôt les eaux de ceux-ci seraient entièrement conge-
lées. La vie des animaux aquatiques deviendrait impossible dans certaines contrées, ce qui priverait leurs habitants
d'une de leurs principales ressources alimentaires. De plus,
les chaleurs de l'été seraient insuffisantes pour fondre cette
glace, et, les lits des fleuves se trouvant encombrés par une
matière solide, il s'ensuivrait de vastes inondations qui
chaque année, désoleraient les pays riverains.

DEVOIRS

43ᵉ Devoir. — 1. Quelle est la cause qui produit en nous la sensation du chaud et du froid? 2. Quels sont les effets de la chaleur sur les corps? 3. Combien compte-t-on de sortes de dilatation dans les corps solides? 4. Avec quel appareil démontre-t-on la dilatation linéaire? 5. — la dilatation en volume? 6. Où se trouvent les couches d'air les plus chaudes dans un appartement chauffé? 7. Pourquoi l'air chaud tend-il à monter? 8. Quel phénomène physique utilisent les charrons pour le cerclage des roues de voitures? 9. Pour quelles autres opérations met-on encore à profit la dilatation des corps solides? 10. Qu'arriverait-il, en été, si l'on fixait aux deux extrémités les barreaux des fenêtres? 11. — en hiver? 12. — si l'on faisait toucher bout à bout les rails du chemin de fer? 13. De quels instruments se sert-on pour mesurer la température des corps? 14. Sur quel phénomène physique sont-ils fondés? 15. De quels liquides se sert-on de préférence pour leur construction?

44ᵉ Devoir. — 1. Quelle est la température d'ébullition du mercure? 2. — sa température de congélation? 3. A quelle température se congèle l'alcool? 4. Quels sont les deux points fixes adoptés pour la graduation des thermomètres? 5. Par quoi est donné le point 0? 6. — le point 100? 7. De quoi dépend la sensibilité d'un thermomètre? 8. Quelle est la température du maximum de densité de l'eau? 9. Comment appelle-t-on la force qui se développe par la congélation de l'eau? 10. Comment a-t-on constaté l'intensité de cette force? 11. Pourquoi les pierres gélives se délitent-elles si facilement? 12. A quoi faut-il attribuer les funestes effets de la gelée sur les jeunes végétaux? 13. A quelle température reste constamment l'eau située à une grande profondeur? 14. Pourquoi les fleuves ne se congèlent-ils qu'à la surface? 15. Quels inconvénients résulteraient pour les riverains si la densité de la glace était plus grande que celle de l'eau?

SUJETS DE RÉDACTION

36ᵉ Sujet. — De la dilatation des corps solides : applications de cette dilatation ; précautions à prendre.

37ᵉ Sujet. — Comment applique-t-on la dilatation des liquides à la mesure de la température des corps?

CHAPITRE VI

Chaleur (*suite*).

Dans les changements d'état, les corps éprouvent quatre phénomènes distincts, savoir la *fusion*, la *solidification*, la *vaporisation* et la *liquéfaction*.

210. Fusion. — La *fusion* est le passage d'un corps de l'état solide à l'état liquide, sous l'influence de la chaleur. Ce phénomène est soumis aux deux lois suivantes :

1º *La température à laquelle s'opère la fusion est invariable pour chaque corps* ;

2º *La température d'un corps en fusion demeure constante pendant toute la durée de la fusion.*

Cette deuxième loi montre que la chaleur cédée par un foyer à un corps en fusion, est tout entière employée à opérer le changement d'état de ce corps ; elle devient *latente*, c'est-à-dire cachée, et n'a aucun effet sensible.

L'expérience suivante donne une idée exacte de ce qu'on entend par chaleur latente, et montre aussi que la quantité de chaleur sensible absorbée dans la fusion est considérable.

On verse 1 kilo d'eau à 79º sur un kilogramme de neige ou de glace pilée à 0º ; celle-ci fond immédiatement et on obtient 2 kilogrammes d'eau à 0º. Le kilogramme d'eau chaude a donc perdu 79 degrés de chaleur pour fondre la neige ; le kilogramme de neige ne s'est pas échauffé, mais il a changé d'état ; pour ce changement d'état, il a absorbé les 79 degrés de chaleur sensible de l'eau, ou soit 79 *calories*, car une calorie est la quantité de chaleur nécessaire pour élever d'un degré la température d'un litre d'eau.

211. Solidification. — La *solidification* est le passage d'un corps de l'état liquide à l'état solide. Elle est soumise aux trois lois suivantes :

1º *La température de solidification d'un corps est constante elle est la même que celle de fusion* ;

2º *La température d'un corps reste constante pendant toute la durée de la solidification* ;

3º *La solidification est accompagnée du dégagement de toute la chaleur sensible absorbée pendant la fusion.*

L'eau, dans quelques circonstances, fait exception à la première de ces lois. Placée dans un vase à l'abri de toute agitation, elle peut être refroidie jusqu'à 12 degrés au-des

us de zéro sans se solidifier, mais le moindre ébranlement
mène sa congélation. Ce phénomène est connu sous le nom
e *surfusion*.

212. Vaporisation. — La *vaporisation* est la transforma-
on des liquides en vapeurs. Elle se fait de deux manières :
ar *évaporation* et par *ébullition*.

L'*évaporation* est la formation lente des vapeurs à la sur-
ace des liquides, tandis que l'*ébullition* est un dégagement
apide et tumultueux de ces mêmes vapeurs se formant au
ein même des liquides. Le phénomène de l'ébullition est
oumis aux deux lois suivantes :

1° *Un même liquide, placé dans les mêmes conditions, commence toujours à bouillir à la même température* ;

2° *La température d'un liquide reste constante pendant
oute la durée de son ébullition.*

Ici, comme pour la fusion, la chaleur cédée par un foyer
a un liquide en ébullition est tout entière employée à opé-
er le changement d'état de ce corps ; elle devient latente.
La quantité de chaleur sensible nécessaire pour faire passer
à l'état de vapeur un kilogramme d'eau bouillante est considérable : elle est de 540 calories.

213. Froid produit par l'évaporation. — Le passage d'un
corps de l'état liquide à l'état gazeux, ne peut se faire, soit
par l'ébullition, soit par l'évaporation, sans qu'il y ait absorption d'une quantité considérable de chaleur sensible,
qui devient latente. Plus la vaporisation est rapide, plus le
refroidissement est grand.

Quelques gouttes d'alcool ou d'éther versées sur la main
ne tardent pas à y produire une impression de froid. Les
frissons que l'on ressent au sortir du bain, ont pour cause le
froid produit par l'évaporation de la couche légère de liquide qui reste adhérente à la peau.

L'emploi des *alcarazas*, dont on se sert dans les pays
chauds pour maintenir à l'eau sa fraîcheur, est fondé sur

ce même principe. Les alcarazas sont des vases en terre poreuse ; l'eau qu'ils renferment, suinte constamment à travers leurs parois et vient s'évaporer à leur surface ; elle emprunte pour cela une certaine quantité de chaleur au liquide intérieur, et celui-ci se refroidit.

Le froid produit par l'évaporation de la sueur est un phénomène analogue aux précédents. La sueur ne peut s'évaporer sans emprunter de la chaleur au corps, et cela en quantité d'autant plus considérable que l'évaporation est plus rapide. Aussi, est-il très prudent de ne pas s'exposer à un courant d'air quand on est en moiteur, et de remplacer par du linge sec celui qui est mouillé par la transpiration.

214. Liquéfaction. — La *liquéfaction* est le passage d'un corps de l'état gazeux à l'état liquide. Elle est produite par le refroidissement ou par la pression.

Lorsque les vapeurs se condensent, elles restituent aux corps environnants leur chaleur latente de vaporisation, qui redevient chaleur sensible. Un kilogramme de vapeur d'eau à 100° peut donc, en se condensant dans l'eau froide à 0°, porter 5 kg. 40 de cette eau à la température de l'ébullition.

215. Distillation. — La *distillation* est basée sur la propriété qu'ont les liquides de passer à l'état de vapeur au moyen de la chaleur, et de reprendre leur état primitif par le refroidissement. Elle a pour objet d'isoler les liquides des substances qu'ils tiennent en dissolution, ou de séparer les uns des autres des liquides inégalement volatils.

Les appareils qui servent à la distillation, se nomment *alambics*. Ils se composent de trois parties principales : une chaudière appelée *cucurbite*, dans laquelle on met la substance à distiller ; un *chapiteau*, qui ferme exactement la cucurbite, et un long tube métallique, appelé *serpentin*, contourné en spirale et placé dans un vase rempli d'eau

froide nommé *réfrigérant*. Le serpentin communique avec
le chapiteau, reçoit les vapeurs qui s'échappent de la cucurbite, et leur fait subir un abaissement de température
suffisant pour déterminer la condensation.

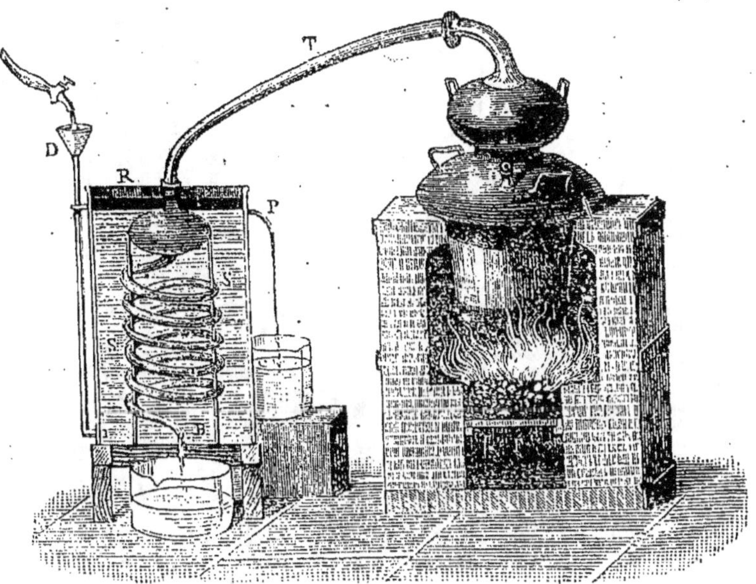

Fig. 204. — Alambic.

Machines à vapeur.

216. L'eau qui bout se transforme en vapeur; et en cet
état elle occupe un volume incomparablement plus grand
que lorsqu'elle se trouve à l'état liquide. Si l'on faisait
bouillir de l'eau dans un vase hermétiquement fermé, les
vapeurs, cherchant leur expansion, exerceraient sur les parois du vase une pression telle qu'il pourrait voler en éclats;
c'est cette force d'expansion que l'on utilise dans les machines à vapeur.

Une machine à vapeur comprend comme organes essentiels une *chaudière*, un *cylindre* et des *organes transmetteurs du mouvement*.

217. Chaudière. — La figure 205 représente une chaudière *à bouilleurs* employée dans les machines à vapeur

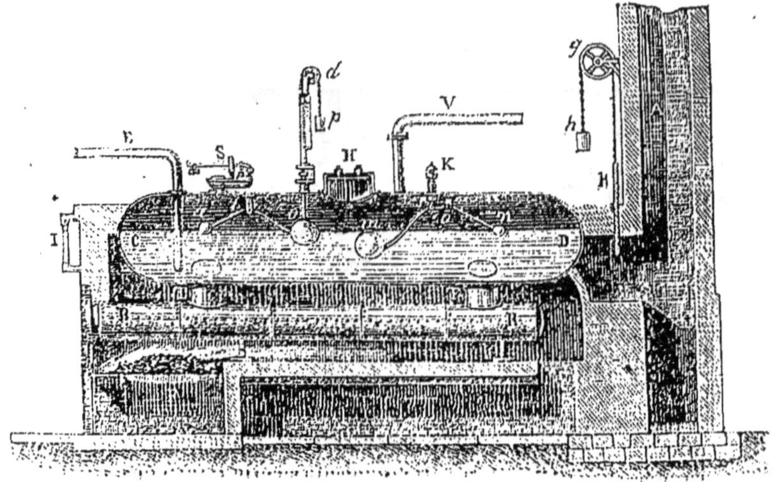

FIG. 205. — Coupe d'une chaudière à bouilleurs.

B, Bouilleurs. — C D, Chaudière. — H, Trou d'homme. — I, Tube indicateur. — Kman, Sifflet d'alarme. — S, Soupape de sûreté. — abcdp, Flotteur-indicateur. E, Tube amenant l'eau dans la chaudière. — V, Tube par où sort la vapeur. — Rgh, Registre.

fixes. Elle se compose d'un gros cylindre horizontal communiquant par deux tubulures T, avec deux autres cylindres plus petits, nommés *bouilleurs*. Le tout est encastré dans un fourneau en maçonnerie. Des cloisons sont convenablement disposées pour que la flamme du foyer chauffe les bouilleurs et la chaudière sur la plus grande surface possible. Les bouilleurs doivent être entièrement remplis d'eau et la chaudière proprement dite à moitié. La vapeur produite dans les bouilleurs monte dans la chaudière et s'y concentre dans la partie supérieure. Un tube V la conduit au cylindre, où elle produit son effet sur le piston.

Pour prévenir tout accident, on adapte aux chaudières différents appareils de sûreté, dont voici les principaux :

1° Un *manomètre* pour indiquer à chaque moment la tension de la vapeur ;

2° Une *soupape de sûreté* qui se lève d'elle-même et laisse échapper de la vapeur, lorsque la tension de celle-ci est trop forte ;

3° Un *tube indicateur* en verre et un *flotteur indicateur*, que permettent de se rendre compte de la quantité d'eau que renferme la chaudière ;

4° Un *sifflet d'alarme* fonctionnant automatiquement pour avertir que la chaudière ne contient pas une quantité d'eau suffisante.

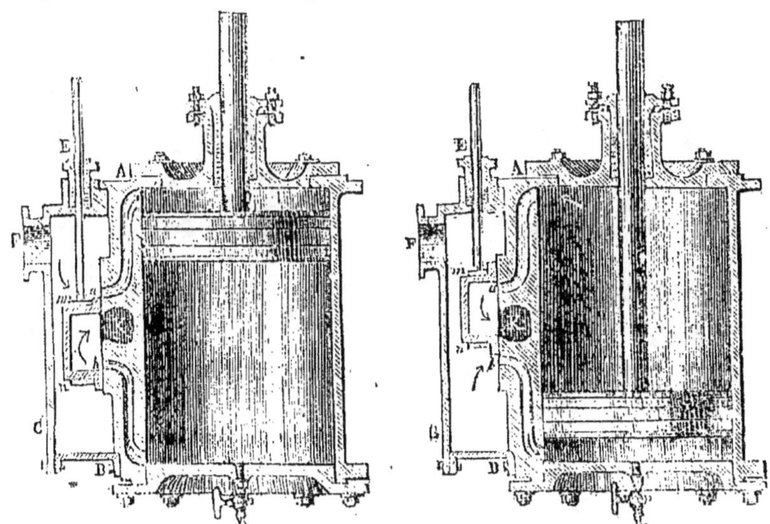

FIG. 206.   FIG. 207.
Coupe du cylindre montrant la distribution de la vapeur.

F, Ouverture par laquelle la vapeur arrive dans la boîte à vapeur. — *mu*, Tiroir. — *a* et *b*, Ouvertures par lesquelles elle pénètre au-dessus ou au-dessous du piston. — K, Ouverture par laquelle elle s'échappe au dehors.

218. Cylindre. — Le cylindre est l'appareil destiné à utiliser la force expansive de la vapeur. Il se compose d'un cylindre creux dans lequel un piston se meut d'un mouvement continu de va-et-vient. Pour que ce mouvement se produise, il faut que la vapeur agisse alternativement sur l'une et l'autre face du piston et disparaisse après avoir produit son effet. A cet effet, on adapte au cylindre un organe spécial, nommé *tiroir*, lequel se meut dans un com-

Fig. 208. Principaux organes transmetteurs du mouvement.

partiment accolé au cylindre et qui est appelé *boîte à vapeur*. Le tiroir a pour fonction de mettre les deux faces du piston alternativement en communication avec la vapeur de la chaudière et avec l'air extérieur. La figure 206 montre la position du tiroir lorsque le piston est en haut de sa course. Dans cette position, la vapeur qui est au-dessous du piston communique avec l'air extérieur par l'ouverture K; celle qui arrive dans la boîte à vapeur par le conduit F, ne peut se rendre ailleurs qu'au-dessus du piston ; là, par sa force élastique, elle agit et fait descendre le piston. Lorsque celui-ci est parvenu au bas de sa course (Fig. 207), le tiroir, par un mécanisme spécial, a changé de position : il fait alors communiquer la partie supérieure du cylindre avec l'ouverture K, et la partie inférieure avec la boîte à vapeur. La vapeur de la chaudière arrive ainsi au-dessous du piston, agit sur lui et le fait monter.

219. Organes transmetteurs du mouvement. — Pour transmettre le mouvement qu'il a reçu de la vapeur, le piston est surmonté d'une tige A agissant sur une autre tige I, nommée *bielle*, qui est elle-même articulée à une manivelle K. Il en résulte un mouvement de rotation qui fait tourner un *essieu* ou *arbre de couche* fixé à la manivelle. Le mouvement de la machine est régularisé par une grande roue appelée *volant*. C'est au volant ou à des poulies placées sur l'arbre de couche que s'adaptent les courroies sans fin qui transmettent le mouvement.

Propagation de la chaleur.

220. — La chaleur peut se transmettre d'un corps à un autre de deux manières différentes : par *conductibilité* et par *rayonnement*. Dans le premier cas, elle se communique de molécule à molécule dans toute la masse du corps; dans le second, elle franchit directement les intervalles qui séparent les corps.

221. Conductibilité. — La *conductibilité* est la propriété dont jouissent les corps de transmettre la chaleur de proche en proche dans l'intérieur de leur masse.

Tous les corps ne sont pas également conducteurs de la chaleur. Ainsi lorsqu'on plonge l'extrémité d'une cuillère métallique dans l'eau bouillante, cette cuillère s'échauffe rapidement à l'autre extrémité, tandis qu'avec une cuillère de bois, le même phénomène n'a pas lieu. De même, on peut tenir sans inconvénient avec les doigts une allumette

enflammée à l'une de ses extrémités ; mais on se brûlerait
en tenant de la même manière une épingle dont la pointe
serait introduite dans une flamme quelconque.

Les corps qui conduisent le mieux la chaleur sont les métaux et spécialement l'*argent* et le *cuivre*.

Les liquides et surtout les gaz conduisent mal la chaleur.
Si une masse liquide ou gazeuse s'échauffe assez facilement
lorsqu'elle est en contact avec une source de chaleur, ce
n'est que par suite des courants ascendants ou descendants
qui s'établissent dans son intérieur, et qui transportent la
chaleur en tous ses points. L'échauffement des liquides et
des gaz se fait donc par *déplacement* et non par *conductibilité*.

222. Application de la conductibilité. — La faible conductibilité de certains corps pour la chaleur offre une foule
d'applications aussi utiles qu'ingénieuses. Ainsi, nous employons le duvet, les fourrures, la laine et le coton pour nous
préserver des rigueurs du froid parce que ces substances
conduisent mal la chaleur, à cause de la couche d'air qu'elles
emprisonnent dans leurs tissus. Placées autour d'un corps
chaud, ces mêmes substances lui maintiennent sa température, car elles s'opposent à la déperdition de sa chaleur.

C'est pour une raison analogue que la neige protège les
plantes contre la gelée.

Pendant l'été, on conserve la glace en la préservant de la
température extérieure au moyen de matières peu conductrices de la chaleur comme la paille, la sciure de bois, etc.
La construction des glacières repose sur ce principe.

On adapte des poignées de bois aux manches des instruments destinés à être placés sur le feu, parce que le bois est
mauvais conducteur de la chaleur. Si, dans nos habitations,
les carrelages en briques nous paraissent plus froids que
les parquets, c'est parce qu'ils conduisent mieux la chaleur.

Pour rendre les appartements plus chauds en hiver et
plus frais en été, on a recours à l'emploi des doubles portes
et des doubles fenêtres ; la couche d'air emprisonnée entre

ces portes et ces fenêtres, conduisant mal la chaleur, empêche l'atmosphère extérieure d'agir aussi facilement sur la température de l'appartement.

Dieu, dans sa parfaite sollicitude pour tous les êtres de la création, a donné aux animaux des régions glacées du Nord des fourrures longues et soyeuses, qui s'opposent parfaitement à la déperdition de la chaleur du corps. Ceux des pays chauds n'ont reçu, au contraire, qu'un pelage ras et peu serré, qui facilite l'évaporation de la sueur cutanée, évaporation qui est pour ces animaux une cause considérable de rafraîchissement.

Météorologie.

223. La *météorologie* est l'étude des phénomènes atmosphériques appelés *météores*. Les principaux de ces phénomènes sont la *rosée*, la *gelée blanche*, les *brouillards*, les *nuages*, la *neige*, la *pluie*, la *grêle* et les *vents*.

224. Rosée. Gelée blanche. — On désigne sous le nom de *rosée* les gouttelettes que l'on voit, le matin, sur les plantes et sur les autres corps situés à la surface du sol. La rosée est produite par la condensation de la vapeur atmosphérique. Pendant la nuit, lorsque le temps est serein, la terre rayonne de sa chaleur et se refroidit. Ce refroidissement se communique aux couches d'air qui sont en contact avec elle, et une partie de la vapeur d'eau que ces couches renferment, passe à l'état liquide.

Les causes qui empêchent le refroidissement du sol, empêchent aussi le dépôt de la rosée ; ainsi, lorsque le ciel est couvert, il ne se forme pas de rosée, parce que les nuages s'opposent au rayonnement de la chaleur terrestre, et par conséquent à son refroidissement.

La *gelée blanche* n'est autre chose que la rosée congelée Elle se produit lorsque le refroidissement du sol a été considérable, et qu'il est descendu au-dessous de zéro degré après la formation de la rosée.

225. Brouillards. Nuages. — Les *brouillards* sont le résultat d'un commencement de condensation de la vapeur d'eau contenue dans les couches d'air avoisinant le sol. En son état normal, la vapeur d'eau est invisible ; mais lorsqu'un abaissement de température survient, elle se condense en gouttelettes extrêmement fines, qui altèrent la transparence de l'air. Le même phénomène de condensation, opéré à une certaine hauteur, donne naissance aux *nuages*.

226. Neige. Pluie, Grêle. Verglas. — La *neige* résulte de la congélation de la vapeur d'eau contenue dans les régions

FIG. 209. — Cristaux de neige.

élevées de l'atmosphère. Lorsque l'air est tranquille, la neige prend des formes cristallines d'une parfaite régularité, ayant beaucoup de rapports avec l'hexagone.

La *pluie* provient des nuages dont les gouttelettes, par suite d'une condensation plus complète, acquièrent un poids tel qu'elles ne peuvent plus se maintenir en équilibre au sein de l'atmosphère. La quantité de pluie qui tombe annuellement varie selon chaque région ; à Paris, si toutes les eaux tombées pendant une année étaient soustraites à l'action de l'infiltration et de l'évaporation, elles formeraient en moyenne une couche de 0^{m}56 de hauteur.

La *grêle* est produite par des gouttes de pluie qui se congèlent en traversant certaines couches atmosphériques, dont la température a été considérablement refroidie.

Le *verglas* est formé par la pluie lorsque le sol sur lequel elle tombe a une température inférieure à zéro degré ; cette pluie se congèle à mesure qu'elle arrive sur le sol.

227. Vents. — Les *vents* sont des déplacements plus ou moins rapides de certaines parties de l'air atmosphérique. Ils sont occasionnés par des changements de température ou par la condensation de la vapeur d'eau contenue dans l'atmosphère. Lorsque dans une contrée l'air avoisinant le sol s'échauffe plus qu'ailleurs, il se dilate, et, devenant plus léger, il s'élève dans les régions supérieures de l'atmosphère; l'air des milieux voisins se précipite pour le remplacer et il en résulte des courants atmosphériques doués quelquefois d'une grande puissance. De même, quand un nuage se résout en pluie ou en grêle, il y a rupture d'équilibre dans l'atmosphère, déplacement d'air et production de vent.

Les *vents* qui soufflent constamment dans la même direction et à des époques déterminées, sont appelés vents *réguliers*. Ces sortes de vents existent dans les régions intertropicales : ce sont les *vents alizés*, la *mousson* et le *simoun*.

DEVOIRS

45ᵉ Devoir. — 1. Quels sont les phénomènes éprouvés par les corps dans leurs changements d'état? 2. Comment appelle-t-on le passage d'un corps de l'état solide à l'état liquide? 3. — de l'état gazeux à l'état liquide? 4. — de l'état liquide à l'état gazeux? 5. — de l'état liquide à l'état solide? 6. Enoncez les deux lois de la fusion. 7. Comment appelle-t-on la chaleur employée à opérer la fusion? 8. Quelle quantité de chaleur faut-il pour fondre un kilog. de glace? 9. Enoncez les lois de la solidification. 10. A quelle température l'eau se solidifie-t-elle? 11. De combien de manières se fait la vaporisation? 12. Comment appelle-t-on la formation des vapeurs au sein même des liquides? 13. — à la surface des liquides? 14. Enoncez les lois de l'ébullition. 15. Quelle quantité de chaleur faut-il pour vaporiser 1 kilog. d'eau?

46ᵉ Devoir. — 1. Pourquoi l'éther versé sur la main y produit-il une impression de froid? 2. Pourquoi ressent-on des frissons au sortir du bain? 3. De quoi se sert-on dans les pays chauds pour conserver à l'eau sa fraîcheur? 4. Que doit-on éviter lorsqu'on a le linge de corps mouillé par la transpiration? 5. Par quoi la liquéfaction est-elle produite? 6. Combien 1 kilog. de vapeur à 100° peut-il porter de kilos d'eau de 0° à 100°? 7. Comment se nomment les appareils servant à la distillation? 8. Nommez les principales parties d'un alambic? 9. Expliquez le fonctionnement de la machine à vapeur. 10. Comment se transmet la chaleur? 11. Quels sont les corps qui conduisent le mieux la chaleur? 12. Comment se fait l'échauffement des liquides? 13. Par quoi est produite la rosée? 14. — la gelée blanche? 15. Nommez les principaux vents réguliers.

SUJETS DE RÉDACTION

38° Sujet. — Expliquez les phénomènes de la rosée, de la gelée blanche, du brouillard, des nuages et de la pluie.

39° Sujet. — Dites ce que vous savez sur la conductibilité des corps pour la chaleur.

CHAPITRE VII

Electricité.

228. Définition. — L'*électricité* est un agent, encore inconnu, qui se manifeste à nous par les phénomènes qu'il produit. Les principaux de ces phénomènes sont des attractions, des commotions organiques, des combinaisons chimiques, des effets lumineux, calorifiques, etc.

Les sources les plus importantes d'électricité sont le *frottement*, l'*influence des corps électrisés*, les *actions chimiques* et les *machines d'induction*.

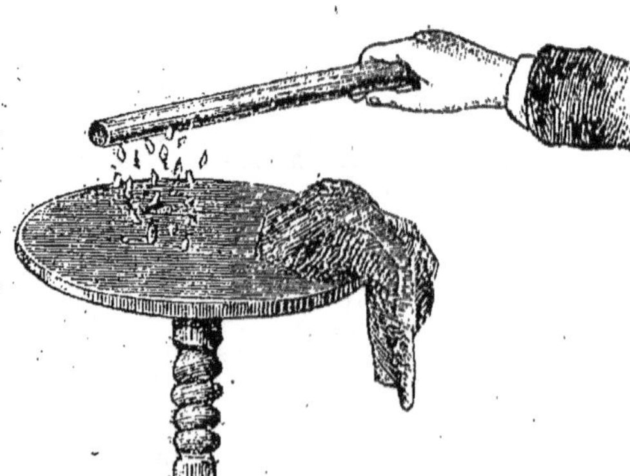

Fig. 210.
Corps électrisés par le frottement.

229. Développement de l'électricité par le frottement. — Certains corps, tels que le verre, le caoutchouc durci, le soufre, etc... acquièrent la propriété d'attirer les corps légers lorsqu'on les frotte avec une étoffe de laine ou une peau de chat. On dit alors que ces corps sont *électrisés*.

Pour constater plus facilement l'état électrique d'un

corps, on se sert de certains instruments nommés *électros-copes*. Le plus simple est le *pendule électrique*, formé d'une petite balle en moelle de sureau, suspendue à un support au moyen d'un fil de soie.

230. Corps bons conducteurs. — Corps mauvais conduc-teurs. — Relativement à l'électricité, les corps se divi-sent en corps *bons conducteurs* et en corps *mauvais con-ducteurs*. Les bons conducteurs sont ceux que l'électricité parcourt aisément, tels sont les métaux, le corps humain, le sol, l'air humide, etc. Les corps mauvais conducteurs ne se laissent pas traverser par l'électricité ; les principaux de ces corps sont le verre, la porcelaine, le caoutchouc, les résines, la soie, etc.

Lorsqu'un corps bon conducteur est mis en communica-tion par un seul point avec une source d'électricité, il s'électrise sur toute sa surface. Au contraire, les corps mauvais conducteurs ne s'électrisent qu'aux points en con-tact avec les corps isolés.

231. Attractions et répulsions électriques. — Quand on approche d'un pendule électrique, un bâton de verre poli frotté avec un morceau de drap, la balle de sureau est atti-rée ; elle vient toucher le verre, s'électrise à son contact, puis est vivement repoussée.

Si, avec un bâton de résine frotté de la même manière, on répète l'expérience précédente sur la balle d'un autre pen-dule électrique, on observe des phénomènes identiques : la balle est d'abord attirée, puis repoussée.

Lorsqu'on approche le bâton de verre de la balle électri-sée par le bâton de résine, cette balle est attirée; on cons-tate de même que la résine a la propriété d'attirer la balle électrisée par le verre, et on observe de plus que les balles de sureau différemment électrisées tendent à se rapprocher.

De ces expériences, on a déduit les conséquences sui-vantes :

1º *Il y a deux espèces d'électricité* : celle qui se développe sur le *verre* et celle qui se développe sur la *résine*.

2º *Les corps chargés de la même électricité se repoussent et ceux qui ont des électricités contraires s'attirent.*

L'électricité qui se développe sur le verre est dite *positive* ; elle se représente par le signe +. Celle qui se produit sur la résine est appelée électricité *négative* ; elle se représente par le signe —.

232. Théorie de l'électrisation. — D'après l'opinion de la plupart des physiciens, tous les corps possèdent à la fois les deux espèces d'électricité. Lorsque ces deux électricités sont en quantité égale sur un corps, elles se neutralisent. Mais si l'on frotte l'un contre l'autre deux corps à l'état neutre, leurs électricités se séparent : l'un de ces corps prend l'électricité positive et l'autre la négative.

Il est facile de s'assurer de ce fait par des expériences. En effet, si l'on frotte l'un contre l'autre deux disques isolés, l'un de verre et l'autre de bois recouvert de drap, on constate que les deux disques s'électrisent et qu'ils n'ont pas le même effet sur un pendule chargé d'électricité positive : le premier le repousse tandis que le second l'attire ; ce qui prouve que le disque de verre s'est électrisé positivement et le disque de bois négativement.

De même, lorsqu'une personne, montée sur un tabouret à pieds isolants, frappe avec une peau de chat sur une autre personne, placée sur un tabouret semblable, elles s'électrisent toutes deux. La première se charge d'électricité négative, et la seconde, d'électricité positive. Si l'air est bien sec, on peut tirer des étincelles de chacune des deux personnes.

233. Electrisation par influence. — L'électricité se développe non seulement par le frottement, mais encore à distance, par *influence*.

Soit l'appareil représenté par la figure 211. Supposons la sphère A électrisée positivement. Son électricité décompose par influence le fluide neutre du cylindre voisin, attire vers l'extrémité la plus rapprochée le fluide négatif de ce cylindre et repousse à l'autre extrémité le fluide positif. Les petits pendules que porte le cylindre en B et en C, s'électrisent de la même manière que les extrémités du cylindre où ils sont attachés, et, comme ils ont deux à deux le même fluide électrique, ils se repoussent. De plus, on constate que vers le milieu du cylindre, il se trouve une ligne qui ne présente aucune trace d'électrisation ; cette ligne a été nommée la ligne *neutre*.

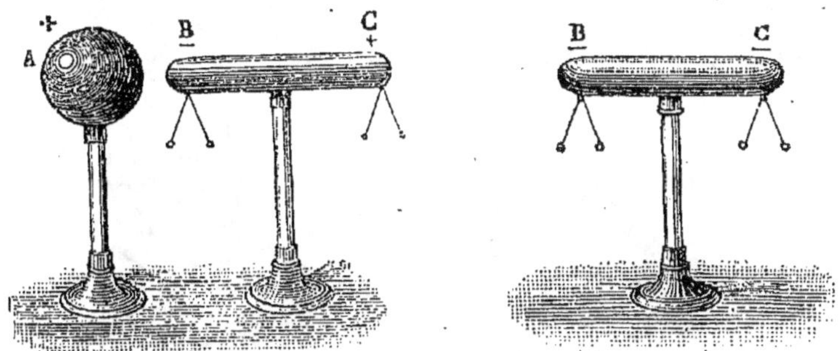

FIG. 211. — Cylindres électrisés par influence.

Lorsqu'on éloigne le cylindre de la sphère électrisée, il perd toute son électricité, car les deux fluides se combinent de nouveau et constituent le fluide neutre. Mais si avant d'écarter le cylindre de la sphère, on touche un point quelconque de sa surface, toute son électricité positive, repoussée par l'électricité de même nom que possède la sphère, disparaît dans le sol par le corps de l'opérateur. Alors on peut écarter le cylindre de la sphère et il reste électrisé négativement.

234. Machines électriques. — Les machines électriques sont des appareils qui servent à développer de l'électricité. La plus connue est celle de *Ramsden*.

La machine électrique de Ramsden se compose d'un plateau de verre, tournant à frottement doux entre deux paires
de coussins en cuir rembourrés de crin. En avant du plateau,
se trouvent deux cylindres creux, en laiton, isolés par des

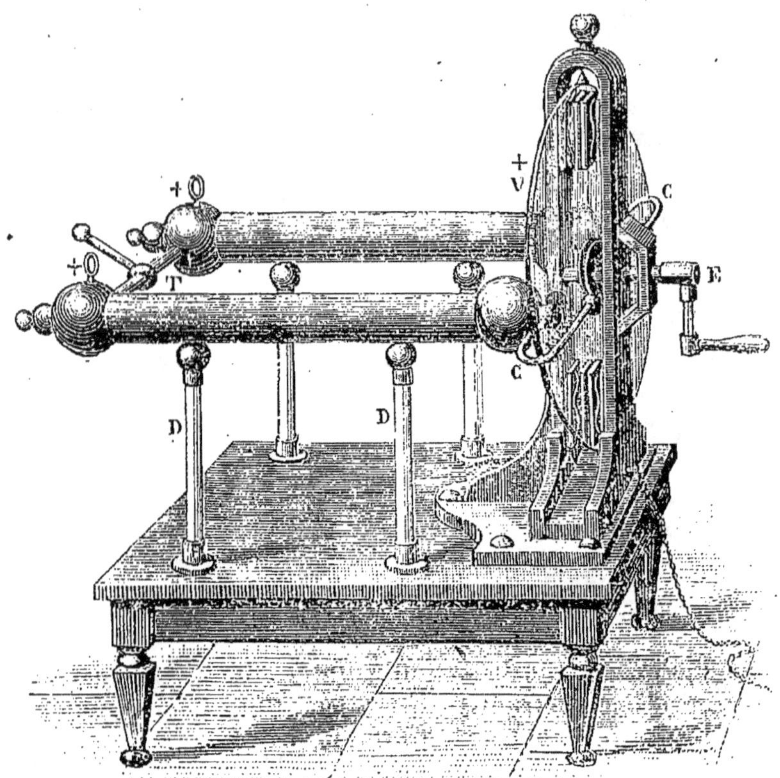

Fig. 212. — Machine électrique de Ramsden.

supports de verre : ce sont les *conducteurs*. Les conducteurs
communiquent entre eux par une tige transversale et se terminent, du côté du plateau, par deux pièces métalliques
contournées en fer à cheval, appelées *mâchoires* ou *peignes*.
Ces pièces embrassent le plateau de verre et sont intérieu-
rement garnies de pointes qui se terminent très près
de lui.

Le fonctionnement de cette machine est facile à com-
rendre. Les coussins, par leur frottement, développent de
électricité positive sur le plateau de verre. Cette électri-
té positive décompose par influence l'électricité neutre
es conducteurs ; elle attire leur électricité négative, qui
échappe par les pointes des peignes et vient neutraliser
 surface du plateau. Les deux conducteurs, étant ainsi
rivés de leur électricité négative, restent électrisés posi-
vement.

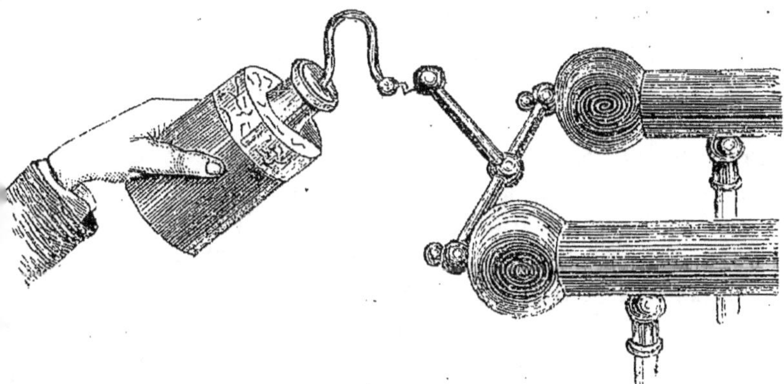

FIG. 213. — Charge de la bouteille de Leyde.

235. Bouteille de Leyde. — La *bouteille de Leyde*, ainsi

nommée à cause de la ville de Hollande où elle fut inventée
en 1746, est un appareil destiné à accumuler de grandes
quantités d'électricité. Elle se compose d'un flacon en verre
rempli de minces feuilles d'or ou de cuivre ; ces feuilles constituent l'*armature intérieure* de la bouteille. A l'extérieur,
le flacon est recouvert jusqu'aux deux tiers de sa hauteur
d'une feuille d'étain, qui en forme l'*armature extérieure*.
Une tige métallique traverse le bouchon de liège qui ferme
le goulot, plonge au milieu des feuilles d'or et s'y termine
en pointe.

Pour charger une bouteille de Leyde, on la présente à une
machine électrique de manière que l'extrémité de sa tige
métallique soit en contact avec un des conducteurs de la

machine. Les feuilles d'or s'électrisent positivement ; leur électricité agit par influence à travers le verre sur le fluide neutre de la feuille d'étain ; elle repousse dans le sol l'électricité positive de cette feuille et attire la négative contre le verre ; à son tour, cette électricité négative attire l'électricité positive des feuilles d'or et la condense contre la paroi intérieure du flacon ; ce qui permet aux feuilles d'or de recevoir de nouvelles quantités d'électricité, qui agiront comme précédemment. Quand la bouteille de Leyde est chargée, ses deux armatures renferment des quantités considérables d'électricité, qui se retiennent mutuellement en présence, séparées seulement par la feuille de verre du flacon.

Pour décharger la bouteille de Leyde, il suffit de mettre ses deux armatures en communication par un corps bon conducteur ; alors, une vive étincelle jaillit, accompagnée d'une forte crépitation. Si, tenant la bouteille d'une main, on touchait de l'autre la sphère qui termine sa tige, la décharge se ferait dans l'intérieur du corps et on éprouverait une violente commotion. Avec une grande bouteille, l'expérience pourrait être dangereuse.

236. Effets de l'électricité. — Les différents effets produits par l'électricité peuvent se diviser en trois classes, savoir : les effets *physiques*, les effets *chimiques* et les effets *physiologiques*.

237. EFFETS PHYSIQUES. — Les effets physiques de l'électricité consistent principalement en production de lumière et de chaleur, et en certaines actions mécaniques, telles que la rupture et la perforation des substances peu conductrices de ce fluide.

Lorsqu'on approche un corps bon conducteur d'une machine suffisamment chargée d'électricité, il se produit des étincelles dont la forme dépend de la force de la machine et de la distance à laquelle elles jaillissent. Si cette distance

st faible, les étincelles sont rectilignes ; à une distance plus
grande, elles prennent une forme sinueuse avec des ramifi-
ations très déliées. Avec une machine très puissante, les
tincelles présentent la forme en zigzag observée dans les
clairs.

La production d'une étincelle est toujours accompagnée
d'un dégagement de chaleur ; aussi, avec l'étincelle élec-
rique, est-il très facile d'enflammer le coton-poudre,
éther, l'alcool, etc. ; la décharge d'une forte bouteille de
Leyde est suffisante pour fondre et même volatiliser le fer,
or, le platine réduits en fils très fins.

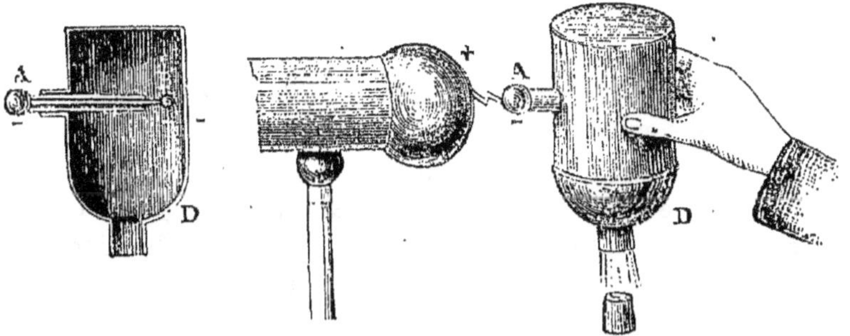

Fig. 214. — Pistolet de Volta.

238. Effets chimiques. — Le passage de l'électricité
dans les corps composés a généralement pour effet de les
décomposer en leurs éléments. Dans certains cas, au contraire, l'étincelle électrique détermine la combinaison des
corps simples, comme on le démontre à l'aide du *pistolet de
Volta*. Cet appareil est un petit flacon métallique portant
sur sa partie latérale un tube de verre traversé par une tige
de laiton, qui se termine à une faible distance de la paroi
opposée. Pour faire fonctionner le pistolet de Volta, on le
remplit d'un mélange d'hydrogène et d'oxygène, et après
l'avoir bouché, on approche sa tige métallique d'une
machine électrique en activité. Une étincelle jaillit dans
l'intérieur du pistolet et détermine la combinaison des deux
gaz, laquelle est accompagnée d'une violente détonation.

239. Effets physiologiques. — L'électricité agit fortement sur l'organisme : l'étincelle d'une machine électrique produit une commotion aux articulations des doigts et du poignet : celle d'une bouteille de Leyde, beaucoup plus forte, donne des secousses d'un caractère particulier, qui se ressentent dans les bras et la poitrine. Ces secousses peuvent être ressenties par plusieurs personnes à la fois ; pour cela, il suffit que ces personnes se tiennent par la main et que les deux d'entre elles qui sont placées aux extrémités de la chaîne ainsi formée, touchent en même temps, l'une l'armature extérieure, et l'autre l'armature intérieure d'une bouteille de Leyde chargée.

240. Electricité atmosphérique. — Les premiers physiciens qui observèrent les phénomènes électriques produits par nos machines, furent frappés de la ressemblance qui existe entre ces phénomènes et ceux qui sont occasionnés par la foudre. Ce fut vers le milieu du siècle dernier que deux savants, un Français, Dalibard, et un Américain, Franklin, en démontrèrent l'identité.

Les nuages sont d'ordinaire fortement électrisés ; les uns sont chargés d'électricité positive et les autres d'électricité négative. Lorsque deux nuages différemment électrisés se rapprochent suffisamment l'un de l'autre, une vive étincelle jaillit entre eux et leurs fluides se combinent en produisant une violente détonation. D'autres fois, il arrive qu'un nuage électrisé, en passant près du sol, décompose par influence le fluide neutre de la terre ; il attire à lui l'électricité contraire à la sienne et détermine une décharge électrique, qui éclate entre lui et le point du sol le plus rapproché. Le phénomène qui se produit dans ces deux cas a reçu le nom de *foudre* : l'étincelle résultant de la combinaison des fluides forme *l'éclair* et la détonation qui l'accompagne constitue le *tonnerre*.

241. Paratonnerre. — Le *paratonnerre*, inventé par Fran-

lin, sert à garantir les habitations de la foudre. Il consiste en une tige de fer de 8 à 10 mètres de hauteur,
placée au sommet du bâtiment qu'elle protège et mise en
ommunication avec le sol par un conducteur métal-
ique.

FIG. 215. — Habitation surmontée d'un paratonnerre.

La théorie du paratonnerre est très simple. Lorsqu'un
nuage électrisé passe au-dessus d'une maison munie d'une
paratonnerre, la tige et le conducteur de ce paratonnerre
s'électrisent par influence : l'électricité de même nom que
celle du nuage est refoulée dans le sol, tandis que celle de
nom contraire, attirée à la pointe du paratonnerre, s'écoule
en abondance par cette pointe pour aller neutraliser le nuage
électrisé.

Il arrive quelquefois que l'écoulement n'est pas assez rapide pour neutraliser à temps le nuage ; alors l'étincelle
jaillit et la foudre éclate, mais sur la tige seulement, parce
qu'elle est le point de l'édifice le plus électrisé, le meilleur
conducteur le plus rapproché du nuage.

242. Piles. — Les *piles* sont des appareils producteurs d'électricité basés sur les actions chimiques que les corps exercent entre eux.

La première pile fut inventée par Volta, en 1800. La pile de Volta se compose de plusieurs séries de disques diffé-

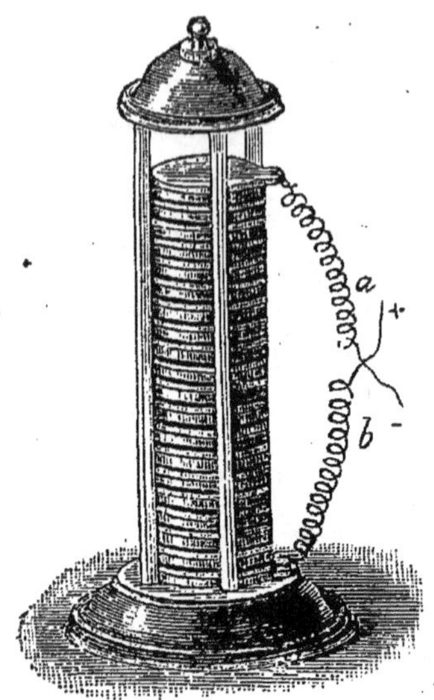

FIG. 216. — Pile de Volta.

rents *empilés* toujours dans le même ordre : un disque de cuivre, un disque de drap imbibé d'eau acidulée et un disque de zinc. L'action chimique se produit entre l'eau acidulée et les disques de zinc ; ces derniers s'électrisent négativement, et l'eau, positivement ; l'eau étant en contact avec les disques de cuivre, leur transmet son électricité positive.

Les extrémités de la pile, formées l'une par un disque de cuivre et l'autre par un disque de de zinc, en constituent les deux *pôles* ; le pôle *positif* correspond au disque de cuivre et le pôle *négatif* à celui de zinc. A chacun de ces pôles est fixé un conducteur métallique nommé *rhéophore*.

Lorsqu'on approche l'une de l'autre les extrémités de ces deux conducteurs, une étincelle jaillit, d'autant plus puissante que la pile compte un plus grand nombre d'éléments. Si l'on fait toucher les rhéophores, il ne se produit pas d'étincelle, mais il s'établit dans leur intérieur un courant d'électricité allant du pôle positif au pôle négatif : ce courant est continu, car l'action chimique de la pile se renouvelle à chaque instant.

La pile de Volta a le grand inconvénient de ne pas conserver sa force primitive, parce que le poids des disques de cuivre, faisant couler l'eau acidulée des rondelles de drap, les fait trop vite dessécher ; de plus, l'eau acidulée devient de moins en moins active à mesure qu'elle attaque le zinc et finit par n'avoir plus d'action sur ce métal. Aussi la pile de Volta a-t-elle été remplacée depuis longtemps par d'autres piles bien plus puissantes et dans lesquelles on a paré au double inconvénient qu'elle présente. Ces piles, dites à *courant constant*, peuvent être associées en grand nombre et produire des courants dont l'intensité est considérable.

Parmi les piles à courant constant, les plus employées sont celles de *Grenet* et *Leclanché*.

243. Pile Grenet. — Cette pile, appelée aussi pile au *bichromate de potassium*, se compose d'un flacon contenant une dissolution de bichromate de potassium, additionnée du vingtième de son poids d'acide sulfurique. Dans cette

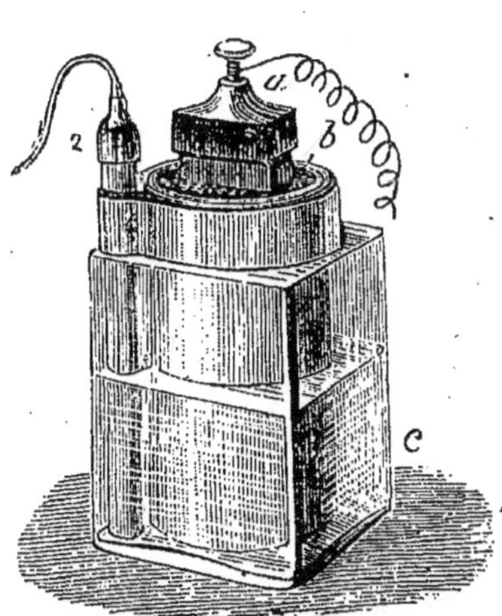

Fig. 217. — Pile de Grenet.

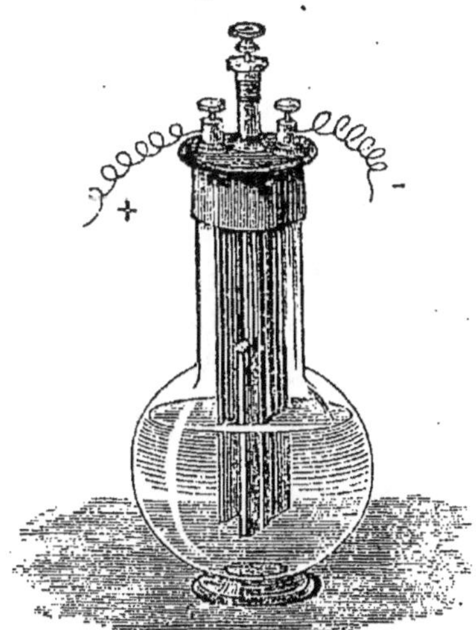

Fig. 218. — Pile Leclanché.

dissolution plonge une lame de zinc placée au milieu de deux plaques de charbon des cornues. La plaque de zinc peut être élevée ou abaissée à l'aide d'une tige ; la pile ne fonctionne que lorsque le zinc plonge dans le liquide. La lame de zinc forme le pôle négatif, et les plaques de charbon, le pôle positif. Cette pile est très énergique, mais elle ne fonctionne que pendant un temps assez limité : lorsqu'elle a

servi pendant une dizaine d'heures, on est obligé de renouveler sa dissolution de bichromate de potassium.

244. Pile Leclanché. — Chaque élément de la pile *Leclanché* se compose d'un vase en verre dans lequel se trouve
un vase en terre poreuse renfermant un prisme de charbon
des cornues. Dans le vase en verre, on met une dissolution de chlorure d'ammonium, et dans le vase en terre
poreuse on place, autour du charbon, des fragments de
bioxyde de manganèse. Une baguette de zinc plonge dans
la dissolution de sel ammoniac et forme le pôle négatif de
la pile, tandis que le charbon recueille l'électricité positive.
La pile Leclanché, moins énergique que la précédente, offre
l'avantage d'une longue durée ; elle peut fonctionner plusieurs mois sans qu'il soit nécessaire d'y apporter la moindre modification ; aussi l'emploie-t-on habituellement
pour les télégraphes, les téléphones et les sonneries électriques.

245. Aimants. — Les *aimants* sont des substances qui
ont la propriété d'attirer le fer, l'acier et quelques autres
métaux. On distingue deux sortes d'aimants : les aimants
naturels et les aimants *artificiels*.

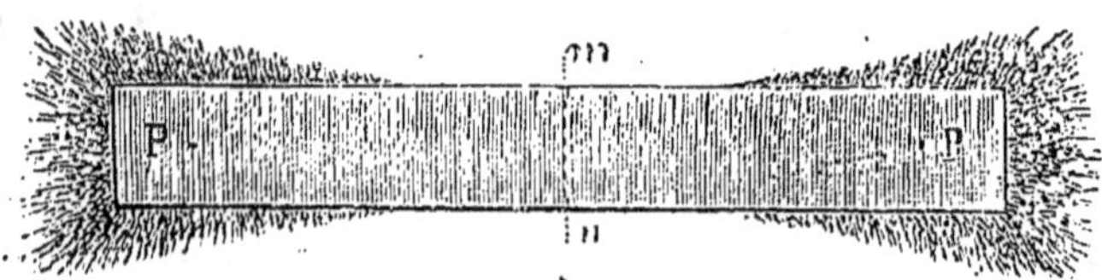

Fig. 219. — Aimant ayant été plongé dans la limaille de fer

Les aimants naturels sont constitués par un minerai de
fer que l'on trouve abondamment en Suède et en Norwège.
Les aimants artificiels sont des barreaux d'acier auxquels
on a communiqué la propriété magnétique par des procédés
spéciaux.

Lorsqu'une aiguille aimantée repose en son milieu sur un
ivot autour duquel elle peut tourner librement, une
e ses extrémités se dirige toujours vers le nord et l'au-
e vers le sud ; si on dé-
ourne l'aiguille de cette po-
tion, elle y revient après
uelques oscillations. Cette
ropriété de l'aiguille aiman-
e la fait employer par les
narins pour se guider
ur la mer ; car, connais-
ant la position d'un des
oints cardinaux il leur est
acile d'en déduire celle des
utres. L'instrument dont
s marins se servent pour
orienter porte le nom de

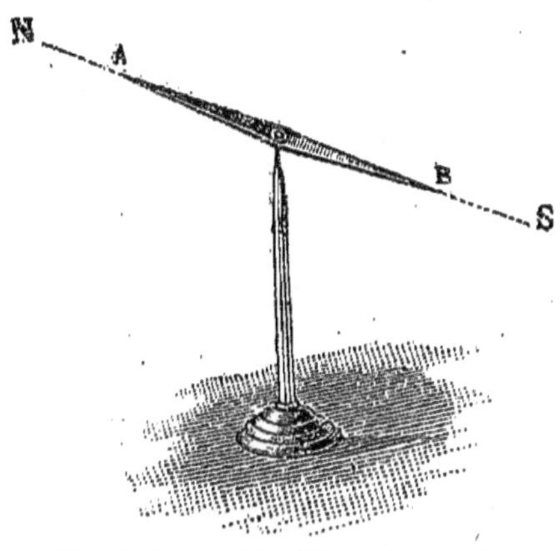

Fig. 220. — Aiguille aimantée
placée sur un pivot.

oussole. Il se compose d'une aiguille aimantée qui oscille
ur le contour d'un cercle gradué où l'on a marqué la
osition de chacun des points cardinaux.

246. Lignes de force d'un aimant.

— Un aimant exerce
autour de lui une ac-
tion jusqu'à une cer-
taine distance. On peut
s'en convaincre en for-
mant ce qu'on appelle
le *spectre magnétique*.
A cette fin, on place
un aimant sur une ta-
ble, on le couvre d'une
feuille de papier que
l'on saupoudre avec de
la limaille fine de fer,

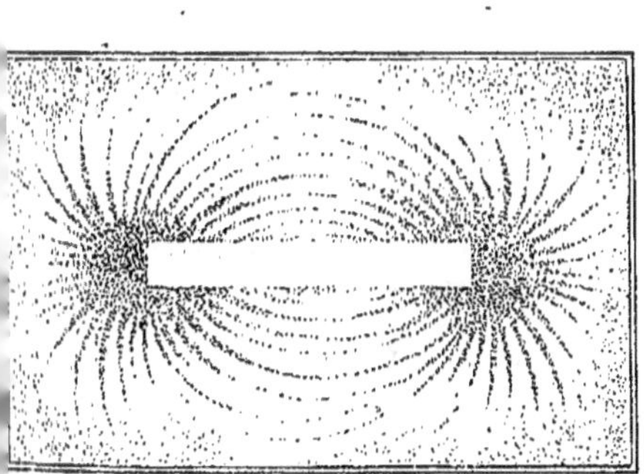

Fig. 221. — Lignes de force
d'un aimant.

rojetée d'une certaine hauteur. Cette limaille forme, dans
e voisinage de l'aimant, des filets serrés vers les pôles et

de plus en plus écartées à mesure qu'ils s'en éloignent.
Les directions que suivent ces filets ont reçu le nom de
lignes de force.

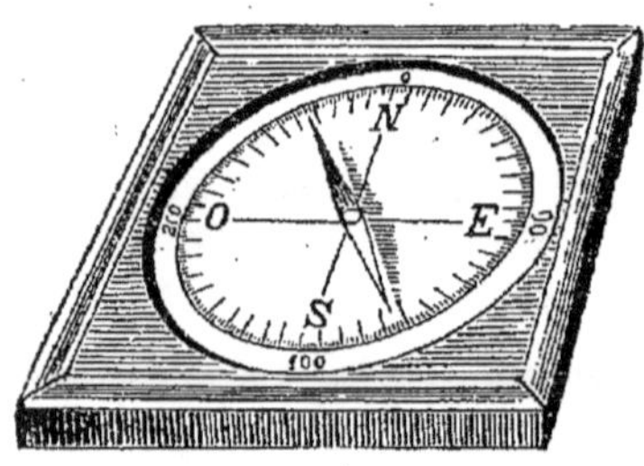

FIG. 222. — Boussole
de déclinaison.

247. Aimantation. — Pour
aimanter un barreau d'acier, il suffit de le frotter un
grand nombre de fois, et toujours dans le même sens,
avec un aimant que l'on
tient dans une position perpendiculaire à celle de ce
barreau. Si le barreau à
aimanter est un peu volumineux, il est nécessaire de le frotter sur toutes ses faces.

Il existe un autre procédé d'aimantation bien plus puissant que le précédent ; ce procédé a été découvert en 18..
par Arago, physicien français. Ce savant a constaté que
lorsqu'on fait passer un courant électrique dans un conducteur métallique isolé et enroulé un grand nombre de fois
autour d'un barreau d'acier, ce barreau s'aimante d'autant

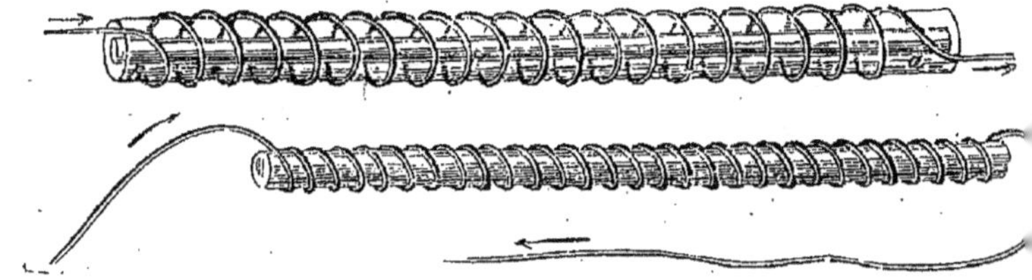

FIG. 223. — Barreaux de fer ou d'acier isolés pour l'aimantation
par les courants.

plus fortement que le courant est plus intense et l'enroulement plus considérable. Par suite, pour constituer un aimant, il suffit d'enrouler autour d'un barreau d'acier un fil
de cuivre revêtu de soie et de faire passer un courant électrique dans ce conducteur métallique.

248. Electro-aimant. — Comme l'acier, le fer doux, c'est-à-dire le fer pur, s'aimante sous l'influence des courants, mais il perd son aimantation aussitôt que cesse l'influence électrique. Cette propriété est utilisée pour la construction des *électro-aimants* très employés dans certains appareils et notamment dans les *sonneries* et les *télégraphes électriques*.

Pour construire un électro-aimant, on prend un barreau cylindrique de fer doux, ordinairement recourbé en fer à cheval, et sur les branches de ce barreau, on enroule un grand nombre de fois, toujours

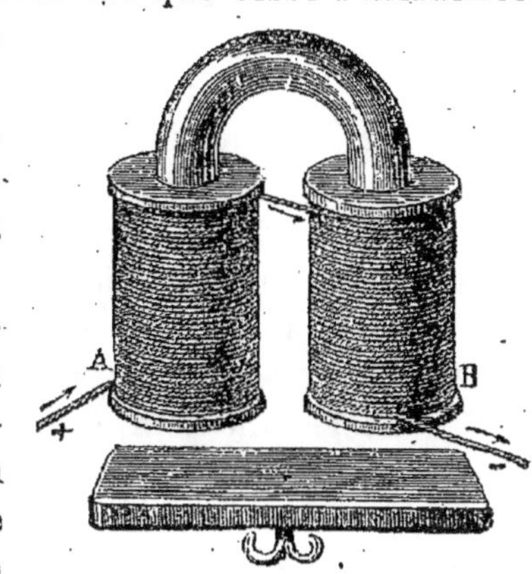

FIG. 224. — Electro-aimant.

dans le même sens, un fil de cuivre revêtu de soie. Dès que les extrémités libres du fil de cuivre sont en communication avec les pôles d'une pile, le fer doux s'aimante. Il peut alors attirer le fer et le retenir fortement à lui : on a construit des électro-aimants qui peuvent ainsi supporter plusieurs centaines de kilogrammes.

249. Télégraphes électriques. — Les télégraphes électriques sont des appareils avec lesquels on transmet des messages instantanément, même à de grandes distances, au moyen de l'électricité.

Le principe des télégraphes est très simple. Supposons en effet qu'un fil métallique partant du pôle positif d'une pile établie à Lyon aille s'enrouler sur un fer doux, de manière à constituer un électro-aimant situé à Paris et revienne ensuite se terminer au pôle négatif de la pile de Lyon. Supposons aussi qu'en face du fer doux de cet électro-aimant il existe un petit marteau de fer, maintenu à une faible distance au moyen d'un ressort et d'un arrêt. Aussitôt qu'à Lyon on mettra les deux extrémités du fil conducteur en communication avec les pôles de la pile, le courant passera dans le fil, aimantera le fer doux de l'électro-aimant de Paris, et celui-ci attirera le marteau qui viendra se fixer contre lui pour s'en séparer aussitôt que l'on interrompra le courant. Les mêmes phénomènes se reproduiront chaque fois qu'à Lyon la communication du fil avec la pile sera établie et ensuite interrompue. On obtiendra ainsi un mouvement de va-et-vient du marteau, que l'on pourra utiliser pour actionner certains mécanismes imprimant les dépêches en signes conventionnels et même en caractères typographiques.

Un télégraphe comprend quatre parties essentielles : une *pile*, un *fil conducteur*, un *manipulateur* et un *récepteur*.

Pile. — Pour produire le courant électrique du télégraphe, on emploie généralement une pile, en nombre plus ou moins grand d'éléments suivant la distance que doit franchir le courant.

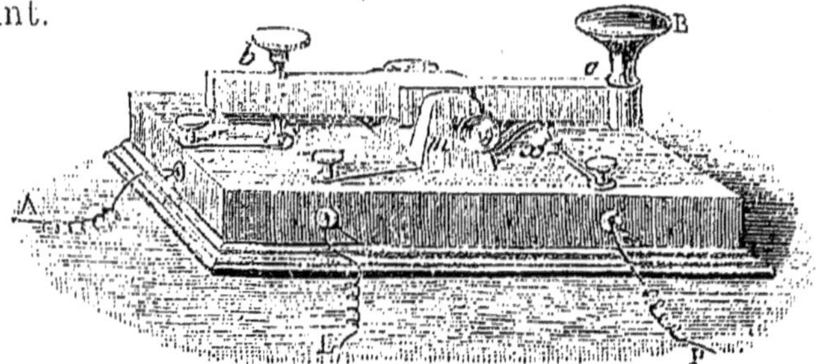

FIG. 225. — Manipulateur du télégraphe Morse.

Fil conducteur. — Les fils du télégraphe sont en fer ou en cuivre. Afin que l'électricité ne s'échappe pas au sol, on les fait supporter par des godets de porcelaine fixés sur des poteaux.

Dans les télégraphes on n'emploie pas de fil pour le retour du courant. L'expérience a démontré, en effet, que l'électricité peut parfaitement circuler par un seul fil, pourvu que ses extrémités communiquent avec le sol.

Manipulateur et récepteur. — Chaque bureau doit posséder un manipulateur, pour envoyer les dépêches, et un récepteur pour les recevoir.

Dans le système télégraphique Morse, qui est un des
plus employés, le manipulateur consiste en un levier *ab*,
mobile autour de son point d'appui *m*, uni au fil de la
ligne L ; un petit ressort maintient ce levier écarté d'un
bouton *x*, relié à la pile par un fil conducteur. Il suffit

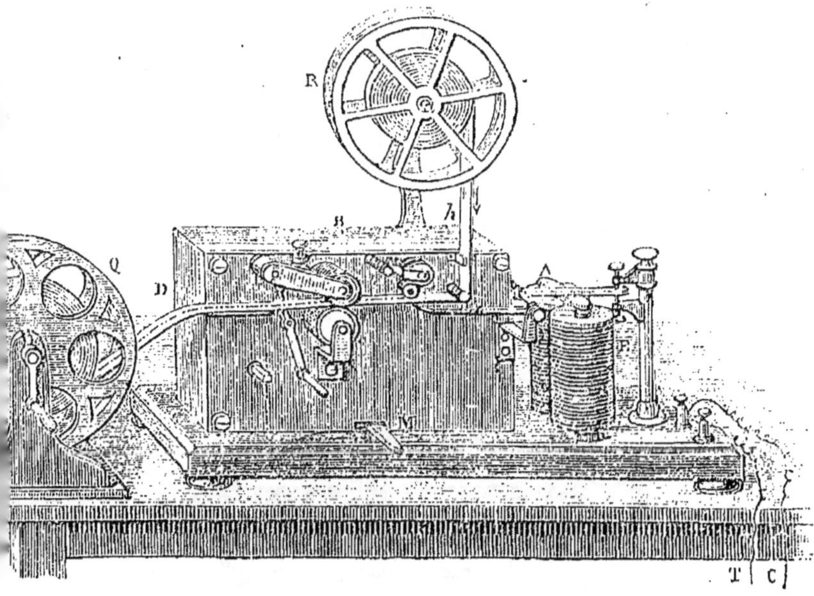

FIG. 226. — Récepteur du télégraphe Morse.

d'appuyer sur la poignée B du levier pour faire passer le
courant dans le fil de la ligne. Quand le manipulateur
est en repos, le fil de la ligne communique par le fil A avec
le récepteur du même bureau télégraphique.

Les principaux organes du récepteur Morse sont un
électro-aimant, un levier et un mécanisme d'horlogerie.
Lorsque le courant circule dans la bobine de l'électro-
aimant, celui-ci attire un petit bloc de fer situé à l'extrémité d'un levier ; l'autre extrémité, qui est terminée en
pointe, presse alors contre une petite roue encrée, une
bande de papier mise en mouvement par le mécanisme
d'horlogerie. Il en résulte, sur cette bande, des traits ou

des points, suivant qu'à la station d'où l'on télégraphie
on appuie pendant plus ou moins de temps sur le bouton
du manipulateur. C'est par une combinaison de traits et
de points que l'on représente les chiffres et les lettres de
l'alphabet. Ainsi le chiffre 1 est figuré par un point et

FIG. 227. — Spécimen de dépêche du télégraphe Morse.

quatre traits (· — — — —) ; la lettre a, par un point et un
trait (· —) ; la lettre b, par un trait et trois points (— · · ·),etc.

La dépêche ainsi écrite est traduite par un employé
du bureau et remise à la personne à qui elle est destinée.

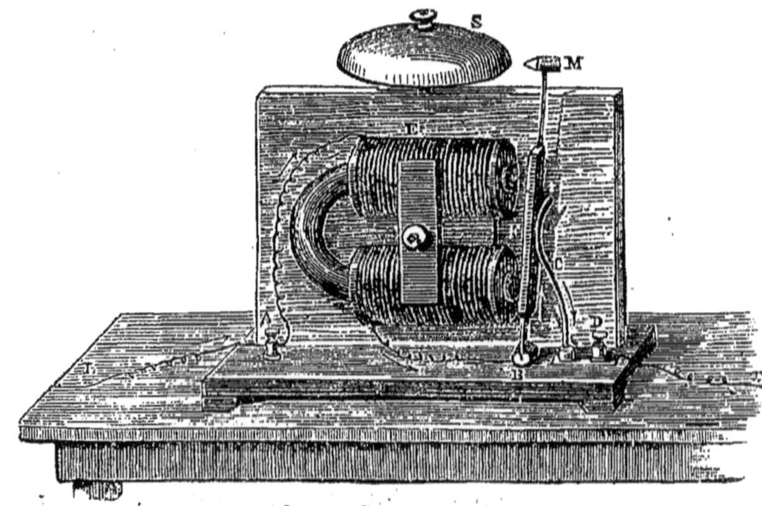

FIG. 228. — Sonnerie électrique.

Le télégraphe Hughes, assez employé aujourd'hui
imprime les dépêches en caractères typographiques. Il
suffit, en ce cas, de couper la partie de la bande de papier
qui contient la dépêche, et de la remettre au destinataire

250. Sonneries électriques. — Les sonneries électriques composent d'un électro-aimant destiné à attirer un arteau de fer pouvant frapper sur un timbre. Ce marteau t terminé par un ressort B, qui le maintient appuyé ntre un ressort C.

Le courant électrique, arrivant par le conducteur L, asse d'abord dans l'électro-aimant, puis dans le marteau le ressort C, enfin, il retourne à la pile ou va se perdre ans le sol. Sous l'influence du courant, l'électro-aimant tire le marteau, qui vient frapper le timbre S. Mais lorsue le marteau abandonne le ressort C, le circuit se trouve terrompu et le courant cesse de passer. L'électro-aimant erd alors son aimantation et le marteau revient s'appuyer ontre le ressort, ce qui ferme de nouveau le circuit et permet au phénomène de se renouveler. Ces phénomènes, en e répétant avec rapidité, produisent une sonnerie continue.

Les sonneries électriques servent d'avertisseurs dans les élégraphes et les téléphones.

251. Courants d'induction. — Comme on vient de le dire, orsqu'on fait passer un courant électrique dans le voisiage d'un barreau de fer doux, ce barreau devient un aimant. Ce phénomène a son inverse.

En effet, si l'on coupe les lignes de force d'un aimant vec un fil conducteur simplement fermé sur lui-même, l se produit dans ce fil un courant électrique appelé *courant d'induction*. C'est cette propriété qu'a utilisée M. Gramme, mécanicien belge, dans la construction de sa machine *dynamo-électrique.* On y voit entre les deux pôles N et S d'un électro-aimant, un anneau, fait de fer doux, autour duquel est enroulé un très grand nombre de fois un fil conducteur. Pour faire fonctionner cette machine, on communique à l'anneau un mouvement rapide de rotation autour de son axe. Chaque spire du fil coupant alors les lignes de force de l'aimant, il se produit un courant intense que les pièces conductrices B et B', appelées *balais,*

recueillent et transmettent à la ligne extérieure, où il est
utilisé soit pour l'éclairage, soit comme force motrice.

On appelle machines d'*induction* les machines qui produisent un courant électrique par l'action des aimants
sur les conducteurs métalliques. Lorsque, à cet effet, on
emploie des aimants permanents, la machine est une

FIG. 228. — Machine dynamo-électrique de Gramme.

magnéto ; si l'on emploie des électro-aimants, c'est un
dynamo. Ce sont les dynamos qui nous donnent les courants les plus puissants qu'utilise l'industrie. Les unes
comme celle de Gramme, par exemple, fournissent un
courant *continu*, c'est-à-dire, circulant toujours dans
le même sens ; d'autres donnent un courant *alternat*
qui change de sens à petits intervalles réguliers.

252. Réversibilité des machines d'induction. — Nous
avons vu que lorsqu'on met en rotation l'anneau d'un
dynamo il se produit un courant électrique. *Inversement*
si par les deux balais d'une dynamo on fait arriver

courant suffisamment intense et produit par une machine
semblable, l'anneau se met à tourner *en sens contraire*
de celui de la première machine. Cet anneau devient ainsi
un moteur capable d'entraîner dans son mouvement un
appareil relié à son axe. Une dynamo peut donc aussi
bien fonctionner comme *réceptrice* d'un courant que comme
génératrice, ou soit, dit en d'autres termes, elle est *réversible*.

Cette propriété, que présentent la plupart des machines
d'induction, est très importante, car elle permet le transport de la force à distance. En effet, si nous supposons
une dynamo mise en mouvement par une chute d'eau
en un lieu A, le courant qu'elle produit peut être amené
par des fils conducteurs à une deuxième dynamo placée
en un lieu B, distant de 10, de 20, de 50 kilomètres et y
faire tourner son anneau, auquel on pourra adapter un
mécanisme quelconque : presse d'imprimerie, machine
à coudre, scie, pompe, soufflerie, etc.

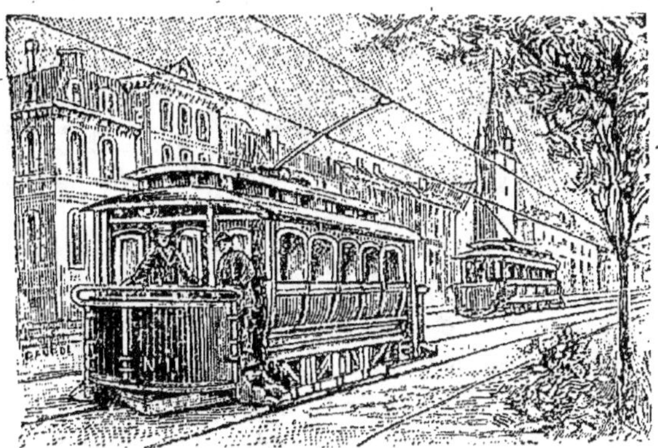

FIG. 230. — Tramways électriques.

C'est encore en vertu de la réversibilité des dynamos
que fonctionnent les tramways à traction électrique.
Sous chacun de ces tramways, près des roues, se trouvent
deux dynamos réceptrices faisant fonction de moteurs ;
les anneaux de ces dynamos reçoivent par un conducteur

nommé *trolley*, une partie du courant électrique qui parcourt le câble aérien, et, sous l'influence du courant, ils tournent rapidement en communiquant leur mouvement aux roues du tramway. Le courant électrique du câble aérien est produit par de puissantes dynamos génératrices installées dans une usine située à proximité de la ligne de circulation.

253. Eclairage électrique. — Les deux principaux systèmes d'éclairage électrique sont l'*arc voltaïque* et la *lampe à incandescence*.

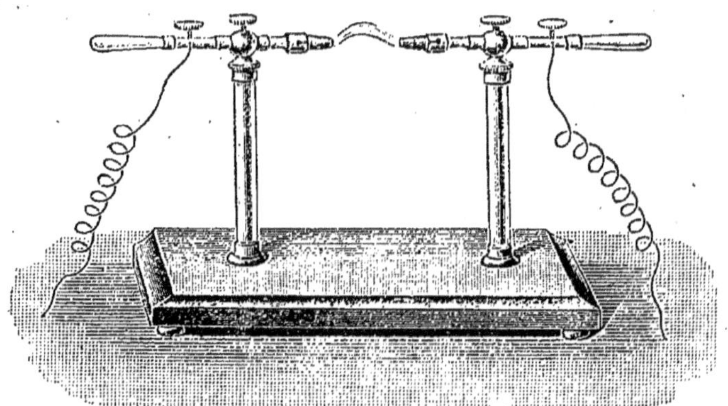

FIG. 231. — Arc voltaïque.

ARC VOLTAIQUE. — Lorsqu'on met en contact deux tiges de charbon communiquant, par des fils conducteurs, avec les pôles d'une dynamo ou d'une forte pile, les pointes de charbon rougissent, et, si le courant est assez intense, on peut les écarter légèrement sans que le courant cesse de passer. Les extrémités des charbons, surtout celle du charbon positif, brillent alors d'une belle couleur blanche et entre elles jaillit une lumière violacée qui, lorsque ces extrémités se trouvent sur une même ligne horizontale, prend la forme d'un arc, ce qui a fait donner à ce phénomène lumineux le nom d'*arc voltaïque*.

L'arc voltaïque s'applique à l'éclairage des rues, des places, des grands magasins, etc. Mais il est nécessaire pour cela d'avoir recours à des appareils qui maintiennent les extrémités des charbons à une distance à peu près constante, car ceux-ci s'usent rapidement. Ces appareils nommés *régulateurs*, sont actionnés par le courant électrique lui-même.

LAMPES A INCANDESCENCE. — Les lampes à incandescence se composent d'un filament métallique long et fin, enfermé dans une ampoule de verre dans laquelle on a fait le vide aussi parfaitement que possible, ou contenant un gaz sans action sur le filament, l'azote par exemple. Ce filament est fixé à deux fils de platine qui traversent la base de la lampe et qui peuvent être mis en communication avec un conducteur électrique. Il suffit de faire passer un courant suffisamment intense dans le filament pour le porter à l'incandescence. Il se produit une lumière blanche très éclairante.

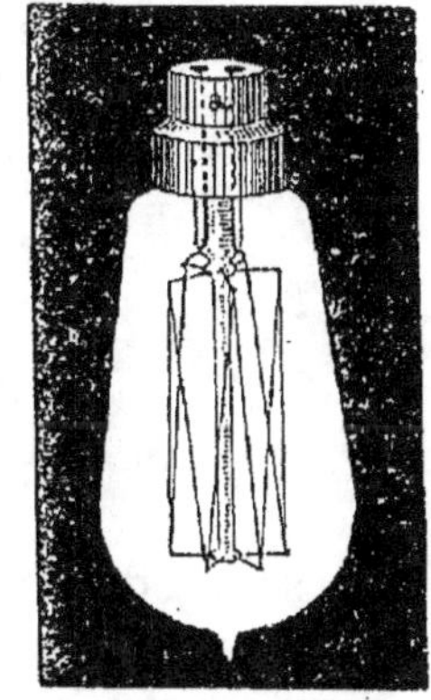

FIG. 232. — Lampe à incandescence.

Le mérite de l'invention de la lampe à incandescence est dû à Edison, qui employa, comme filament, un fil de charbon aussi délié qu'un cheveu, et obtenu en carbonisant en vase clos les fibres d'une espèce de bambou très commun au Japon. Les lampes à filament métallique, presque exclusivement employées aujourd'hui, ont l'avantage d'être plus économiques, car, à égalité de lumière, elles absorbent beaucoup moins d'énergie électrique.

254. Bobine d'induction. — Une bobine d'induction comprend deux circuits complètement indépendants l'un de l'autre. L'un de ces circuits, appelé *primaire*, est formé par un fil de cuivre gros et relativement court qui entoure une pièce de fer doux ; c'est donc simplement un électro-aimant. L'autre circuit est formé par une bobine de fil long et fin qui entoure la première ; c'est le circuit *secondaire*.

On peut réaliser avec cet appareil l'expérience suivante. On prend à chaque main l'une des extrémités du fil secon-daire, puis une autre personne met en communication les extrémités du fil primaire avec les pôles d'une pile. Au moment où le courant s'éta-blit dans le fil primaire on sent une commotion qui ne dure qu'un instant inappré-ciable. Une autre secousse, plus forte que la première, se pro-duit lorsqu'on coupe le cou-rant de la pile. Ces effets phy-siologiques sont dus à des cou-rants d'induction instantanés

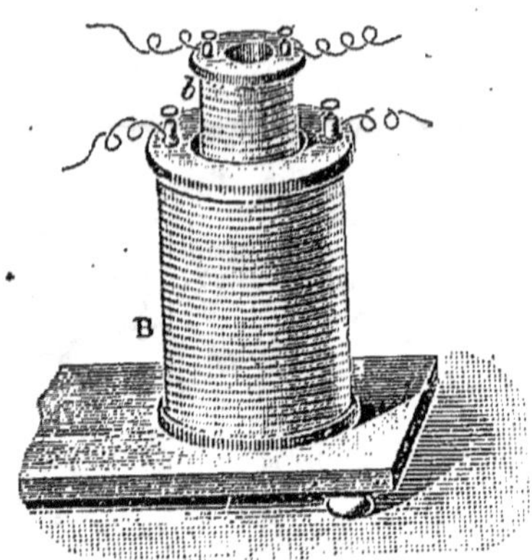
FIG. 233.
Bobine d'induction.

qui se produisent dans le circuit secondaire chaque fois que l'on établit ou que l'on interrompt le courant dans le fil primaire. Ces courants possèdent une tension électrique beaucoup plus grande que celle du courant primaire.

On ajoute souvent à la bobine d'induction un organe appelé *interrupteur*, qui établit et coupe le courant pri-maire un grand nombre de fois par seconde. On a alors la *bobine de Ruhmkorff* (V. fig. 236 et 239).

En tenant à plus ou moins de distance les deux extré-mités du fil secondaire de cette bobine, on obtient des étincelles. Si cette distance est suffisante, les étincelles n'ont lieu qu'en un seul sens, car alors il ne se produit dans le circuit secondaire que le courant induit corres-pondant à la rupture du courant primaire qui est le plus fort. La bobine de Ruhmkorff peut alors servir à produire des décharges électriques, comme celle de Ramsden par exemple.

La bobine d'induction a des applications importantes.
Elle s'emploie principalement dans les installations des
téléphones et de la télégraphie sans fil, et à la production
des rayons X.

255. Téléphone. — Le téléphone a pour but de transmettre la parole à distance, au moyen du courant électrique. Chaque station d'une installation téléphonique
est pourvue d'un *transmetteur* et d'un *récepteur*.

Transmetteur. — Le transmetteur comprend un *microphone*, une *pile* et une *bobine d'induction*. Le microphone
est constitué par deux séries de crayons de charbon de
cornue, soutenus par trois traverses de la même substance fixées à une planchette de sapin. Ces traverses sou-
tiennent les charbons sans les presser, de manière que ceux-
ci oscillent à la moindre vibration de la planchette.

Le courant d'une pile, ordinairement de Leclanché, traverse ces charbons, ainsi que le circuit primaire d'une petite
bobine d'induction ; le fil secondaire de cette bobine est
uni à la ligne de service.

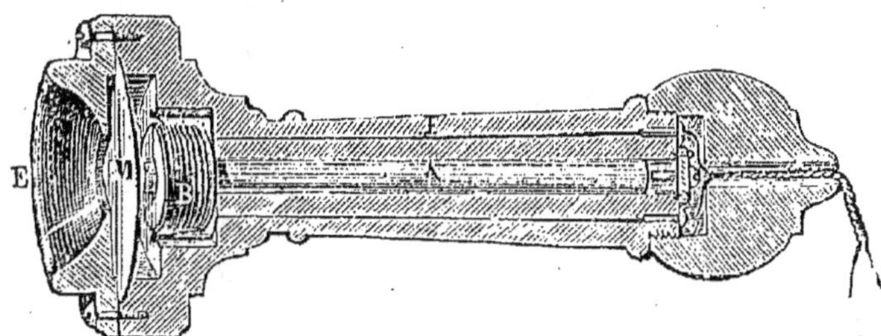

Fig. 234. — Coupe d'un récepteur téléphonique.
A. Barreau aimanté. — B. Bobine. — M. Plaque de tôle.

Récepteur. — Le récepteur consiste en un barreau aimanté, portant à l'un de ses pôles une petite bobine de
bois, sur laquelle s'enroule un fil de cuivre long et fin, recouvert de soie. Les bouts du fil de la bobine sont unis à la
ligne de service. En face et très près du barreau aimanté, du
côté de la bobine, se trouve une plaque de tôle, fixée

seulement par ses bords au fond d'une espèce d'embouchure en forme d'entonnoir. On donne quelquefois au barreau la forme d'un fer à cheval ; en ce cas, chaque pôle a une bobine.

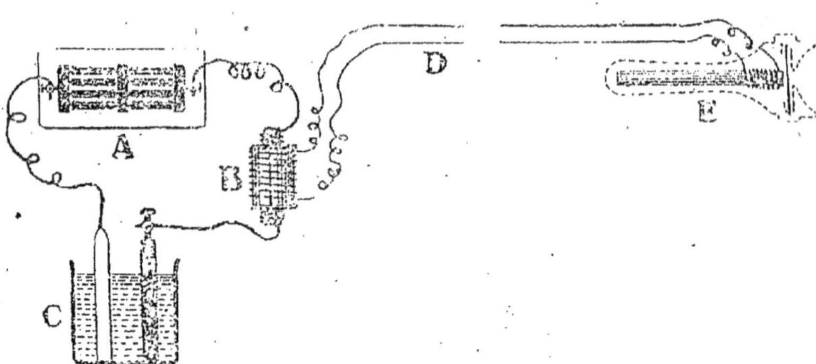

FIG. 235. — Figure théorique donnant une idée du fonctionnement du téléphone.
A. Microphone. — B. Bobine d'induction. — C. Pile. — D. Ligne de service. — E. Récepteur.

Lorsque l'on parle devant le microphone, la planchette de sapin vibre et fait vibrer les crayons de charbon. Or ceux-ci, suivant qu'ils sont plus ou moins pressés sur leurs points d'appui, laissent passer une quantité plus ou moins grande du courant électrique, qui se trouve ainsi modifié à chaque vibration. Ces variations produisent dans le circuit secondaire de la bobine des courants d'induction capables de franchir de grandes distances sans diminution sensible, et ils arrivent à la bobine du récepteur, où ils augmentent le magnétisme du barreau aimanté. Celui-ci alors attire le centre de la plaque de tôle et lui fait exécuter un mouvement de va-et-vient qui correspond aux vibrations de la planchette du microphone. Ces vibrations de la plaque de tôle se communiquent à l'air avoisinant. En appliquant l'oreille à l'embouchure du récepteur, on entend très bien les paroles prononcées devant le microphone. On peut ainsi se communiquer à des centaines de kilomètres

Les stations téléphoniques sont toujours munies d'une
sonnerie d'appel.

256. Télégraphie sans fil. — La télégraphie sans fil permet de transmettre des signaux dans l'espace sans le secours de conducteurs métalliques. Elle comprend un transmetteur et un récepteur.

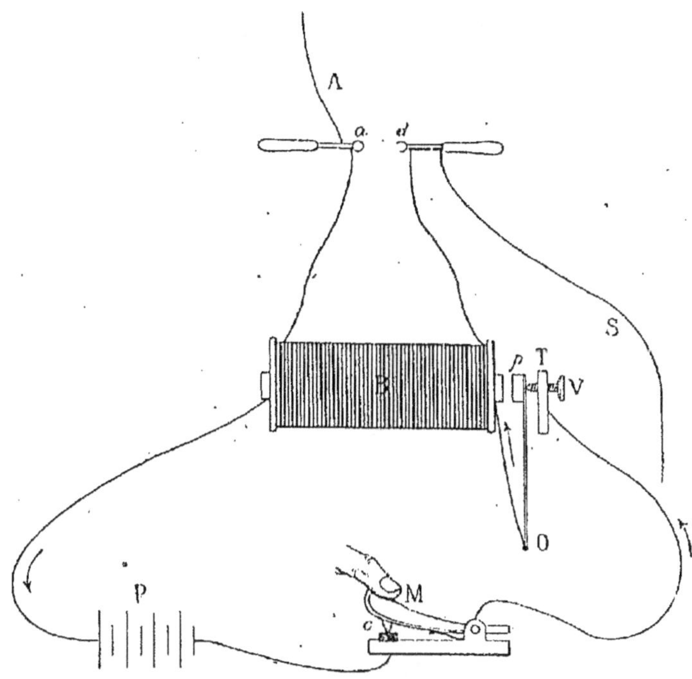

FIG. 236. — Transmetteur de la télégraphie sans fil.
A. Antenne. — B. Bobine de Ruhmkorff. — a, d, Boules entre lesquelles éclate l'étincelle oscillante. — M. Manipulateur. — P. Pile. — S. Fil relié au sol.

Transmetteur. — Le transmetteur se compose essentiellement d'un manipulateur Morse et d'une bobine de
Ruhmkorff.

Les extrémités du fil secondaire de cette bobine sont unies
à des tiges métalliques terminées en des boules où se condense l'électricité. Lorsque la bobine fonctionne, il éclate

entre ces deux tiges une étincelle, appelée *étincelle oscillante*, qui, quoique unique en apparence, est en réalité constituée par un très grand nombre d'étincelles qui ont lieu dans l'un et l'autre sens, et il se produit dans l'espace des ondes sphériques, appelées *ondes hertziennes*, qui se transmettent au loin, même à travers les obstacles.

Afin de donner plus d'amplitude aux ondes, on relie l'une des tiges à un long fil métallique, appelé *antenne*, qui s'élève en l'air ; l'autre tige est unie au sol, ce qui renforce les étincelles.

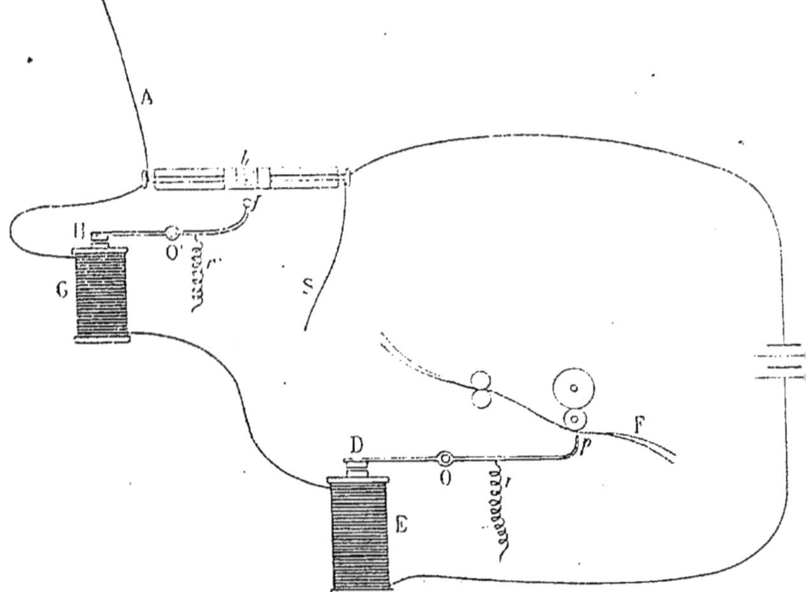

Fig. 237. — Récepteur de la télégraphie sans fil.

A. Antenne. — b. Limaille métallique. — E. Électro-aimant d'un récepteur Morse. — G. Électro-aimant actionnant le marteau destiné à frapper le tube Branly — P. Pile. — S. Fil relié au sol.

Récepteur. — Le récepteur est formé par une pile dans le circuit de laquelle se trouvent les bobines de deux électro-aimants et un peu de limaille métallique renfermée dans un petit tube de verre (tube de Branly). À l'une des

xtrémités de ce tube, le conducteur est uni à une antenne ;
l'autre, il est uni au sol.

Cette limaille n'est pas conductrice par elle-même ; elle
evient conductrice lorsqu'elle est traversée par les ondes
ertziennes produites par le transmetteur ; le courant
e la pile passe alors dans le circuit, et le fer doux de l'élec-
ro-aimant E attire le levier d'un récepteur Morse. Mais,
ussitôt que le courant est établi, un petit marteau, ac-
ionné par l'électro-aimant G, frappe le tube, ce qui
ait perdre à la limaille sa conductibilité ; de nouvelles
ndes viennent alors la rétablir et ainsi de suite. En ap-
uyant sur le manipulateur du transmetteur pendant
les intervalles de temps plus ou moins longs, on obtient
ur la bande de papier du récepteur Morse des séries
lus ou moins longues de points ; les unes représentent
es traits et les autres les points de l'alphabet Morse.

La télégraphie sans fil a été très utilisée pendant la
guerre 1914-1918. Elle rend de grands services aux navi-
es qui en possèdent une installation. Elle leur permet
d'avoir tous les jours des nouvelles du continent, et de
demander du secours en cas de besoin.

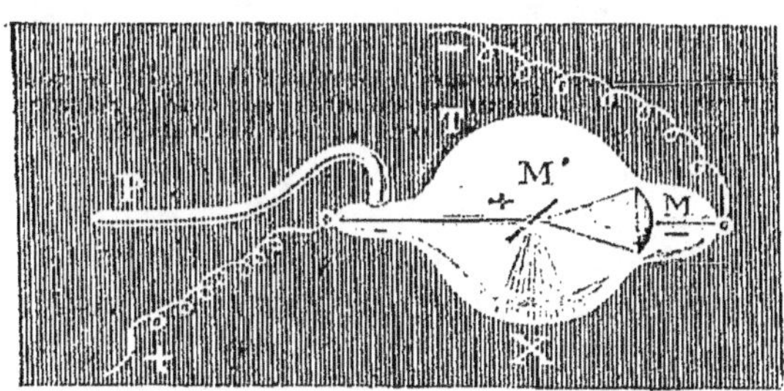

FIG. 238. — Tube de Crookes.

257. Rayons X. — Lorsque l'on fait passer l'étincelle
électrique dans un *tube de Crookes*, tube ovoïde contenant
de l'hydrogène très raréfié, on remarque du côté du
pôle positif, une lumière phosphorescente ; les rayons qui

produisent cette phosphorescence étant issus du pôle négatif ou *cathode*, sont dits *rayons cathodiques*. Si l'on intercepte ces rayons au moyen d'une plaque métallique, ils se transforment en d'autres rayons invisibles, doués de propriétés très spéciales, appelés *rayons X*.

·Les rayons X ont la propriété de traverser facilement certaines substances, telles que le papier, le bois, les chairs ; d'autres corps, comme par exemple les métaux ne sont que très difficilement traversés par ces rayons.

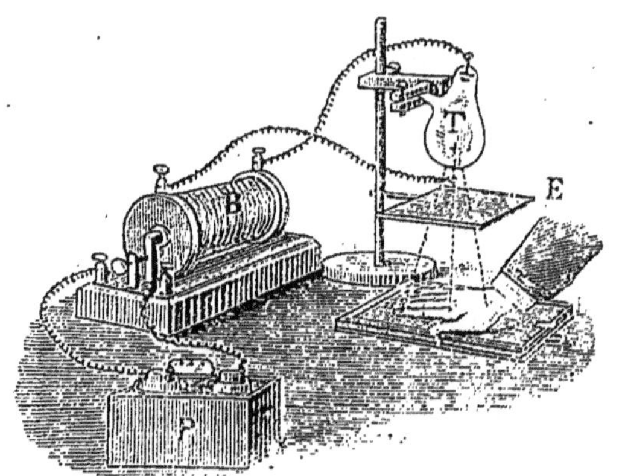

FIG. 239. — Dispositif employé pour la photographie par les rayons X.

P. Pile. — B. Bobine Ruhmkorff servant à produire l'étincelle du courant électrique. — T. Tube de Crookes. — E. Ecran en aluminium servant à retenir certains rayons accompagnant les rayons X et qui ont une action nuisible sur l'épiderme de la peau.

Cette propriété a été utilisée pour la *radiographie* ou la *photographie de l'invisible*. Le dispositif employé pour cela est représenté à la figure 239, où l'on voit l'appareil disposé pour photographier une main ; les rayons X pénètrent à peine les os, tandis qu'ils traversent facilement les chairs. On peut ainsi obtenir une photographie où les os se dessinent très nettement.

Ces rayons ont en outre la propriété de rendre *fluorescentes* un certain nombre de substances, entre autres le *platino-cyanure de barium*. En interposant la main entre

tube de Crookes et un écran couvert de l'une de ces subs-
nces dans une cham-
e obscure, on aper-
it distinctement le
uelette de la main
r cet écran.

C'est à Rœntgen,
rofesseur de Wurtz-
ourg, que nous de-
ons la découverte des
ayons X. Il est facile
e comprendre l'im-
ortance de cette dé-
ouverte pour la chirurgie.

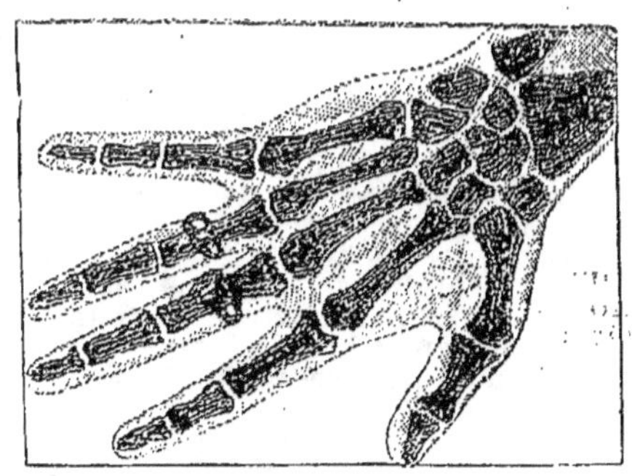
Fig. 240. — Os d'une main photo-
graphiée par les rayons X.

Les services des postes et des douanes utilisent souvent
s rayons X pour examiner l'intérieur des colis sans les
uvrir.

DÉVOIRS

47° **Devoir**. — 1. Quelles sont les principales sources d'électricité?
. De quoi se sert-on pour constater si un corps est électrisé? 3. Quel
st le plus simple des électroscopes? 4. Nommez des corps bons con-
ucteurs. 5. — des corps mauvais conducteurs. 6. Comment
ésigne-t-on l'électricité qui se développe sur le verre? 7. —
ur la résine? 8. Énoncez la loi des attractions électriques.
. Comment désigne-t-on l'état d'un corps qui possède ces deux
électricités? 10. Citez des expériences qui permettent de séparer
s deux électricités d'un corps à l'état neutre. 11. Pourquoi
s pendules, que porte en B et en C le cylindre de la figure 211,
écartent-ils? 12. Que devient l'électricité positive de ce cylindre
uand on touche un point de sa surface? 13. Quelle est la machine
lectrique la plus connue? 14. Quelle espèce d'électricité se déve-
oppe sur cette machine? 15. En quelle année fut inventée la bouteille
e Leyde?

48° **Devoir**. — 1. Comment divise-t-on les effets produits par
électricité? 2. Quelle forme peut avoir l'étincelle électrique? 3. Quel
ffet produit généralement le passage de l'électricité dans les corps
omposés? 4. Comment démontre-t-on que l'électricité peut déter-
iner la combinaison des corps simples? 5. Par quoi est produite la
oudre? 6. Qui a inventé le paratonnerre? 7. Comment appelle-t-on
s appareils où l'électricité est produite par des actions chimiques.
. Par qui fut inventée la première pile? 9. Par quoi sont constitués
s aimants naturels? 10. Comment obtient-on les aimants arti-
ciels? 11. Qui a découvert le procédé d'aimantation par les
ourants électriques? 12. De quel métal se sert-on pour cons-

truire les électro-aimants ? 13. Expliquez le principe du télégraphe.
14. Comment fonctionne le télégraphe ? 15. — la sonnerie électrique ?

49ᵉ Devoir. — 1. Quelles sont les machines qui nous donnent
les courants électriques les plus puissants ? 2. Nommez les deux principaux systèmes d'éclairage électrique. 3. Quel est l'inventeur de
la lampe à incandescence ? 4. En quoi consiste une bobine d'induction ? 5. Quel est le but de l'interrupteur dans la bobine de Ruhmkorff ? 6. Quelles sont les principales applications de la bobine
d'induction ? 7. Que comprend une station téléphonique 8. En quo
consiste le microphone ? 9. — le récepteur ? 10. Comment fonctionne le téléphone ? 11. Comment se produisent les ondes hertziennes ? — 12. Expliquez le fonctionnement du récepteur de l
télégraphie sans fil. 13. Quelles applications fait-on des rayons X
14. Comment les produit-on ? 15. Qui les a découverts ?

SUJETS DE RÉDACTION

40ᵉ Sujet. — L'électricité atmosphérique. — Expliquer commen
le paratonnerre préserve de la foudre.

41ᵉ Sujet. — Aimants naturels, aimants artificiels, électro-aimant
Applications.

CHAPITRE VIII

Acoustique. — Optique.

258. Définition. — L'*acoustique* est la partie de la physique qui a pour objet l'étude des sons et des lois d'apr
lesquelles ils se produisent et se propagent.

259. Production du son. — Le *son* est le résultat du mo
vement vibratoire des corps sonores. Tous les corps, a
moment où ils émettent des sons, ont leurs molécules ai
mées d'un mouvement vibratoire très rapide. Si l'on arrê
ce mouvement, le son cesse aussitôt de se faire entend
Lorsqu'on pince une corde de violon ou de harpe pour
tirer un son, on distingue très bien les vibrations qu'e
exécute de chaque côté de sa position d'équilibre.

Pour que les vibrations produisent des sons, il faut qu'el
aient une certaine rapidité. Ainsi, quand on fixe dans

tau une longue lame d'acier, et qu'après l'avoir écartée de
a position d'équilibre, on l'abandonne à elle-même, cette
ame exécute une série de vibra-
ions lentes mais elle ne rend
ucun son. Si l'on raccourcit peu
 peu la lame d'acier, les vibra-
ions deviennent de plus en plus
apides, et il arrive un moment où
'on entend un son. D'abord très
grave, ce son devient d'autant plus
igu que la partie vibrante est ren-
due plus courte et, par conséquent,
que les vibrations sont plus rapides. Des expériences très précises
ont démontré que le son le plus
grave que notre oreille puisse percevoir, correspond à 16 vibrations
par seconde et le plus aigu, à
18.000.

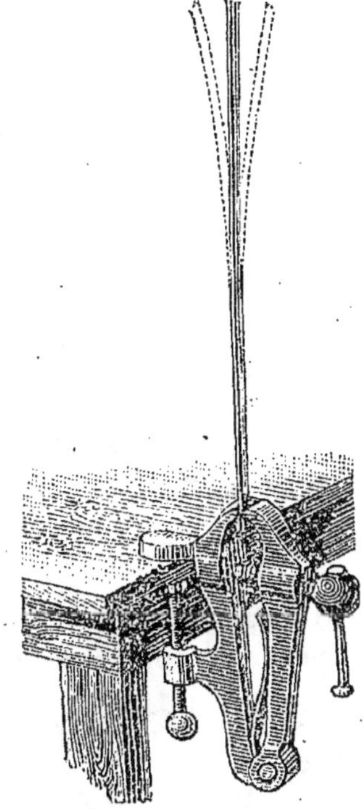

FIG. 241. — Mouvements vibratoires d'une lame d'acier.

260. Propagation du son. — Le
son ne se propage pas dans le vide.
Pour le vérifier, on place sous la
cloche d'une machine pneumatique un mécanisme d'horlogerie à
l'aide duquel un petit marteau frappe continuellement sur
un timbre. Tant que la cloche reste pleine d'air, on entend
parfaitement le son du timbre ; mais à mesure qu'on fait le
vide, le son s'affaiblit de plus en plus, et il cesse complètement de se faire entendre lorsque la raréfaction de l'air est
à un degré suffisant.

Le son se propage donc dans l'air, mais l'air n'est pas le
seul véhicule du son : les autres gaz, les liquides et les solides peuvent aussi servir à le transmettre. Ainsi, quand
on frappe deux pierres l'une contre l'autre, sous l'eau, au
fond d'une rivière, on entend parfaitement de la rive le bruit

du choc ; inversement, un plongeur entend au fond de l'eau ce que l'on dit sur le rivage.

La conductibilité des solides pour les sons est telle, que le bruit produit par le plus léger frottement à l'extrémité d'une poutre peut être perçu à l'autre extrémité. Le sol conduit si bien les sons, que, la nuit, en appliquant l'oreille contre terre, on peut entendre à de grandes distances le galop d'un cheval et même les pas d'un voyageur. En mettant l'oreille contre la poitrine d'une personne, on entend distinctement le bruit des battements du cœur et celui que l'air produit par son passage dans les poumons. Les médecins utilisent cette propriété pour ausculter leurs malades.

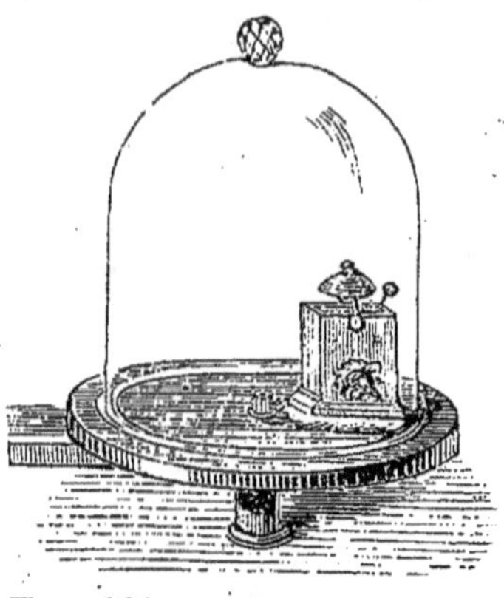

Fig. 242. — Sonnerie dans le vide.

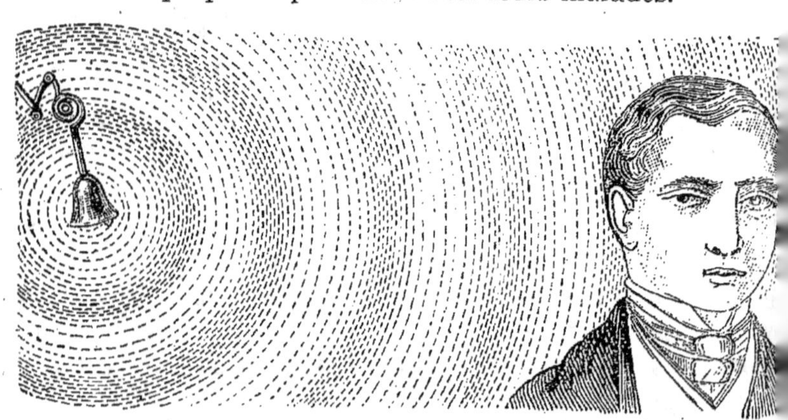

Fig. 243. — Propagation du son.

261. Mode de propagation du son dans l'air. — L'air transmet le son en entrant lui-même en vibration. Ainsi lorsqu'on frappe une cloche à l'aide de son battant,

cloche vibre et communique son mouvement vibratoire
aux molécules d'air en contact avec elle ; celles-ci font vibrer à leur tour des molécules plus éloignées, et ainsi de
suite ; de sorte que, d'une molécule à la molécule suivante,
les vibrations de la cloche sont transmises à l'oreille de
l'auditeur. Les molécules d'air en vibration produisent des
ondulations analogues à celles qui prennent naissance à la
surface des eaux quand on y laisse tomber un objet quelconque. Ces ondes sonores forment des sphères concentriques
dont le centre est occupé par le corps producteur du son.

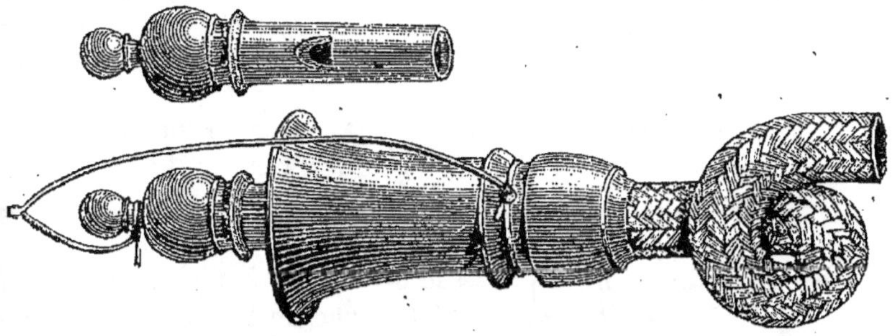

FIG. 244. — Tuyau acoustique.

262. Tuyaux acoustiques. — Porte-voix. — Lorsque le
son se propage dans un tube, il peut parcourir de grandes
distances sans s'affaiblir sensiblement parce que les parois
du tube, en réfléchissant les ondes sonores, leur conservent presque toute leur intensité. Les *tuyaux acoustiques* et
les *porte-voix* sont basés sur cette propriété.

Les *tuyaux acoustiques* se composent d'un tube de la grosseur du doigt, terminé à ses deux extrémités par un pavillon fermé à l'aide d'un petit sifflet que l'on peut enlever à
volonté.

Pour se servir de ces appareils, on souffle d'abord dans
le tube, afin de prévenir par un coup de sifflet la personne
à qui l'on veut parler. Celle-ci prévient aussi par un coup
de sifflet qu'elle est à son poste, et, approchant de son oreille
le pavillon du tuyau acoustique, elle écoute les paroles qui
lui sont adressées.

Les *porte-voix* sont des tubes métalliques destinés à transmettre la parole à de grandes distances. Ils sont légèrement coniques et se terminent par un pavillon très évasé.

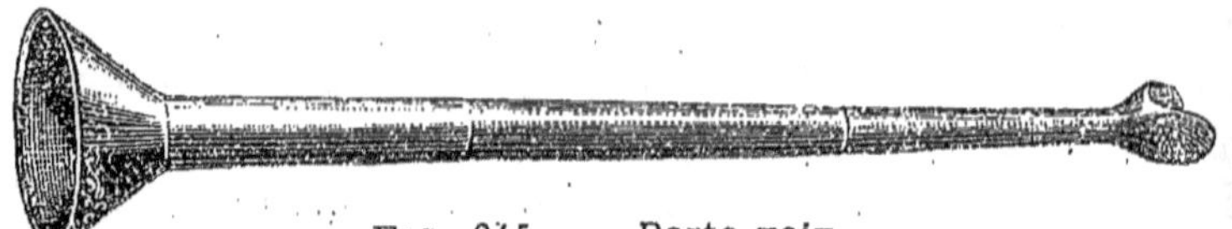

FIG. 245. — Porte-voix.

Les porte-voix en usage dans la marine ont jusqu'à deux mètres de longueur ; avec ces instruments, on peut faire entendre des sons à 5 ou 6 kilomètres de distance.

263. Vitesse du son. — Le son ne se propage pas instantanément dans l'air, car si, d'une certaine distance, on observe la décharge d'une arme à feu, on voit la fumée produite par la combustion de la poudre bien avant d'entendre la détonation. La vitesse du son, mesurée en 1822, par Gay-Lussac et Arago, a été trouvée de 340 mètres par seconde.

Les vents augmentent l'intensité du son quand ils soufflent dans le sens de sa propagation ; ils la diminuent quand ils ont une direction contraire. Tous les sons, forts ou faibles, graves ou aigus se propagent avec la même vitesse aussi l'harmonie d'un concert n'est-elle point modifiée qu'il soit entendu de loin ou de près.

264. Echo. — L'*écho* est la répétition d'un son déjà entendu. Il est produit par la réflexion des ondes sonores rencontrant un obstacle. Lorsque les ondes sonores vont frapper un obstacle, un rocher, par exemple, elles se réfléchissent de la même manière que le font les rayons lumineux rencontrant une surface polie. L'oreille qui a déjà entendu directement le son, est de nouveau impressionnée par ces ondes sonores après leur réflexion, et entend le son une seconde fois.

L'écho est *simple* quand il ne répète les sons qu'une fois ;
l est *multiple* quand il le fait plusieurs fois. Les échos mul-
iples sont dus à plusieurs obstacles qui se renvoient successivement les sons. Parmi les plus connus, on peut citer
celui de la *Halle aux Farines*, à Paris, qui répète trois fois
une phrase de six ou sept syllabes ; celui des *tours de Ver-
dun*, qui reproduit treize fois les mêmes sons, et celui du
château de *Simonetta*, en Italie, qui répète jusqu'à quarante
fois la détonation d'une arme à feu.

Optique.

265. Définition. — L'*optique* a pour objet l'étude de
la *lumière* et des lois d'après lesquelles elle se propage. La
lumière est la cause des phénomènes qui produisent en nous
les sensations de la vision.

266. Vitesse de la lumière. — La lumière a une vitesse
prodigieuse : elle parcourt 340.000 kilomètres par seconde,
distance qui égale plus de *huit fois* la longueur de la circonférence de la terre. Malgré cette vitesse, la lumière met
8 minutes 12 secondes pour nous arriver du soleil.

Les étoiles les plus rapprochées de la terre en sont au
moins *deux cent mille fois* plus éloignées que le soleil ; il faut
donc plus de *trois années* pour que leur lumière arrive jusqu'à nous. Certaines étoiles sont si distantes de notre système planétaire, que leur lumière, pour nous parvenir, doit
certainement mettre *plusieurs milliers* d'années.

267. Réflexion de la lumière. — On entend par *réflexion*
de la lumière le changement de direction qu'éprouve un
rayon lumineux lorsqu'il rencontre une surface bien polie,
comme celle d'une glace, par exemple. Si, par une ouverture
A, pratiquée dans le volet d'un appartement obscur, fig. 246,
on fait entrer un faisceau de rayons solaires AB, et si on
reçoit ce faisceau lumineux sur une surface bien polie, placée horizontalement, on le voit se réfléchir dans la direction

BC et venir former au plafond l'image de l'ouverture A.
C'est sur la réflexion de la lumière que repose la théorie des
miroirs.

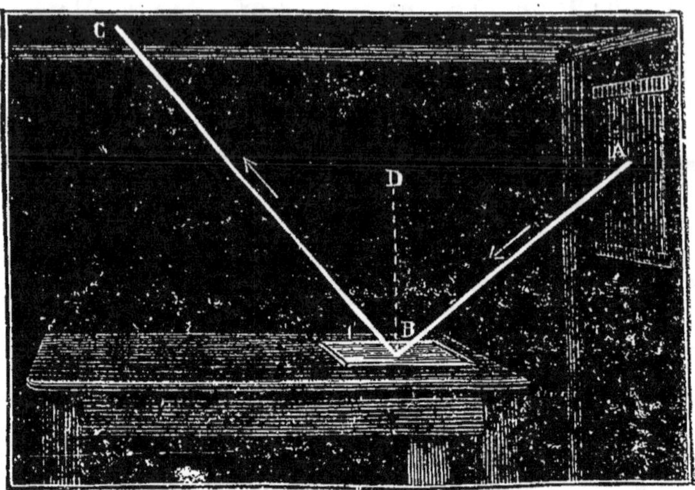

FIG. 246. — Réflexion d'un rayon lumineux.

268. Miroirs plans. — Les miroirs ordinaires sont des
surfaces planes assez polies pour reproduire, par la réflexion
de la lumière, les images des objets qui sont placés devant
elles. Ces miroirs sont quelquefois en métal, mais le plus
souvent ils consistent en une feuille de verre dont l'une de
faces est couverte d'un amalgame d'étain.

Les miroirs plans donnent toujours des images de même
forme et de même dimension que celles des objets placé
devant eux. Ces images sont toujours situées en arrière d
la surface réfléchissante et à une distance égale à celle qu
sépare les objets du miroir. Les images formées par les m
roirs plans nt dites *virtuelles*, parce qu'elles n'existe
pas réellement ; elles ne sont qu'une illusion de l'œil.

269. Miroirs sphériques. — Il existe d'autres miro
nommés miroirs *sphériques*, lesquels sont des portions

surfaces de sphères. Ces miroirs sont *concaves* ou *convexes*
suivant que la partie réfléchissante se trouve à l'intérieur ou
à l'extérieur
de la surface
sphérique.

Les miroirs
concaves don-
nent des ima-
ges renver-
sées des ob-
jets ; ces ima-
ges sont réel-
les et se for-
ment en avant
du miroir ; on
les voit sus-
pendues dans

Fig. 247. Image virtuelle donnée par un miroir plan.

l'espace, et on peut les recevoir sur des écrans. Lorsque
l'objet est placé très près du miroir concave, son image
est droite. En ce cas, elle est simplement virtuelle.

Les images formées par les miroirs convexes sont toujours droites, virtuelles et placées derrière la surface réfléchissante du miroir.

270. Réfraction de la lumière. — La *réfraction* de la lumière est le changement de direction qu'éprouve un rayon lumineux en passant obliquement
d'un milieu transparent dans un
autre de densité différente,
comme, par exemple, de l'air dans
l'eau, de l'air dans le verre.

C'est aux phénomènes de la
réfraction que l'on doit attribuer les changements apparents de forme et de position

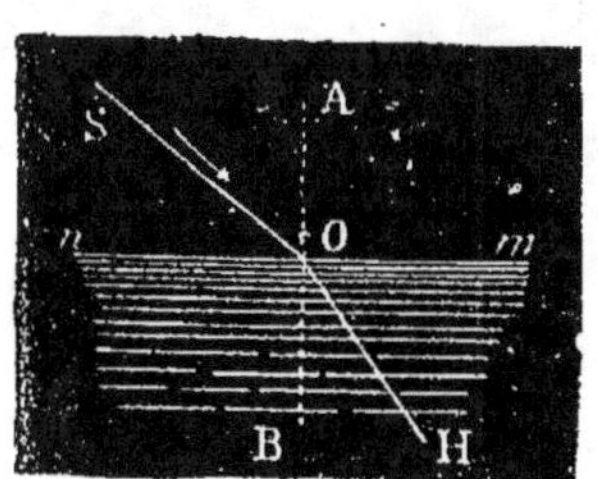

Fig. 248. — Réfraction
d'un corps lumineux.

des objets immergés dans les liquides transparents. Ainsi,

lorsqu'un bâton est en partie plongé dans l'eau, il paraît coudé; cette illusion est produite par le changement de direction qu'é-prouvent, à leur sortie du liquide, les rayons lumineux émis par la partie immergée; l'œil qui reçoit ces rayons, croit voir l'extrémité du bâton sur leur prolongement, ce qui n'est pas exact. C'est encore le phéno-mène de la ré-

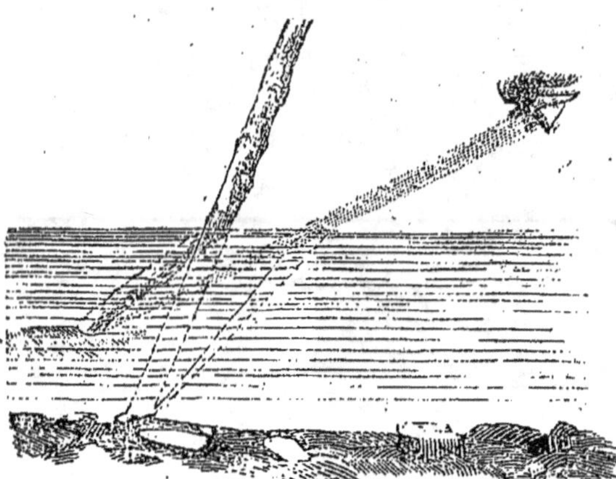

Fig. 249. — Effet de la réfraction de la lumière.

fraction des rayons lumineux qui nous fait voir un poisson plus près de la surface de l'eau qu'il ne l'est en réalité

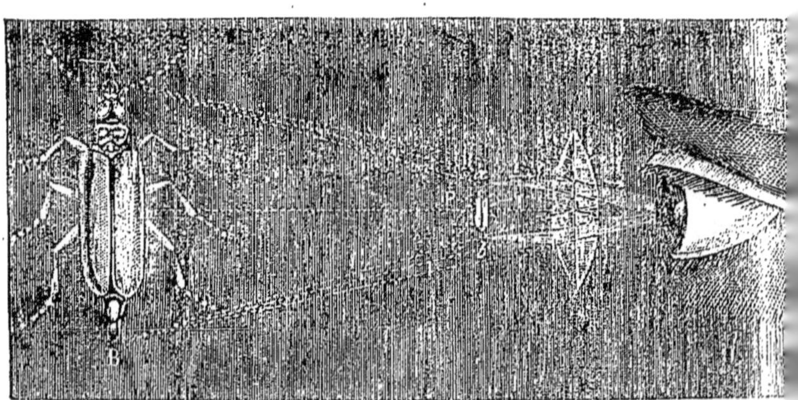

Fig. 250. — Image virtuelle formée par une lentille convergente.

et qui nous porte à nous faire erreur au sujet de la profondeur des vases renfermant des liquides transparents.

La réfraction de la lumière a reçu une très utile application dans la construction des lentilles.

271. Lentilles. — Les *lentilles*, ainsi appelées à cause de leur ressemblance avec les grains de même nom qui servent à notre alimentation, sont des milieux transparents terminés par des surfaces sphériques. D'après leur action sur les rayons lumineux, on les divise en lentilles *convergentes* et en lentilles *divergentes*.

Les *lentilles convergentes* ont la propriété de rassembler en un point, nommé *foyer*, les rayons lumineux qui les traversent parallèlement à leur axe. Lorsque les rayons lumineux sont accompagnés de rayons calorifiques, ils produisent, par leur accumulation au foyer de la lentille, une température capable d'enflammer les matières combustibles.

Les *lentilles divergentes* sont celles qui ont la propriété de disperser les faisceaux de rayons lumineux.

Comme les miroirs sphériques, les lentilles nous donnent des images tantôt *virtuelles et droites* tantôt *réelles et renversées*, suivant la position que les objets occupent relativement au foyer de ces lentilles.

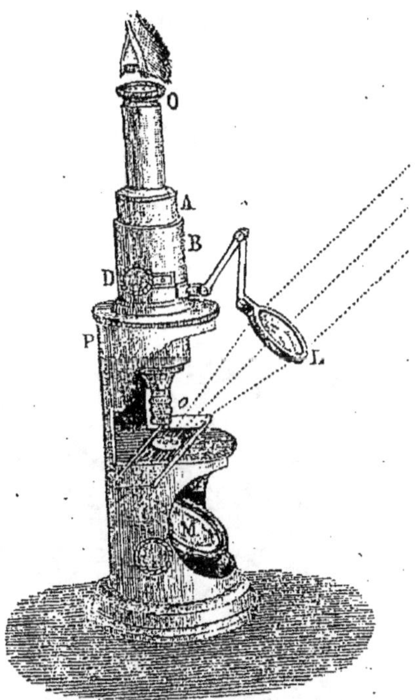

Fig. 251. — Microscope.

Les lentilles sont employées surtout dans la construction des instruments d'optique, tels que la *loupe*, le *microscope*, les *lunettes* et le *télescope*.

La *loupe* est destinée à faire voir nettement de très petits objets à peine visibles à l'œil nu. Le *microscope*, formé par la réunion de deux loupes, possède la propriété de grossir considérablement les objets. On en construit qui donnent à ces images des dimensions mille fois plus grandes que celles qu'ils ont réellement.

Les *lunettes* sont de plusieurs sortes: les principales sont: les lunettes *simples* ou *besicles*, employées pour corriger les défauts de conformation de l'œil ; les lunettes *astronomiques*, destinées à l'observation des astres, et les lunettes *terrestres* ou *longues-vues*, dont la propriété est de faire voir distinctement des objets situés parfois à de grandes distances.

Comme la lunette astronomique, le *télescope* est destiné à l'observation des astres. Les dimensions de cet appareil sont considérables ; sa puissance est très grande.

272. Action du prisme sur la lumière. — Lorsqu'un rayon lumineux rencontre obliquement les faces d'un prisme triangulaire en cristal, non seulement il se réfracte, mais encore il se *décompose*.

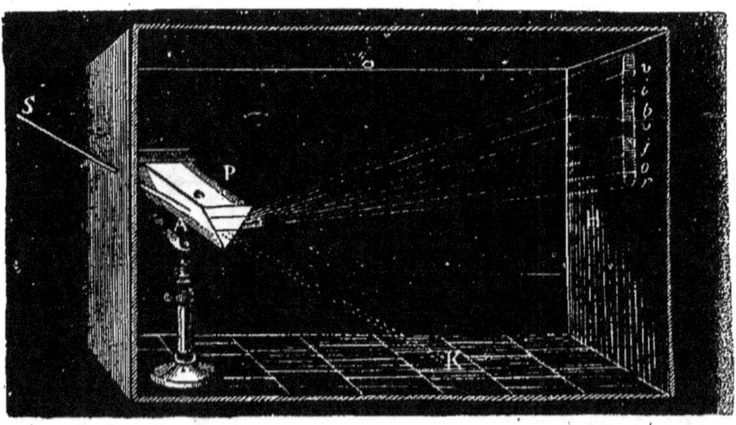

Fig. 252. — Décomposition d'un faisceau de lumière par le prisme

Pour vérifier cette double modification, il suffit de faire arriver un rayon lumineux dans une chambre obscure et de placer un prisme sur son trajet. D'abord, on voit que le rayon lumineux est dévié de sa direction initiale, et, ensuite, on constate qu'il forme sur les parois de la chambre un

mage oblongue, colorée des plus vives couleurs. Cette image
reçu le nom de *spectre solaire*. Parmi les nombreuses nuan-
es que présente le spectre solaire, on distingue sept cou-
eurs principales qui sont : le *violet*, l'*indigo*, le *bleu*, le *vert*,
e *jaune*, l'*orangé* et le *rouge*.

La décomposition de la lumière prouve que la couleur
lanche n'est pas une couleur simple, mais qu'elle est formée par la réunion de toutes celles qui composent le spectre
olaire. Cette décomposition n'a lieu que parce que les dif-
érentes couleurs qui constituent la couleur blanche ne se
éfractent pas toutes également.

273. Recomposition de la lumière. — En combinant ensemble les diverses couleurs du spectre solaire, on obtient
a couleur blanche. Cette recomposition se fait facilement

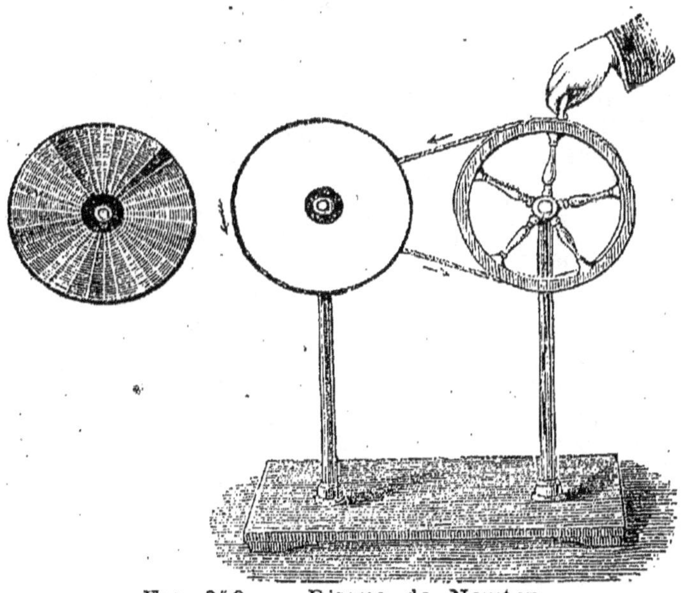

Fig. 253. — Disque de Newton.

avec le disque de *Newton*. Cet appareil consiste en un disque en carton divisé en secteurs portant chacun une des
couleurs obtenues par la décomposition de la lumière blan-

che ; les secteurs sont disposés de manière à former une suite de spectres consécutifs. Quand on imprime à ce disque un rapide mouvement de rotation, l'œil perçoit à la fois toutes les couleurs des secteurs et le disque paraît blanc.

DEVOIRS

50ᵉ Devoir. — 1. Quel est l'objet de l'acoustique? 2. De quoi le son est-il le résultat? 3. A combien de vibrations par seconde correspond le son le plus grave que nous puissions entendre? 4. — le son le plus aigu? 5. Le son se propage-t-il dans le vide? 6. Comment le vérifie-t-on? 7. Dans quel corps le son se propage-t-il mieux? 8. Comment prouve-t-on que le son est conduit par le bois? 9. Pourquoi les tubes conduisent-ils bien le son? 10. Quels appareils acoustiques sont basés sur cette propriété? 11. Par qui la vitesse du son a-t-elle été mesurée? 12. Quelle est-elle? 13. Les vents ont-ils une influence sur l'intensité du son? 14. Qu'appelle-t-on écho? 15. Nommez les échos multiples les plus connus.

51ᵉ Devoir. — 1. Quel est l'objet de l'optique? 2. Quelle est la vitesse de la lumière? 3. Combien faut-il de temps à la lumière du soleil pour nous arriver? 4. — à celle des étoiles les plus rapprochées? 5. Quels sont les instruments qui sont basés sur la réflexion de la lumière? 6. Combien y a t-il de sortes de miroirs? 7. Comment appelle-t-on les images formées par les miroirs plans? 8. Quels sont les miroirs qui peuvent former les images en avant de leur surface réfléchissante? 9. Où sont situées les images formées par les miroirs convexes? 10. A quels phénomènes d'optique doit-on la déformation apparente de certains objets dans l'eau? 11. Combien y a-t-il de sortes de lentilles? 12. Comment appelle-t-on les lentilles qui ont la propriété de rassembler les rayons lumineux? 13. Quelle est l'action du prisme sur la lumière? 14. Nommez les couleurs qui composent le spectre solaire. 15. Au moyen de quel appareil arrive-t-on à recomposer la lumière blanche?

SUJETS DE RÉDACTION

42ᵉ Sujet. — Réfraction de la lumière. Action du prisme sur la lumière. Recomposition de la lumière blanche.

43ᵉ Sujet. — Le son. Sa propagation dans l'air, dans les liquides et dans les corps solides.

CHIMIE

CHAPITRE I

Notions préliminaires. — Oxygène. Hydrogène. — Eau.

274. Objet de la chimie. — La CHIMIE a pour objet l'étude de la composition des corps et des divers phénomènes produits par les actions qu'ils exercent les uns sur les autres.

Les phénomènes chimiques diffèrent beaucoup des phénomènes physiques. Les premiers sont permanents et modifient la constitution des corps ; ils donnent naissance à des substances différentes de celles qui ont servi à leur production. Les seconds ne sont généralement que passagers et n'altèrent pas la nature des corps. L'*oxydation* du fer par l'air humide est un phénomène *chimique*, tandis que la *dilatation* du fer par la chaleur est un phénomène *physique*. Le premier de ces phénomènes donne naissance à la *rouille* ; substance qui n'a pas la même composition que le fer. Au contraire, la *dilatation* du fer par la chaleur n'est que passagère et n'altère pas sa composition.

275. Corps simples. — Au point de vue chimique, les corps se divisent en deux classes : les corps *simples* et les corps *composés*.

Les *corps simples* sont ceux dont on ne peut extraire qu'une seule espèce de matière, quel que soit le traitement qu'on leur fasse subir, tels sont l'or, le fer, le soufre, etc. On connait environ 80 corps simples.

On abrège l'écriture des formules chimiques, en désignant les corps simples par des *symboles*, formés d'une ou de deux lettres tirées de leur nom français ou latin. Ainsi le soufre se représente par S, le fer par Fe et l'or par Au (du latin *Aurum*).

On divise les corps simples en *métalloïdes* et en *métaux*. Les métalloïdes sont, en général, mauvais conducteurs de la chaleur et de l'électricité, tandis que les métaux sont bons conducteurs. Ceux-ci possèdent en outre un lustre spécial, qu'on appelle l'*éclat métallique*.

Voici une liste des principaux corps simples avec leurs symboles :

MÉTALLOIDES			
Oxygène	O	Sodium	Na
Hydrogène	H	Calcium	Ca
Azote *ou* Nitrogène	Az *ou* N	Aluminium	Al
Carbone	C	Fer	Fe
Soufre	S	Zinc	Zn
Phosphore	P	Etain	Sn
Chlore	Cl	Plomb	Pb
		Cuivre	Cu
		Mercure	Hg
MÉTAUX		Argent	Ag
		Or	Au
Potassium	K	Platine	Pt

Pour s'expliquer beaucoup de phénomènes qui se réalisent en chimie, on suppose que tous les corps simples sont formés par l'agrégation de parties extrêmement petites et indivisibles, que l'on a désignées sous le nom d'*atomes*. Ainsi, un morceau de soufre se compose d'atomes de soufre ; un morceau de fer, d'atomes de fer, etc.

276. Corps composés. — Les corps composés sont ceux qui sont formés par l'union de plusieurs corps simples comme par exemple, l'eau, le sel, le bois. Le nombre de corps composés est excessivement grand.

Beaucoup de corps composés présentent toujours la même composition avec les mêmes caractères, et ce caractères sont tout différents de ceux des corps simple

ui les forment. On les suppose constitués par de petites
arties appelées *molécules*, formées d'atomes divers en
ombre bien déterminé. On les désigne alors par des *formules* qui indiquent les éléments qui entrent dans leur
omposition. Ainsi, l'eau se représente par la formule H^2O,
e qui signifie que sa molécule se compose de deux atomes
'hydrogène, unis à un atome d'oxygène.

On dit que des corps *se combinent*, lorsqu'ils s'unissent
our former un composé ayant des propriétés toutes
ifférentes de celles de ces corps. Les combinaisons les
lus remarquables qu'étudie la chimie sont des *anhydrides*,
es *oxydes*, les *acides*, les *bases* et les *sels*.

Anhydrides et oxydes. — Les anhydrides et les oxydes
ont formés par la combinaison de l'oxygène avec un autre
orps. Ainsi l'oxygène, O, et le soufre, S, forment l'*anhydride sulfurique*, SO^3. L'oxygène, O, et le calcium, Ca,
orment l'*oxyde de calcium*, CaO.

Les anhydrides peuvent se combiner avec l'eau pour
ormer des *acides*. Ainsi, l'anhydride sulfurique, SO^3, donne
avec l'eau, H^2O, l'acide sulfurique, SO^4H^2.

Les oxydes, lorsqu'ils se combinent avec l'eau forment
des *bases* ou *hydrates*. Ainsi, l'oxyde de calcium, CaO (chaux
vive), forme avec l'eau l'hydrate de calcium, CaO^2H^2
(chaux éteinte).

Acides et bases. — Ce qui caractérise principalement
les acides, c'est qu'ils contiennent tous de l'hydrogène
qui peut être remplacé par un métal. En mettant, par
exemple, une lame de zinc dans de l'acide sulfurique
étendu, elle s'y dissout et y prend la place de l'hydrogène.
L'hydrogène mis ainsi en liberté, s'échappe à l'état gazeux,
et il reste un liquide qui laisse par l'évaporation un corps
blanc, dont la formule est SO^4Zn. En comparant cette
formule avec celle de l'acide sulfurique, SO^4H^2, on peut
facilement constater qu'il y a eu dans ce phénomène
une substitution de l'hydrogène par le zinc.

Les bases sont formées d'un métal uni à l'hdryogène

et à l'oxygène en nombre égal d'atomes. Exemple : l'hydrate de calcium, CaO^2H^2.

On distingue facilement les acides des bases. Les acides ont une saveur aigre ; les bases ont une saveur âcre, caustique, qui rappelle celle du savons ou de la lessive. Les acides rougissent la teinture bleue du tournesol ; les bases rendent au tournesol sa couleur bleue, lorsque celle-ci a été rougie par un acide.

Sels. — Les sels sont formés par la combinaison d'un acide avec un métal. On peut les obtenir soit en faisant dissoudre le métal dans l'acide, comme nous l'avons vu plus haut, soit en combinant une base avec l'acide, soit encore par différents autres moyens. Voici, comme exemples, quelques formules d'acides et de sels dérivés de ces acides :

ACIDES	SELS
Acide sulfurique, SO^4H^2	Sulfate de zinc, SO^4Zn.
	Sulfate de potassium, SO^4K^2.
Acide nitrique, NO^3H	Nitrate d'argent, NO^3Ag.
	Nitrate de potassium, NO^3K.
Acide chlorhydrique, HCl	Chlorure d'argent, AgCl.
	Chlorure de sodium, NaCl.

Oxygène (O).

277. Propriétés de l'oxygène. — L'*oxygène* est un gaz incolore, inodore et sans saveur. Il est un peu plus dense que l'air : un décimètre cube de ce gaz pèse 1 gr. 43. Ce qui caractérise surtout l'oxygène, c'est la propriété qu'il possède d'être éminemment propre à la combustion. En effet, si l'on plonge dans une éprouvette remplie de ce gaz une bougie ou une allumette imparfaitement éteinte, c'est-à-dire conservant encore quelques points en ignition, cette allumette se rallume instantanément en produisant une petite explosion.

propriétés comburantes de l'oxygène sont encore
en évidence par
périences suivan-
dans un ballon
de ce gaz, on
un charbon de
lumé et tenu à
nité d'un fil de
ssitôt on voit le
brûler avec une
activité. Le sou-
flammé, placé
es mêmes condi-
brûle avec une
lle flamme bleue;
sphore en brûlant
oxygène, produit
amme si éblouis-
que les yeux peu-
peine en supporter l'éclat.
ploi du phosphore dans les expériences demande

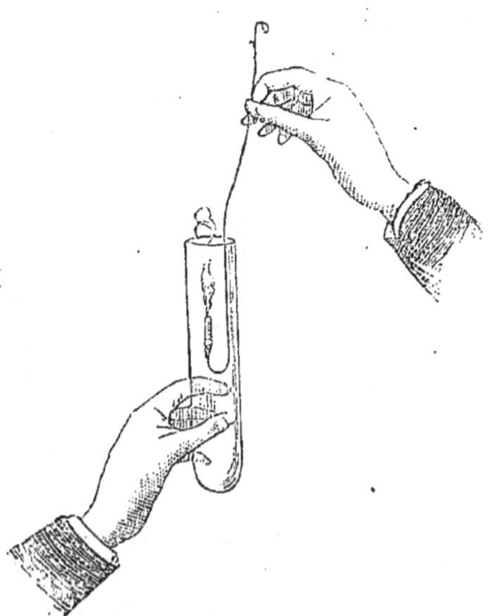

FIG. 254. — Bougie se rallumant
dans l'oxygène.

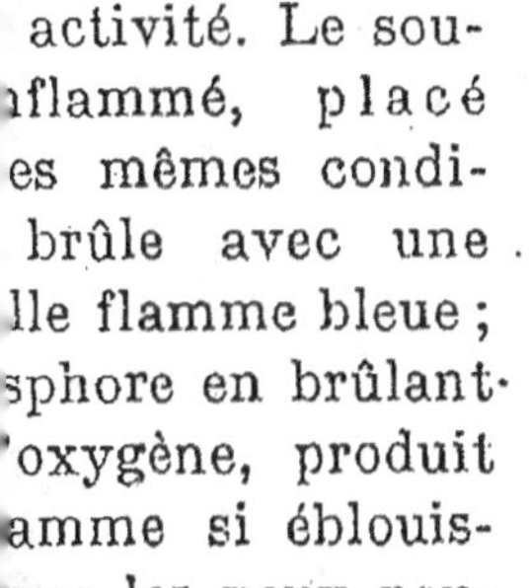

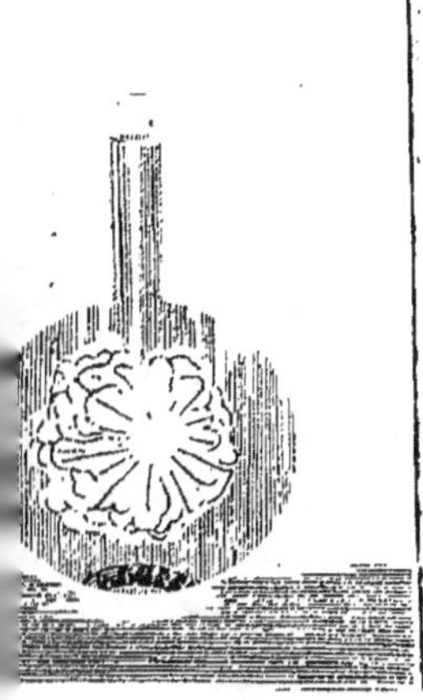

255. — Combustion
du soufre.

FIG. 256. — Combustion
du fer.

certaines précautions : il faut éviter de le toucher avec les doigts : de plus, ce corps doit toujours être coupé et conservé dans l'eau, car, lorsqu'il est sec, le moindre frottement suffit pour l'enflammer. Les brûlures produites par le phosphore sont très dangereuses.

Une des plus belles expériences de la chimie, c'est la combustion du fer dans l'oxygène. Pour la réaliser on fait rougir un ressort de montre, afin de lui enlever son élasticité, puis, une fois refroidi, on le tourne en spirale. On attache ensuite un morceau d'amadou, à l'une de ses extrémités, et, après avoir allumé cet amadou, on plonge le ressort dans un flacon plein d'oxygène ; l'amadou y brûle avec rapidité et rougit le métal, qui brûle à son tour en lançant de tous les côtés de brillantes étincelles d'oxyde de fer.

Un ruban de magnésium, enflammé à l'une de ses extrémités, brûle dans l'oxygène avec un éclat qui n'a de comparable que celui de l'arc voltaïque.

Dans ces différentes expériences l'oxygène s'est combiné avec le carbone (C), le soufre (S), le phosphore (P), le fer (Fe) et le magnésium (Mg), pour former les composés suivants :

$$CO^2, \text{ anhydride carbonique} ;$$
$$SO^2, \text{ anhydride sulfureux} ;$$
$$P^2O^5, \text{ anhydride phosphorique} ;$$
$$Fe^3O^4, \text{ oxyde de fer} ;$$
$$MgO, \text{ oxyde de magnésium.}$$

278. Combustion lente. — L'oxygène se combine directement avec la plupart des corps simples. Cette combinaison se fait le plus souvent à une température élevée et avec production de lumière et de chaleur ; mais il arrive quelquefois qu'elle a lieu à la température ordinaire, sans production de lumière et sans dégagement sensible de chaleur. On la désigne alors sous le nom de *combustion lente*. L'oxydation du fer à l'air humide est une combustion lente ; car cette oyxdation n'est autre chose qu'une com

)inaison du fer avec l'oxygène de l'air. La respiration des
nimaux est aussi un phénomène de combustion lente, car
lle imprègne le sang d'oxygène, et ce gaz, en circulant
lans tous les organes brûle le carbone et l'hydrogène
ournis par les aliments respiratoires. C'est une combustion
qui produit la chaleur animale nécessaire à l'entretien
le la vie.

279. Préparation de l'oxygène. — L'oxygène est très
répandu dans la nature : l'air en renferme le 1/5 de son

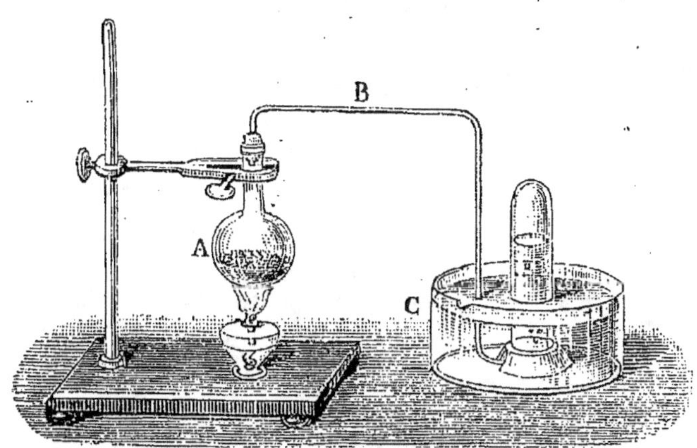

Fig. 257.—Préparation de l'oxygène par le chlorate de potassium.

volume et l'eau les 8/9 de son poids. Dans les laboratoires,
on prépare ordinairement l'oxygène en décomposant par
la chaleur un sel nommé *chlorate de potassium*, ClO³K.
Pour cela, on introduit ce corps dans un ballon en verre,
et, après avoir adapté au ballon un tube à dégagement,
on le chauffe avec une lampe à alcool. Le chlorate de
potassium fond, puis se décompose en laissant dégager
son oxygène. On recueille ce gaz au moyen d'une éprouvette
placée dans une cuve à eau, au-dessus de l'orifice du tube de
dégagement.

Pour abaisser la température de la décomposition du
chlorate de potassium et pour rendre cette décomposition

plus régulière, on mélange avec ce sel la moitié de son poids de bioxyde de manganèse en poudre.

On obtient aujourd'hui, avec beaucoup de facilité, l'oxygène avec l'*oxylithe*, qui est un oxyde de sodium. Il suffit de mettre cette substance en contact avec l'eau pour que l'oxygène se dégage immédiatement.

Hydrogène (H).

280. Propriétés de l'hydrogène. — Comme l'oxygène, l'hydrogène est un gaz incolore, inodore et sans saveur ;

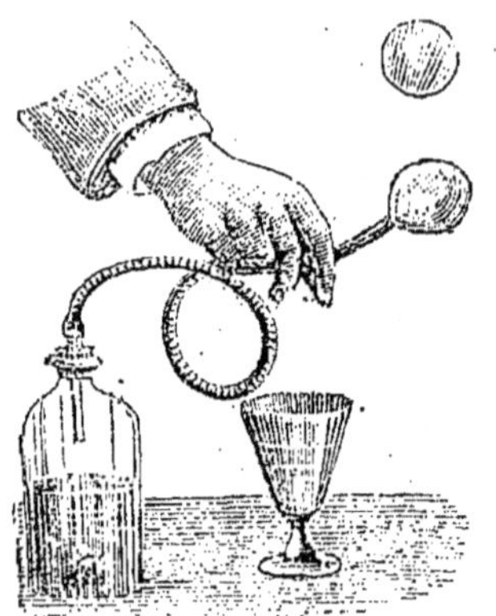

Fig. 258. — Bulles de savon gonflées avec de l'hydrogène.

mais il s'en distingue par sa faible densité et par la propriété qu'il a d'être combustible.

L'hydrogène est environ 14 fois moins dense que l'air : un décimètre cube de ce gaz ne pèse que 0 gr. 089 ; c'est le plus léger de tous les corps connus. Pour mettre la grande légèreté de l'hydrogène en évidence, on gonfle des bulles de savon avec ce gaz, et l'on voit ces bulles s'élever d'elles-mêmes dans l'atmosphère. Une éprouvette dont l'ouverture est tournée en bas, garde pendant assez longtemps l'hydrogène dont elle est remplie : mais si on la retourne sens dessus dessous, elle perd aussitôt le gaz qu'elle contient.

L'hydrogène est *combustible*, mais il n'est pas *comburant*, c'est-à-dire n'entretient pas la combustion. Ainsi, lorsqu'on introduit une bougie allumée dans une éprouvette pleine d'hydrogène, le gaz s'enflamme et brûle à l'ouverture de l'éprouvette, tandis que la bougie s'éteint en pénétrant à l'intérieur.

Quand on fait dégager de l'hydrogène à l'extrémité d'un tube effilé, comme le représente la figure 259, on peut enflammer ce gaz, qui, en brûlant dans l'air, forme une flamme à peine visible, mais possédant une haute température. Cet appareil est connu sous le nom de *lampe philosophique.*

La combustion de l'hydrogène au contact de l'air est due à la combinaison de ce gaz avec l'oxygène. La combinaison de l'hydrogène avec l'oxygène produit de l'eau, H^2O. Pour s'en assurer, il suffit d'entourer la flamme d'une lampe philosophique avec une cloche en verre ; on voit pres-

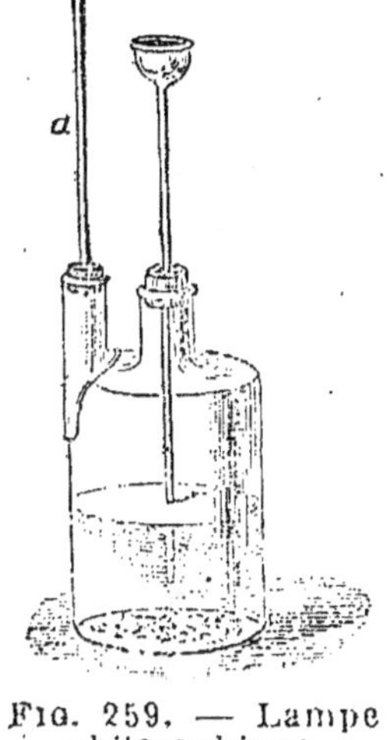
Fig. 259. — Lampe philosophique.

que aussitôt les parois de cette cloche se couvrir de buée.

En se combinant avec l'oxygène, l'hydrogène peut former un *mélange détonant.* Pour l'obtenir, on remplit un flacon avec un mélange de deux volumes d'hydrogène pour un d'oxygène, et on approche l'ouverture de ce flacon de la flamme d'une bougie : aussitôt les deux gaz se combinent, une

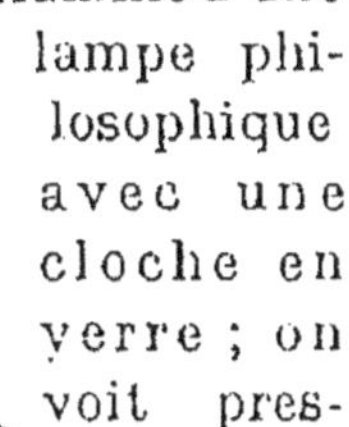
Fig. 260. Harmonica chimique.

violente détonation se produit, et, bien souvent, le flacon vole en éclats. Pour faire cette expérience, il faut se servir d'un flacon à parois très résistantes et dont la capacité ne dépasse pas un demi-litre. Il est bon aussi d'entourer le flacon avec un linge mouillé,

replié plusieurs fois sur lui-même, afin de garantir l'opérateur en cas de rupture.

Quand on entoure d'un long tube la flamme d'une lampe
philosophique, on entend un son continu dont la hauteur
et l'intensité varient avec le diamètre et la longueur du
tube. Ce son est dû à une série de petites explosions, produites par des mélanges d'air et d'hydrogène, qui font entrer l'air du tube en vibration. L'appareil avec lequel on
fait cette expérience est désigné sous le nom d'*harmonica
chimique*.

281. Préparation de l'hydrogène. — L'hydrogène se
trouve très abondamment dans la nature à l'état de combinaison avec d'autres corps : un litre d'eau renferme 1240
litres d'hydrogène combinés avec 620 litres d'oxygène.
Aussi se sert-on souvent de ce liquide pour préparer soit
l'hydrogène, soit l'oxygène, soit les deux

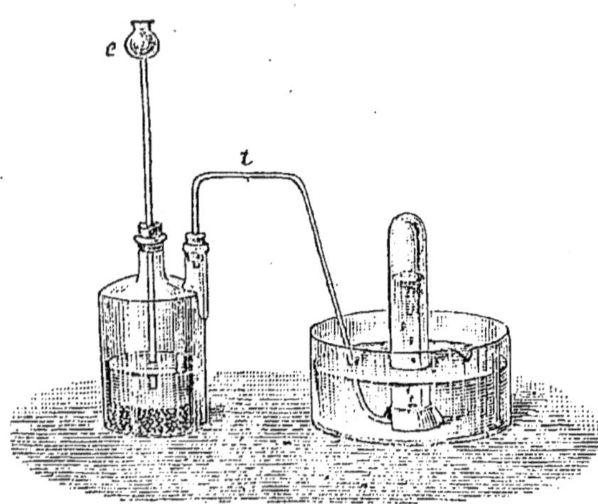

FIG. 261. — Préparation de l'hydrogène.

gaz simultanément. L'opération se réalise au moyen du
courant électrique.

L'un des moyens les plus employés pour obtenir l'hydrogène consiste à se servir de l'action combinée du zinc et
de l'acide sulfurique, SO^4H^2. Pour cela, on introduit
de petits fragments de zinc dans un flacon à deux tubulures, à moitié plein d'eau ; l'une des tubulures porte
un tube à dégagement, qui se rend sous l'éprouvette

l'une cuve à eau, et à l'autre, on fixe un tube à entonnoir,
que l'on fait plonger dans le liquide du flacon. On verse
un peu d'acide sulfurique dans le tube à entonnoir ; cet
acide descend dans le flacon et aussitôt l'action commence ; le zinc remplace l'hydrogène de l'acide. L'hydrogène alors s'échappe, ce que l'on connaît à l'effervescence
qui se produit dans le flacon et aux bulles gazeuses que
l'on voit se rendre dans l'éprouvette.

Eau (H^2O).

282. Propriétés de l'eau. — L'*eau* est formée par la combinaison de l'*oxygène* et de l'*hydrogène*, dans les proportions
suivantes :

EN VOLUME :		EN POIDS :	
Oxygène...............	1	*Oxygène*...............	8
Hydrogène...............	2	*Hydrogène*...........	1

A la température ordinaire l'eau est un liquide sans odeur
et sans saveur. Vue en petite quantité, elle est incolore,
mais elle a une couleur bleue très prononcée lorsqu'elle est
considérée sous une grande épaisseur. Chauffée à partir
de 0°, l'eau se contracte jusqu'à 4°, pour se dilater ensuite,
si la température continue à augmenter. A 100°, elle entre
en ébullition et se vaporise. L'eau se solidifie à 0° ; en se
solidifiant, elle augmente de volume, et par suite diminue
de densité ; la densité de la glace n'est que les 0,916 de celle
de l'eau.

Une des principales propriétés de l'eau, c'est son pouvoir
dissolvant pour un grand nombre de substances solides ou
gazeuses ; ce pouvoir dissolvant, pour les solides, augmente
généralement avec la température, tandis qu'il diminue
pour les gaz.

Les courants électriques décomposent l'eau en ses deux
éléments : oxygène et hydrogène. L'appareil dont on se
sert pour faire cette décomposition est appelé *voltamètre*.

Il consiste en un vase dont le fond livre passage à deux fils de platine terminés extérieurement par deux crochets. A

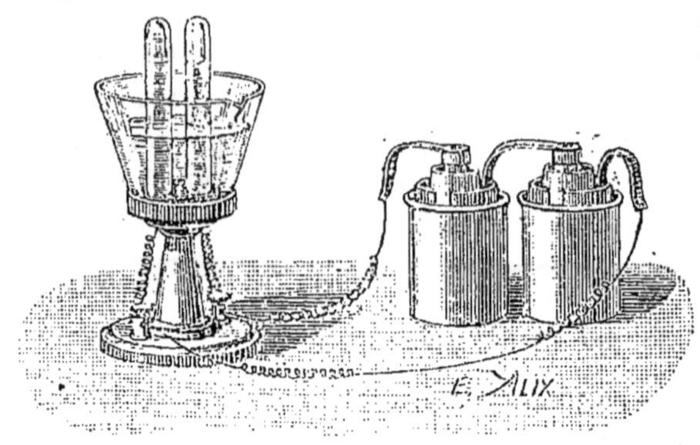

FIG. 262. — Voltamètre.

ces crochets, on fixe les conducteurs de la pile ; dans le vase, on met de l'eau légèrement acidulée, avec l'acide sulfurique, puis on place sur les deux fils de platine une petite éprouvette remplie du même liquide. Aussitôt que le courant électrique est établi, on voit des bulles gazeuses se dégager de la surface de chacun des fils de platine et gagner le haut des éprouvettes. Ces gaz sont l'un de l'oxygène et l'autre de l'hydrogène ; le premier se forme au pôle positif de la pile et le second au pôle négatif. Pendant toute la durée de l'expérience, on constate que le volume de l'hydrogène dégagé est double de celui de l'oxygène.

La plupart des métaux décomposent ainsi l'eau : ils se combinent avec son oxygène et mettent l'hydrogène en liberté. Quelques métaux, comme le *potassium* et le *sodium*, la décomposent à froid ; d'autres ne la décomposent qu'à une température élevée ou avec le secours d'un acide énergique, tels sont le *fer* et le *zinc*. Les métaux qui ne décomposent l'eau à aucune température sont appelés *métaux précieux* : ce sont l'*or*, l'*argent* et le *platine*.

283. Composition de l'eau à l'état naturel. — L'eau jouissant d'un grand pouvoir dissolvant, ne se trouve jamais pure dans la nature ; elle contient toujours en dissolution des substances dont l'espèce varie avec celle des terrains qu'elle a traversés.

Les principales substances gazeuses dissoutes dans l'eau sont l'*air* et l'*anhydride carbonique*. L'air dissous dans l'eau sert à la respiration des animaux et des végétaux aquatiques. Il est plus riche en oxygène que celui de l'atmosphère ; cela provient de ce que la solubilité de l'oxygène est plus grande que celle de l'azote.

Les substances solides que l'eau tient en dissolution sont très nombreuses ; on y trouve surtout du *sulfate de calcium*, du *carbonate de calcium* et des *matières organiques*.

Les eaux qui renferment beaucoup de sulfate de calcium, sont dites *séléniteuses*. Elles sont indigestes, ne dissolvent pas le savon et sont impropres à la cuisson des légumes.

On appelle *eaux calcaires* celles qui renferment trop de carbonate de calcium; ce sont ces eaux qui produisent les incrustations pierreuses que l'on remarque au fond de certains ustensiles de cuisine et de quelques chaudières à vapeur. Comme les eaux séléniteuses, les eaux calcaires sont impropres au savonnage et à la cuisson des légumes.

Les eaux qui sont restées en contact avec les matières organiques en putréfaction, ont généralement une odeur désagréable : elles renferment presque toujours des germes qui peuvent engendrer de graves maladies. On peut rendre ces eaux propres à l'alimentation en les filtrant sur du charbon de bois et en les faisant bouillir ensuite, pour détruire les principes nuisibles qu'elles contiennent.

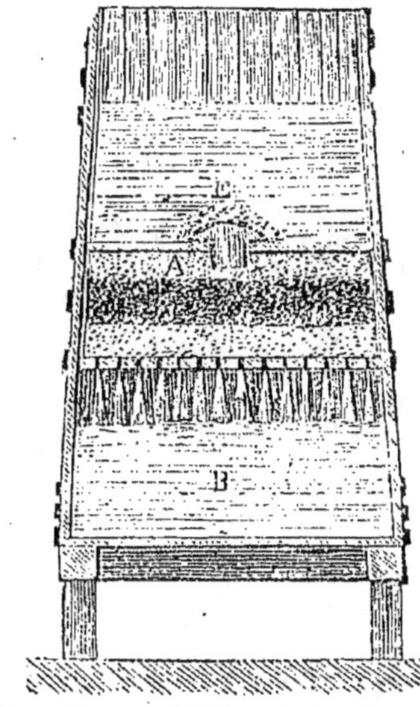

Fig. 263. — Filtre à charbon.

284. Eaux potables. — Les *eaux potables* sont celles qui servent à notre alimentation. Pour être bonnes, elles doivent être fraîches, sans odeur et surtout être exemptes de matières d'origine animale ou végétale. Cette dernière condition est essentielle, car c'est par les eaux renfermant des débris d'origine organique que se transmettent la plupart des maladies épidémiques, comme la fièvre typhoïde, la diphtérie, le choléra, etc.

Les eaux potables doivent contenir de l'air en dissolution, et un peu de gaz carbonique ; une eau qui n'est pas aérée est difficile à digérer ; on dit qu'elle est *lourde*. De plus, les eaux qui servent à notre alimentation doivent renfermer une petite quantité de sels calcaires, lesquels sont nécessaires au développement du tissu osseux, mais cette quantité ne doit pas dépasser deux décigrammes par litre ; une eau privée de sels minéraux est sans saveur ; on dit qu'elle est *fade*.

DEVOIRS

52ᵉ Devoir. — 1. Quelle est la science qui a pour objet l'étude de la composition des corps? 2. Quelle espèce de phénomène est l'oxydation du fer? 3. — la dilatation du fer? 4. Comment divise-t-on les corps au point de vue chimique? 5. Qu'appelle-t-on corps simple? 6. — corps composé? 7. Quelle espèce de corps est l'eau? 8. — le soufre? 9. — le bois? 10. Combien connaît-on de corps simples? 11. Comment les divise-t-on ? 12. Nommez les principaux métalloïdes. 13. — les principaux métaux ? 14. Dites les symboles de ces corps. 15. Quels sont les principaux composés qu'étudie la chimie?

53ᵉ Devoir. — 1. Quelle odeur a l'oxygène ? 2. Combien pèse un décimètre cube de ce gaz? 3. Quel est le principal caractère de l'oxygène ? 4. De quels corps se sert-on pour démontrer que l'oxygène est très favorable à la combustion ? 5. Dans quoi faut-il conserver le phosphore ? 6. Pourquoi ? 7. Nommez deux métaux qui brûlent dans l'oxygène. 8. Quel genre de combinaison est l'oxydation du fer à l'air humide ? 9. — la respiration animale? 10. Dans quelle proportion l'oxygène se trouve-t-il dans l'air ? 11. — dans l'eau ? 12. De quel corps se sert-on habituellement pour préparer l'oxygène ? 13. — pour rendre la décomposition du chlorate de potassium plus régulière ? 14. Quelle est la couleur de l'hydrogène ? 15. Quel est le caractère particulier de ce corps ?

54ᵉ Devoir. — 1. Combien de fois l'hydrogène pèse-t-il moins que l'air? 2. Que devient une bougie allumée placée dans l'hydrogène? 3. Que prouve cette expérience? 4. Avec quoi se combine l'hydrogène en brûlant à l'air? 5. Que se produit-il dans cette combustion? 6. Combien chaque litre d'eau contient-il de litres d'hydrogène et d'oxygène à l'état gazeux? 7. Dans 9 grammes d'eau combien y-a-t-il de grammes d'oxygène et d'hydrogène? 8. De quel appareil se sert-on pour décomposer l'eau par l'électricité? 9. Quel est le gaz qui se

rend au pôle négatif? 10. Quels sont les métaux qui décomposent
l'eau à froid? 11. — qui ne la décomposent à aucune température?
12. Quelles sont les principales substances solides que l'eau à l'état
naturel tient en dissolution? 13. Que contiennent les eaux séléniteuses? 14. Quels inconvénients présentent les eaux trop calcaires?
15. — celles qui restent en contact avec des matières organiques en
putréfaction?

SUJETS DE RÉDACTION

44ᵉ **Sujet**. — Eau à l'état naturel. Caractères des eaux potables.

45ᵉ **Sujet**. — L'oxygène ; expériences qui démontrent ses propriétés
comburantes.

CHAPITRE II

Azote. — Air atmosphérique. — Acide azotique. Ammoniaque.

285. Propriétés de l'azote (N). — L'*azote* est un gaz incolore, inodore, sans saveur et de densité un peu plus faible
que celle de l'air. Les propriétés chimiques de l'azote sont
presque nulles : il n'entretient pas la respiration et n'est ni
combustible, ni comburant. Un animal placé dans une atmosphère d'azote y périt bientôt, et une bougie allumée
s'y éteint immédiatement.

L'azote joue un grand rôle dans la nature, particulièrement dans la nutrition des animaux et des végétaux. Seuls
les aliments azotés ont la propriété de s'assimiler au corps
pour réparer les pertes que subit l'organisme par l'exercice
des différentes fonctions de la vie. Un régime alimentaire
non azoté amènerait rapidement la mort. Les végétaux
empruntent de l'azote directement à l'air, mais ils le puisent surtout dans les engrais ; aussi les plus estimés des engrais sont-ils ceux qui renferment le plus de principes azotés.

286. Préparation de l'azote. — L'azote forme les 4/5 du
volume de l'air atmosphérique, où il est simplement mé-

langé avec l'oxygène. Le moyen le plus simple de se procurer ce gaz consiste donc à l'extraire de l'air en absorbant l'oxygène par le phosphore, qui en est très avide. Pour cela, on place sur de l'eau contenue dans un grand vase, une rondelle de liège supportant une petite capsule métallique renfermant un morceau de phosphore. On enflamme le phosphore et on recouvre le liège d'une cloche de verre, de manière que le bord de celle-ci pénètre un peu dans l'eau. Le phosphore brûle rapidement en absorbant l'oxygène de l'air, et bientôt après, il ne reste plus dans la cloche que de l'azote et quelques traces d'anhydride carbonique.

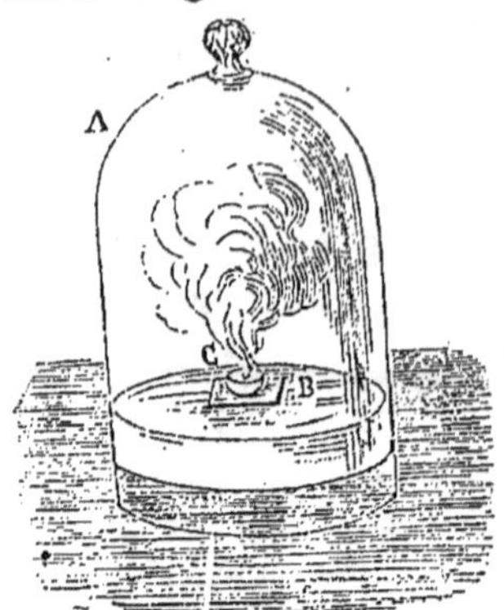

FIG. 264. — Préparation de l'azote par le phosphore.

Air atmosphérique.

287. Propriétés et composition de l'air. — L'air, vu en petite quantité, est incolore, mais considéré sous une grande épaisseur, il est d'un bleu très prononcé ; il doit sa coloration à la vapeur d'eau qu'il tient en suspension.

L'air est 770 fois plus léger que l'eau : un litre d'air pur et sec pèse 1 gr. 293. Les autres propriétés de l'air sont celles de l'oxygène dont l'activité est tempérée par l'inertie de l'azote.

L'analyse a démontré que l'air atmosphérique est formé d'oxygène et d'azote dans les proportions suivantes :

EN VOLUME :		EN POIDS :	
Oxygène............	20,8.	*Oxygène*.........	33
Azote.................	79,1	*Azote*.............	67

L'air atmosphérique renferme, en outre, un peu d'un gaz semblable à l'azote, nommé *argon*, de 2 à 4 dix-millièmes *d'anhydride carbonique* et de 10 à 15 millièmes de *vapeur d'eau.* Tout le monde sait que lorsqu'on place une carafe dans une atmosphère dont la température est bien supérieure à celle de son contenu, on voit cette carafe se couvrir de buée produite par la condensation de la vapeur d'eau que renferme l'atmosphère. C'est encore la condensation de cette même vapeur atmosphérique qui forme sur les vitres de nos appartements, pendant les froides nuits de l'hiver, ces jolis dessins que nous y remarquons.

288. Composition constante de l'air. — L'air a été analysé bien souvent ; cette expérience a été faite sur de l'air pris dans des lieux très différents, à des altitudes très diverses, et toujours on a trouvé dans l'air la même quantité d'oxygène, d'azote et d'anhydride carbonique.

L'invariabilité de la composition de l'air peut surprendre quand on songe à la quantité énorme d'oxygène enlevée quotidiennement à l'atmosphère, et à la masse non moins grande d'anhydride carbonique qui y est constamment déversée. Un homme de taille moyenne introduit chaque jour environ 12 mètres cubes d'air dans ses poumons ; il retient 530 litres d'oxygène et rejette 450 litres d'anhydride carbonique. D'autres sources encore plus considérables d'anhydride carbonique sont formées par la respiration des animaux, par la décomposition des matières organiques et surtout par la combustion du bois et du charbon : à elle seule, la combustion enlève chaque jour des *millions* de mètres cubes d'oxygène à l'atmosphère, qui sont remplacés par de l'anhydride carbonique.

Mais l'étonnement cesse quand on pense qu'à côté des causes qui tendent constamment à modifier la composition de l'air, le divin Créateur en a placé d'autres qui, agissant en sens inverse, ont pour but de ramener sans cesse l'air à sa composition primitive.

Parmi ces causes, la plus importante est la fonction chlorophyllienne des végétaux. Sous l'action de la lumière solaire, les parties vertes des végétaux absorbent l'anhydride carbonique de l'air, le décomposent en ses éléments, fixent le carbone dans leurs tissus et rejettent l'oxygène dans l'atmosphère.

L'anhydride carbonique de l'atmosphère est aussi dissous par les eaux de la pluie ; chargées de ce gaz, les eaux pluviales dissolvent les sels calcaires nécessaires au développement de certains végétaux, et concourent à la formation des coquillages sécrétés par la peau d'un grand nombre de mollusques et de zoophytes.

REMARQUE. — Quoique l'air ait une composition constante, il ne peut pas être considéré comme une *combinaison*, mais simplement comme un *mélange* des éléments qui le forment, car ceux-ci y conservent toutes leurs propriétés physiques et chimiques.

Acide azotique (NO^3H).

289. **Propriétés de l'acide azotique.** — *L'acide azotique*, connu aussi sous les noms d'*eau-forte* et d'*acide nitrique*, est composé d'azote, d'oxygène et d'hydrogène. C'est un liquide incolore, quand il est pur, et d'une odeur forte et pénétrante.

L'acide azotique se décompose facilement, aussi est-il un oxydant tres énergique. Un morceau de *phosphore*, plongé dans cet acide, s'enflamme avec explosion et ses éclats volent dans toutes les directions ; cette expérience est dangereuse. Presque tous les métaux sont oxydés par l'acide azotique ; avec le *potassium* et le *sodium*, la réaction est très violente ; le *cuivre* et le *fer* sont fortement attaqués par l'acide azotique ; des torrents de vapeurs rouges se dégagent de cette réaction.

Beaucoup de matières organiques sont aussi attaquées par l'acide azotique ; le *crin* prend feu dans ses vapeurs ; l'*essence de térébenthine* s'enflamme quand on verse sur elle de l'acide azotique concentré ; le même acide convertit le coton cardé en *coton-poudre* et la glycérine en *nitro-glycérine*, base de la *dynamite*.

290. Usages de l'acide azotique. — Les usages de l'acide azotique sont fort nombreux. Dans l'industrie, il sert à décaper les métaux et à préparer une foule de produits chimiques ; dans les arts, il est employé pour la gravure sur cuivre, sur acier et sur zinc. Pour graver sur cuivre, on commence par couvrir la plaque à graver d'une légère couche de cire, puis, avec un burin, on forme sur la cire le dessin à représenter, en ayant soin de mettre le métal à nu ; on verse ensuite sur la plaque de cuivre de l'acide azotique qui attaque et corrode toutes les parties du métal non protégées par la cire.

Ammoniaque (NH^3).

291. Propriétés de l'ammoniaque. — L'*ammoniaque* est composée d'azote et d'hydrogène. Elle se présente sous la forme d'un gaz incolore, d'une saveur âcre et brûlante, d'une odeur vive et piquante, qui provoque les larmes. Ce gaz est très soluble dans l'eau, qui, à 0°, en dissout 1000 fois son volume ; chauffée à 70°, la dissolution ammoniacale perd tout son gaz. Pour constater la grande solubilité de l'ammoniaque dans l'eau, on met en contact, avec ce liquide, l'ouverture d'une éprouvette pleine de ce gaz : l'ammoniaque est immédiatement absorbée et l'eau s'élance dans l'éprouvette avec une force qui, bien souvent, est capable de la briser.

La dissolution ammoniacale, lorsqu'elle est saturée, forme l'*alcali volatil*, et possède la plupart des propriétés de l'ammoniaque à l'état gazeux. Cette dissolution est très caustique ; mise en contact avec la peau, elle ne tarde pas à y produire la vésication.

292. Usages de l'ammoniaque. — Respirée en petite quantité, l'ammoniaque fait revenir à elle les personnes évanouies. La médecine utilise les propriétés caustiques de l'alcali volatil, pour combattre les effets funestes des piqûres et des morsures des animaux venimeux. Quelques gouttes d'ammoniaque dans un verre d'eau sucrée dissipent rapidement l'ivresse. Les vétérinaires emploient l'ammoniaque pour combattre avec succès le gonflement des bestiaux qui ont trop mangé de fourrages verts : une trentaine de grammes d'alcali volatil, mélangés avec quelques litres d'eau, suffisent pour faire disparaître cette indisposition dans un bœuf ou un cheval. L'ammoniaque est encore employée pour dégraisser les étoffes de soie ou de laine et pour fabriquer artificiellement la glace.

DEVOIRS

55ᵉ Devoir. — 1. Pourquoi un animal périt-il lorsqu'il est placé dans l'azote? 2. Que devient une flamme plongée dans ce gaz? 3. Quelle propriété distingue les aliments azotés? 4. Où les végétaux trouvent-ils l'azote nécessaire à leur développement? 5. Quelle proportion d'azote renferme l'air atmosphérique? 6. De quels corps se sert-on habituellement pour extraire l'azote de l'air? 7. Combien de fois l'air est-il plus léger que l'eau? 8. Combien pèse un litre d'air? 9. Quelle est la composition de l'air en volume ? 10. — en poids ? 11. Que renferme encore l'air atmosphérique ? 12. Quelles sont les causes qui tendent constamment à diminuer l'oxygène et à augmenter l'anhydride carbonique de l'air ? 13. Quelle est celle qui produit le phénomène inverse? 14. Par quoi l'anhydride carbonique est-il encore absorbé ? 15. Que peuvent dissoudre les eaux pluviales lorsqu'elles sont chargées d'anhydride carbonique ?

56ᵉ Devoir. — 1. De quoi est composé l'acide azotique? 2. Quelle est la principale propriété de cet acide? 3. Que devient le phosphore plongé dans l'acide azotique? 4. En quoi l'acide azotique concentré transforme-t-il le coton? 5. — la glycérine? 6. Citez des corps qui peuvent être enflammés par l'acide azotique. 7. A quoi sert la nitro-glycérine? 8. De quel acide se sert-on pour graver sur cuivre? 9. De quoi est composée l'ammoniaque? 10. Combien un litre d'eau peut-il dissoudre de litres de gaz ammoniac? 11. Comment appelle-t-on la dissolution concentrée d'ammoniaque? 12. A quelle température la dissolution ammoniacale perd-elle tout son gaz? 13. A quoi les médecins emploient-ils l'ammoniaque? 14. A quoi les vétérinaires l'appliquent-ils? 15. Quels sont les autres usages de l'ammoniaque?

SUJETS DE RÉDACTION

46ᵉ Sujet. — Composition de l'air. Expliquez pourquoi l'air a toujours la même composition.

47ᵉ Sujet. — Dans une lettre à un de vos camarades, résumez brièvement une leçon que votre maître vous a faite sur l'ammoniaque.

CHAPITRE III

Carbone. — Anhydride carbonique. — Gaz d'éclairage.

293. Propriétés du carbone (C). — Le *carbone* est un corps solide, insoluble dans l'eau et très difficilement fusible, même aux plus hautes températures. Il brûle à une température élevée et produit le gaz nommé *anhydride carbonique*. Lorsqu'il est porté au rouge, le carbone décompose l'eau et produit de l'hydrogène et de l'oxyde de carbone, CO, gaz très combustibles. Ce fait explique pourquoi l'eau dont les forgerons aspergent leurs foyers en active la combustion ; il fait aussi comprendre le danger qu'il y aurait d'éteindre un feu avec de l'eau dans un appartement fermé ; car il se formerait de l'oxyde de carbone, qui est un gaz très délétère.

Le carbone se présente à nous sous les aspects les plus divers ; ses nombreuses variétés peuvent se diviser en deux groupes : les *charbons naturels* et les *charbons artificiels*.

294. Charbons naturels. — Les principaux charbons naturels sont le *diamant*, le *graphite*, la *houille*, l'*anthracite* et la *tourbe*.

Diamant. — Le diamant est du carbone pur et cristallisé. C'est le plus dur de tous les corps : il les raye tous et il n'est rayé par aucun. Il est généralement limpide et incolore ; on en trouve cependant quelquefois de jaunes, de roses, de bleus et même de noirs.

La taille du diamant se fait en usant ce corps avec sa propre poussière, connue sous le nom d'*égrisée*. Très peu de diamants sont assez gros pour être taillés ; ceux qui sont trop petits pour subir cette opération sont employés pour

faire des pivots d'horlogerie ou des pointes d'outils propres
à couper le verre et à graver les pierres très dures.

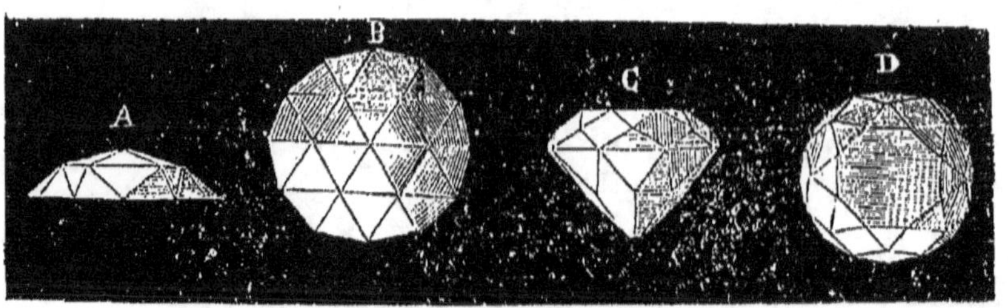

FIG. 265. — Diamants taillés.
A et B, Diamants taillés en rose. — C et D, Diamants taillés en brillant.

Graphite. — Après le diamant, le graphite est le plus pur
de tous les carbones. Il se présente sous la forme de pail-
lettes brillantes, douces au toucher et s'attachant facilement aux doigts. Son principal emploi est de servir à la fabrication des crayons ordinaires.

Houille. — La *houille* ou *charbon de terre* ne contient que
80 °/₀ de carbone. Précieux combustible pour le chauffage
de nos habitations, la houille est surtout utile à l'industrie,
car elle est sa principale source de chaleur. Elle sert à la
fabrication du *coke* et à la préparation du *gaz d'éclairage* ;
on en retire du *goudron*, de la *benzine*, de l'*ammoniaque* et
un grand nombre d'autres produits chimiques.

Anthracite. Tourbe. — L'*anthracite* a assez de ressemblance avec la houille ; mais, pour brûler, il lui faut un vif
courant d'air. Sa combustion dégage beaucoup de chaleur.

La *tourbe* est une matière d'un brun foncé, formée par des
plantes marécageuses qui se sont décomposées sous l'eau.
Elle est employée pour le chauffage domestique dans les
pays où le combustible est peu abondant.

295. Charbons artificiels. — Les charbons artificiels
les plus importants sont le *charbon de bois*, le *noir animal*,
le *noir de fumée* et le *coke*.

Charbon de bois. — Le *charbon de bois* est produit par la combustion incomplète du bois. Cette combustion se pratique ordinairement au milieu des forêts mêmes où le bois a été coupé. Pour cela, on construit sur le sol, avec des bûches d'un demi-mètre de longueur, des meules coniques, qu'on recouvre d'une forte

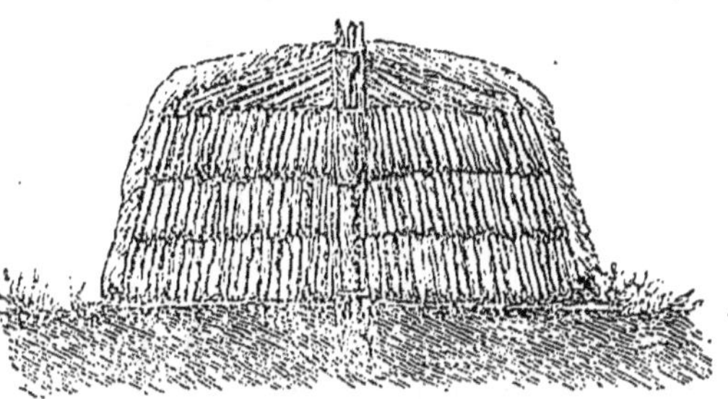

Fig. 266. — Coupe d'une meule.

couche de terre, en ayant soin de laisser quelques ouvertures pour donner accès à l'air. On enflamme ce bois ; la combustion se propage de proche en proche, et lorsqu'on juge qu'elle est suffisante, on ferme toutes les ouvertures des meules, afin d'éteindre le feu. Le charbon est alors préparé.

Le charbon de bois sert pour le chauffage domestique ; la propriété remarquable qu'il a d'absorber les gaz le fait aussi employer pour purifier les eaux corrompues et pour s'opposer à la putréfaction des matières animales.

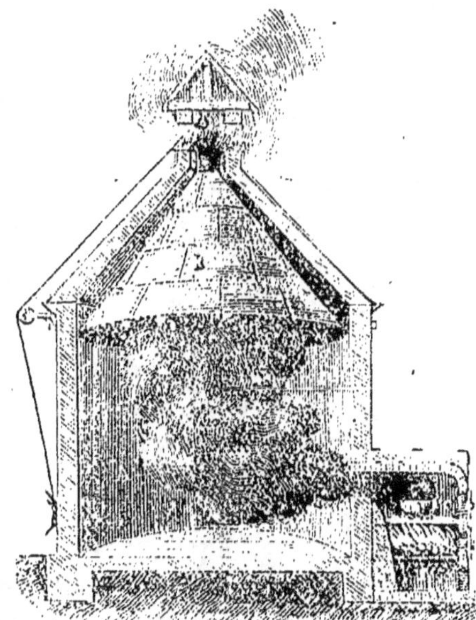

Fig. 267. — Préparation du noir de fumée.

Noir animal. Noir de fumée. — Le *noir animal*, appelé aussi *noir d'ivoire*, est un charbon que l'on obtient en calcinant des os à l'abri de l'air. Ce charbon a la propriété d'absorber certaines matières colorantes, ce qui le fait employer pour décolorer les jus qui doivent servir à la fabrication du sucre. Le noir animal qui a servi dans les raffineries est aussi utilisé comme engrais à cause du phosphate de chaux qu'il contient.

Le *noir de fumée* s'obtient en brûlant des matières riches en carbone, telles que la résine, l'huile, le goudron. Les fumées qu'elles produisent sont dirigées dans de grandes chambres, où elles déposent une poussière noire, excessivement fine, sur des toiles grossières, qui en forment les parois ; on recueille cette poussière au moyen d'un dôme métallique, qui, en descendant, fait fonction de racloir. Le noir de fumée est employé dans la peinture ; il sert aussi à la fabrication du cirage et de l'encre d'imprimerie.

Coke. — Le *coke* est le résidu de la distillation de la houille. Moins combustible que cette dernière, il brûle sans flamme et sans fumée, en dégageant beaucoup de chaleur.

Anhydride carbonique (CO²).

296. Propriétés de l'anhydride carbonique. — *L'anhydride carbonique* est composé de carbone et d'oxygène. C'est un gaz incolore, d'une saveur aigrelette et d'une odeur légèrement piquante. Sa densité égale une fois et demie celle de l'air. L'eau en dissout à peu près son volume.

L'anhydride carbonique n'entretient pas la combustion ; un corps plongé dans ce gaz s'y éteint immédiatement. Si on incline une éprouvette

Fig. 268. — Anhydride carbonique versé sur une bougie allumée.

pleine d'anhydride carbonique au-dessus d'une autre éprouvette renfermant une bougie allumée, ce gaz, grâce à sa
grande densité, tombe au fond de l'éprouvette, comme le
ferait un liquide, et éteint la bougie.

L'anhydride carbonique est impropre à la respiration,
mais il n'est pas délétère. La plupart des animaux périssent dans une atmosphère qui renferme la moitié de son
volume de ce gaz ; ils sont asphyxiés, mais non empoisonnés.

297. Sources de l'anhydride carbonique. — Comme
on l'a déjà dit, la respiration de l'homme et des animaux
et surtout la combustion sont des sources très abondantes d'anhydride carbonique. Ce même gaz se dégage
en quantité de toutes les matières végétales en fermentation ; aussi faut-il éviter de s'approcher trop fréquemment des cuves pleines de vendange, et, à plus forte
raison, doit-on prendre les plus grandes précautions pour
y pénétrer, lorsqu'on est obligé de le faire.

L'anhydride carbonique se dégage constamment du
sol ; il y est produit par la décomposition des substances
organiques ; certaines grottes, certaines carrières, abandonnées en sont remplies. Il ne faut jamais pénétrer dans
une cavité souterraine inconnue, sans s'être auparavant
assuré de la pureté de son atmosphère. Pour cela, on
porte devant soi une bougie allumée, attachée à l'extrémité d'un long bâton ; si la bougie brûle comme à l'ordinaire, on peut avancer sans crainte ; mais, si elle s'éteint,
il faut rétrograder sur-le-champ, car ce serait s'exposer
à une mort certaine que d'aller plus avant.

298. Préparation de l'anhydride carbonique. — L'anhydride carbonique est très abondant dans la nature : la
craie, le marbre, la plupart de nos pierres de construction, qui sont des *carbonates de calcium*, CO^3Ca, le renferment combiné avec de la chaux. Pour l'isoler de cette

dernière substance, il suffit de verser un acide quelconque, du vinaigre, par exemple, sur un des corps ci-dessus nommés : aussitôt on voit se former une vive effervescence, produite par le dégagement de l'anhydride carbonique.

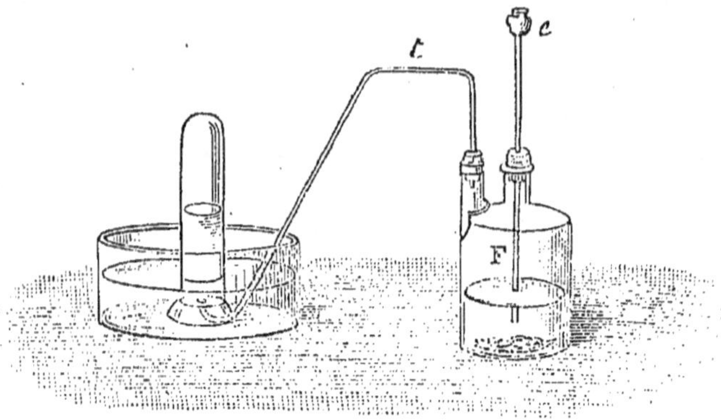

FIG. 269. — Préparation de l'anhydride carbonique.

Dans les laboratoires, pour préparer ce gaz, on introduit quelques fragments de craie ou de marbre dans un flacon à deux tubulures à moitié plein d'eau ; à l'une des tubulures, on adapte un tube à dégagement, qui se rend sous l'éprouvette d'une cuve à eau, et à l'autre, on fixe un tube à entonnoir, qui plonge dans le liquide du flacon. On verse un peu d'acide chlorhydrique ou d'acide sulfurique dans le tube à entonnoir, cet acide descend dans le flacon et l'action commence immédiatement.

299. Usages de l'anhydride carbonique. — L'anhydride carbonique est utilisé dans la fabrication de l'*eau de Seltz* artificielle. Pour fabriquer cette eau, on comprime de l'anhydride carbonique, à l'aide d'une pompe foulante, dans l'eau que contiennent des vases à parois très résistantes, puis on introduit ce liquide dans des appareils spéciaux, nommés *siphons*.

La *bière*, la *limonade*, le vin de *Champagne*, etc., ne doivent leurs propriétés mousseuses qu'à l'anhydride carbonique qu'ils tiennent en dissolution. Les eaux minérales gazeuses, comme celle de *Saint-Galmier*, de *Vichy*, de *Vals*, de *Condilhac*, ne sont employées pour faciliter la digestion qu'à cause de l'anhydride carbonique et des sels minéraux qu'elles renferment.

Gaz d'éclairage.

300. Propriétés du gaz d'éclairage. — Le *gaz d'éclairage* se compose principalement de deux gaz très combustibles : l'*hydrogène* et le *gaz des marais*.

FIG. 270. — Combustion du gaz des marais.

Le *gaz des marais*, CH^4, composé de carbone et d'hydrogène, est ainsi appelé parce qu'on le trouve en abondance dans la vase des eaux croupissantes, où il se forme spontanément par la décomposition des matières végétales qu'elles renferment. Pour se procurer le gaz des marais, il suffit de remuer cette vase avec un bâton et de recueillir à l'aide d'un entonnoir fixé à un flacon plein d'eau, les bulles qui s'en dégagent. Le gaz des marais brûle avec une flamme jaunâtre très éclairante ; mélangé avec deux fois son volume d'oxygène, il détone très violemment à l'approche d'une flamme.

Le gaz d'éclairage possède la plupart des propriétés des éléments qui le composent ; il est plus léger que l'air, aussi l'utilise-t-on pour le gonflement des aérostats ; il brûle avec une flamme très éclairante et forme un mélange détonant lorsqu'il est mélangé en proportions convenables avec l'oxygène de l'air.

301. Préparation. Usages. — Le gaz d'éclairage s'obtient par la distillation de la houille, qui, indépendamment de ce gaz, donne encore, comme résidus, une foule de produits, tels que le *coke* et le *goudron*, dont la valeur atteint celle de la houille employée.

Comme expérience de laboratoire, on obtient du gaz d'éclairage en distillant de la houille dans une simple pipe en terre. Pour cela, on remplit de houille le fourneau de la pipe, on le ferme avec un tampon de terre grasse et on le porte au rouge au moyen de charbons incandescents. On enflamme le gaz qui s'échappe alors du tuyau de la pipe ; ce gaz brûle avec une flamme fuligineuse, à cause des impuretés dont il est accompagné.

Fig. 271. — Distillation de la houille dans une pipe en terre.

Dans l'industrie, la distillation de la houille se fait dans de grandes cornues en terre réfractaire, placées horizontalement dans de vastes foyers en maçonnerie. Au sortir des cornues, le gaz subit plusieurs épurations, puis se rend sous d'immenses cloches en tôle, où il s'accumule pour être ensuite distribué par des tuyaux de conduite aux différents becs de consommation.

Le gaz de la houille sert non seulement à l'éclairage,

mais encore au chauffage. On l'emploie encore dans certains moteurs à gaz ; la force est produite par l'inflammation d'un mélange détonant formé par de l'air et du gaz d'éclairage en proportions convenables.

DEVOIRS

57ᵉ Devoir. — 1. Quel est le gaz que produit le carbone par sa combustion? 2. Quels sont ceux qui se dégagent lorsqu'on asperge avec de l'eau, des charbons incandescents? 3. Quels sont les deux groupes que forment les principales variétés de carbone? 4. Quels sont les principaux charbons naturels? 5.—les principaux charbons artificiels? 6. Quel est le plus pur de tous ces carbones? 7. Quel est le plus dur de tous les corps? 8. Avec quoi se fait la taille du diamant? 9. A quoi sont employés les diamants trop petits pour être taillés? 10. Comment s'appelle la variété de carbone qui sert à faire le crayon ordinaire? 11. — celle qui est employée à la fabrication du gaz d'éclairage? 12. Quels sont les produits que l'on retire de la distillation de la houille? 13. Comment s'appelle la variété de carbone formée par la décomposition des végétaux sous l'eau? 14. — par la combustion incomplète du bois? 15. — par la calcination des os à l'abri de l'air?

58ᵉ Devoir. — 1. De quel charbon se sert-on pour purifier les eaux corrompues? 2. — pour décolorer le sucre? 3. — pour fabriquer l'encre d'imprimerie? 4. De quoi est composé l'anhydride carbonique? 5. Quelle est la saveur de ce gaz? 6. Combien l'eau dissout-elle d'anhydride carbonique? 7. Ce gaz est-il propre à la respiration? 8. Quelles sont les principales sources de l'anhydride carbonique? 9. Citez des liquides renfermant de l'anhydride carbonique en dissolution. 10. De quels gaz se compose principalement le gaz d'éclairage? 11. De quoi est composé le gaz des marais? 12. Avec quelle proportion d'oxygène forme-t-il un mélange détonant? 13. Quel corps distille-t-on pour préparer le gaz d'éclairage? 14. Dans quoi se fait cette distillation dans l'industrie? 15. Quels sont les principaux usages du gaz d'éclairage?

SUJETS DE RÉDACTION

48ᵉ Sujet. — Le carbone ; ses différentes variétés ; préparation des charbons artificiels.

49ᵉ Sujet. — Principales sources de l'anhydride carbonique; préparation et usage de ce gaz.

CHAPITRE IV

Soufre. — Phosphore. — Chlore.

302. Propriétés du soufre (S). — Le *soufre* est un corps solide à la température ordinaire ; il fond vers 115° et bout à 450°. Insoluble dans l'eau, le soufre se dissout très bien dans le sulfure de carbone, qui est son meilleur dissolvant. Il brûle à l'air avec une flamme bleuâtre, en répandant une odeur tout à fait caractéristique ; cette odeur est celle du composé qui se forme, l'*anhydride sulfureux*.

303. Extraction du soufre. — Le soufre se trouve généralement au voisinage des volcans, où il est presque toujours mélangé avec des matières terreuses. Pour le séparer de ces matières, on introduit le minerai dans de grands vases rangés sur deux files dans un long fourneau en briques, et mis en communication avec d'autres vases semblables placés à l'extérieur du fourneau. Sous l'influence de la chaleur, le soufre contenu dans le minerai des vases intérieurs se vaporise ; il se rend ensuite dans les vases extérieurs, s'y condense et vient se déverser dans des baquets remplis d'eau, où il se solidifie.

304. Usages du soufre. — Le soufre a de nombreux usages. Dans l'industrie, on s'en sert pour la fabrication de la poudre, des allumettes, de l'acide sulfureux et pour la vulcanisation du caoutchouc. Cette dernière opération consiste à tremper le caoutchouc pendant quelques minutes dans du sulfure de carbone contenant du soufre en dissolution. Le caoutchouc ainsi vulcanisé conserve toujours son élasticité, par le froid comme par la chaleur. On fait encore usage du soufre pour prendre des empreintes, pour sceller le fer et pour combattre l'*oïdium* de la vigne.

Fig. 272. — Coupe d'un fourneau servant à l'extraction du soufre.

305. Composés du soufre. — En se combinant avec les autres corps, le soufre forme un grand nombre de composés ; les plus importants sont l'*anhydride sulfureux* et l'*acide sulfurique*.

306. Anhydride sulfureux (SO^2). — L'anhydride *sulfureux*, composé de soufre et d'oxygène, est un gaz incolore, d'une odeur vive et pénétrante qui provoque la toux. Il est très soluble dans l'eau, qui en dissout 50 fois son volume à la température ordinaire.

L'anhydride sulfureux n'est pas combustible ; au contraire, il éteint les corps en combustion. Il possède un grand pouvoir décolorant, qu'il exerce sur la plupart des couleurs d'origine organique : des violettes exposées à ce gaz ne tardent pas à devenir entièrement blanches.

L'anhydride sulfureux est employé en médecine pour combattre la gale. Dans l'industrie, on s'en sert pour blanchir les objets d'origine animale, tels que la laine, la soie, les plumes, etc. On se sert encore de l'anhydride sulfureux pour assainir les lieux infectés de miasmes putrides et pour désinfecter les objets qui ont servi aux personnes atteintes de maladies contagieuses.

En faisant brûler des mèches soufrées dans l'intérieur des tonneaux, on détruit le germe des moisissures et on prévient ainsi l'altération du vin.

307. Acide sulfurique. (SO^4H^2). — L'acide *sulfurique* appelé encore *vitriol* ou *huile de vitriol*, est un composé de soufre, d'oxygène et d'hydro-gène. C'est un liquide inco-lore, inodore, d'une consistance oléagineuse et d'une densité presque double de celle de l'eau.

Fig. 273. — Décoloration d'une violette par l'acide sulfureux.

Cet acide se distingue par l'énergie avec laquelle il attaque les autres corps et par l'action corrosive qu'il exerce sur les tissus animaux et végétaux. Les brûlures produites par l'acide sulfurique sont très dangereuses. On paralyse en partie leurs effets en les lavant immédiatement avec de l'eau renfermant un peu d'ammoniaque.

L'acide sulfurique est de tous les acides le plus générale-ment employé ; il sert à la préparation d'une foule d'au-tres corps. La France en consomme annuellement plus de 70 millions de kilos.

Phosphore (P).

308. Propriétés du phosphore. — Le *phosphore* est un corps solide à la température ordinaire ; il est incolore et son odeur rappelle celle de l'ail ; de plus, il a la propriété d'être lumineux dans l'obscurité.

Complètement insoluble dans l'eau, le phosphore se dissout très bien dans le sulfure de carbone. Cette dissolution possède la propriété d'enflammer spontanément les corps combustibles sur lesquels elle est versée ; cette inflammation est due au phosphore extrêmement divisé qui reste sur les corps après l'évaporation du sulfure de carbone.

Le phosphore a une grande affinité pour l'oxygène : il s'enflamme spontanément dans ce gaz à la température de 30°, et dans l'air, à celle de 60°.

La combustion du phosphore peut s'obtenir même au sein de l'eau ; pour réaliser cette expérience, il suffit de faire

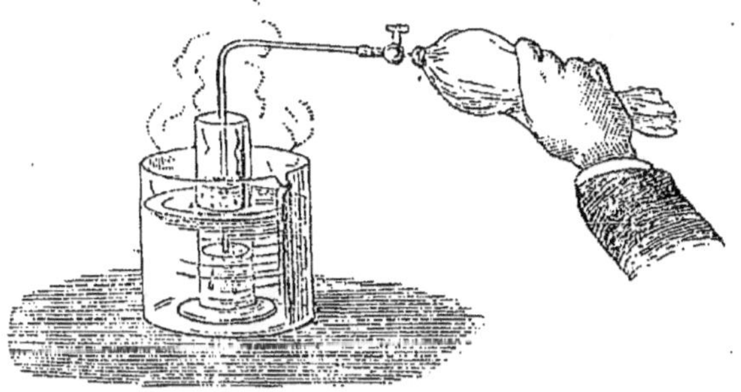

Fig. 274.— Combustion du phosphore au sein de l'eau.

arriver de l'oxygène sur du phosphore placé dans de l'eau dont la température est portée à 50°, et aussitôt on voit de vives lueurs se produire au milieu du liquide.

Le choc, le frottement, la chaleur des mains suffisent quelquefois pour enflammer le phosphore quand il est sec ; aussi doit-on toujours manier ce corps avec précaution. Les brûlures par le phosphore sont très graves, par suite de l'acide phosphorique qui se produit, corps très avide d'eau et qui désorganise les tissus pour s'emparer de celle qu'ils renferment. On traite ces brûlures en les lavant tout de suite avec de l'eau légèrement ammoniacale, et en y appliquant un mélange d'huile et de chaux pulvérisée.

Le phosphore s'extrait des os. Son principal usage est dans la fabrication des allumettes. Pour préparer les allumettes, on place d'abord une de leurs extrémités dans du soufre fondu, puis on trempe la partie soufrée dans une pâte formée par un mélange de phosphore, de colle forte, de sable fin et de matière colorante.

309. Composés du phosphore. — En se combinant avec l'oxygène, le phosphore forme plusieurs *acides phosphoriques* différents. Ces acides ont peu d'importance par eux-mêmes, mais, unis à la chaux, ils constituent les *phosphates de chaux*, engrais très recherchés en agriculture.

Le phosphore, en se combinant avec l'hydrogène, donne naissance à un composé bien remarquable, le *phosphure d'hydrogène gazeux*, PH^3, qui a la propriété de s'enflammer spontanément au contact de l'air, lorsqu'il se trouve

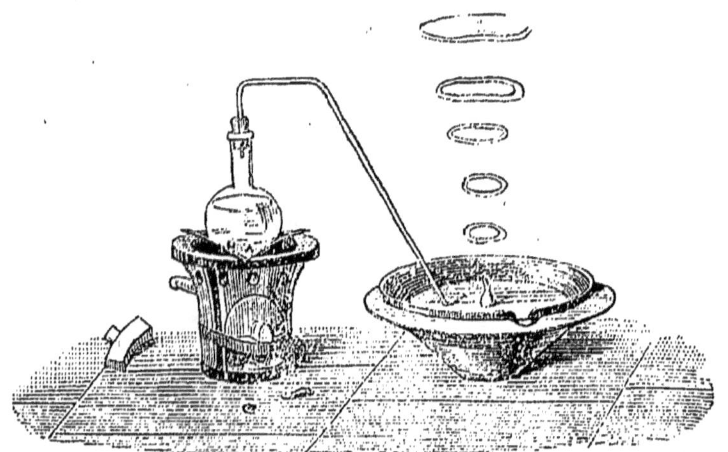

FIG. 275. — Combustion du phosphure d'hydrogène.

mélangé avec les vapeurs d'un autre phosphure liquide PH^2. Ce mélange produit en brûlant une fumée blanche, disposée en couronnes qui vont constamment en s'élargissant à mesure qu'elles montent dans l'atmosphère.

Ces phosphures se forment parfois dans les lieux où sont enfouies des matières organiques contenant du phosphore. Ils s'échappent par les fissures du sol et donnent lieu aux flammes que l'on désigne sous le nom de *feux-*

ollets. Ces feux se voient principalement dans les marais
et les cimetières humides.

Chlore (Cl).

310. Propriétés du chlore. — Le *chlore* est un gaz d'un
jaune verdâtre, d'une odeur suffocante et caractéristique.
Il attaque vivement les voies respiratoires, provoque la
toux et peut même amener des crachements de sang. Ce gaz
est très dense : il pèse près de deux fois et demie autant que
l'air ; l'eau en dissout trois fois son volume.

Le chlore se distingue par son affinité pour l'hydrogène,
affinité si grande que la
lumière solaire, à elle
seule, suffit pour déter-
miner la combinaison
de ces deux gaz. En
effet, si après avoir rempli un flacon d'un mé-
lange à volumes égaux
d'hydrogène et de chlore
préalablement dessé-
chés, on l'expose au so-
leil, ces gaz se combi-
nent brusquement et le
flacon vole en éclats.

L'action de la lumière
solaire sur un mélange
de chlore et d'hydrogène
est tellement prompte,
qu'un flacon rempli de

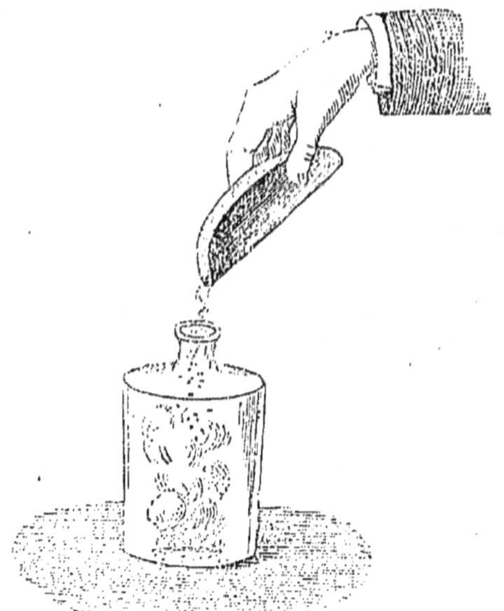

Fig. 276. — Combustion de l'arsenic
ou de l'antimoine dans le chlore.

ce mélange éclate avant d'arriver à terre, s'il est jeté dans
un lieu où arrive la lumière du soleil.

Sous l'action de la lumière diffuse, le chlore et l'hydrogène se combinent lentement ; dans l'obscurité, ils n'ont
pas d'action l'un sur l'autre.

La plupart des métalloïdes sont attaqués par le chlore ; un morceau de *phosphore* introduit dans le chlore s'y enflamme immédiatement et brûle avec une flamme livide ; l'*arsenic* en poudre y prend feu également et produit des vapeurs très dangereuses à respirer ; un jet de *gaz ammoniac* s'enflamme spontanément dans le chlore et y brûle avec une belle flamme blanche. Presque tous les métaux se combinent directement avec le chlore : si dans un flacon rempli de ce gaz on projette de l'*antimoine* en poudre, chaque parcelle de ce métal devient incandescente, et il se produit une pluie de feu accompagnée d'abondantes vapeurs de chlorure d'antimoine ; plongée dans le chlore, une spirale de *cuivre* y brûle comme une spirale de fer dans l'oxygène.

311. Pouvoir décolorant du chlore. — Toutes les matières colorantes d'origine organique sont détruites par le chlore : tantôt ce gaz s'empare de leur hydrogène, tantôt il prend celui de l'eau qu'elles renferment, et alors l'oxygène de l'eau se porte sur ces matières pour les oxyder. Dans ces deux cas, les matières colorantes sont transformées en d'autres substances généralement incolores. Une feuille de papier humectée et garnie d'écriture à l'encre ordinaire, plongée dans un flacon de chlore, en ressort aussi blanche que si elle n'avait jamais servi.

Le chlore possède aussi un grand *pouvoir désinfectant*, car il agit sur les matières putrides d'origine organique répandues dans l'air : il les détruit pour s'emparer de leur hydrogène.

312. Usages du chlore. — Le chlore et surtout l'un de ses composés le *chlorure de chaux* sont employés spécialement pour blanchir la pâte destinée à la fabrication du papier et les étoffes d'origine végétale, telles que les tissus de lin, de coton et de chanvre.

Le chlorure de chaux est un produit que l'on obtient en faisant passer un courant de chlore sur de la chaux éteinte.

Ce produit se présente sous la forme d'une masse blanche, pulvérulente, qui a beaucoup de ressemblance avec la chaux ordinaire. Le chlorure de chaux est un réservoir de chlore : il en renferme plus de deux cents fois son volume ; aussi l'emploie-t-on de préférence à ce gaz, car il est plus facile à conserver et à transporter. Un autre chlorure, l'*eau de javelle*, est aussi journellement employé pour le blanchissage du linge ; on l'obtient en faisant passer un courant de chlore dans une dissolution très étendue de potasse.

313. Acide chlorhydrique (HCl). — L'acide *chlorhydrique* est formé par la combinaison de volumes égaux de chlore et d'hydrogène. Il se présente sous la forme d'un gaz incolore, d'une odeur forte et piquante ; il irrite les bronches, provoque la toux et répand à l'air d'abondantes fumées blanches. L'eau en dissout près de 500 fois son volume. L'acide chlorhydrique du commerce est une simple dissolution de ce gaz dans l'eau ; il contient environ 40 pour cent d'acide réel.

Fig. 277. — Combinaison de l'acide chlorhydrique avec l'ammoniaque.

L'acide chlorhydrique est incombustible et il n'est pas comburant. C'est un acide très énergique qui attaque tous les métaux, excepté l'or et le platine. Le gaz chlorhydrique et le gaz ammoniac se combinent à volumes égaux et forment un corps solide, le *chlorure d'ammonium*, NH^4Cl. Pour constater la production de ce corps, il suffit d'approcher l'un de l'autre deux verres contenant, le premier, une dissolution d'ammoniaque et le deuxième, une dissolution d'acide chlorhydrique : on voit aussitôt se former d'épaisses fumées de chlorure d'ammonium.

À l'état de dissolution, l'acide chlorhydrique a de nombreux usages : il sert à préparer beaucoup de produits chimiques ; on l'emploie aussi pour décaper les métaux, pour extraire la gélatine des os et pour approprier les murs des édifices noircis par le temps.

DEVOIRS

59ᵉ Devoir. — 1. À quelle température fond le soufre? 2. — entre-t-il en ébullition? 3. Dans quel liquide se dissout-il facilement? 4. Quel est le produit de sa combustion? 5. Où le trouve-t-on généralement? 6. À quoi sert le soufre dans l'industrie? 7. Contre quelle maladie de la vigne est-il employé? 8. Nommez deux des composés du soufre. 9. Combien l'eau dissout-elle de fois son volume d'anhydride sulfureux? 10. Quel pouvoir particulier possède l'anhydride sulfureux? 11. Contre quelle maladie est employé l'anhydride sulfureux? 12. Que fait-on brûler dans les tonneaux pour s'opposer à l'altération du vin? 13. Pourquoi emploie-t-on l'anhydride sulfureux pour éteindre les corps en combustion? 14. Quel autre nom donne-t-on à l'acide sulfurique? 15. Par quoi se distingue cet acide?

60ᵉ Devoir. — 1. Comment combat-on les brûlures par l'acide sulfurique? 2. Combien la France consomme-t-elle annuellement de cet acide? 3. Quelle est l'odeur du phosphore? 4. Dans quel liquide le phosphore est-il particulièrement soluble? 5. À quelle température s'enflamme-t-il dans l'oxygène pur? 6. — dans l'air? 7. Quel est le principal usage du phosphore? 8. Quels composés forme le phosphore en se combinant avec l'oxygène? 9. — avec l'hydrogène? 10. Quelle est la couleur du chlore? 11. Quelle est sa densité? 12. Combien l'eau en dissout-elle? 13. Par quoi se distingue le chlore? 14. Dans quelles proportions faut-il mélanger le chlore et l'hydrogène pour avoir un mélange détonant? 15. Quel est le produit de la combinaison de ces deux gaz?

61ᵉ Devoir. — 1. Nommez des métalloïdes s'enflammant dans le chlore. 2. Quel est le corps qui, en brûlant dans le chlore, produit des vapeurs très dangereuses à respirer? 3. Quels sont les métaux qui brûlent dans le chlore? 4. Quel est l'effet du chlore sur les matières colorantes d'origine organique? 5. — sur les matières putrides? 6. Comment obtient-on le chlorure de chaux? 7. Combien renferme-t-il de fois son volume de chlore? 8. Quels sont les principaux usages du chlorure de chaux? 9. À quoi sert l'eau de javelle? 10. Comment l'obtient-on? 11. Combien l'eau dissout-elle de fois son volume d'acide chlorhydrique? 12. Quels sont les métaux qui ne sont pas attaqués par l'acide chlorhydrique? 13. Avec quel gaz se combine-t-il pour former un corps solide? 14. Par quoi est formé l'acide chlorhydrique du commerce? 15. Quels sont ses principaux usages?

SUJETS DE RÉDACTION

50° Sujet. — Dites ce que vous savez sur le soufre et ses composés.

51° Sujet. — Votre maître vous a fait une leçon sur le chlore et ses usages. Résumez cette leçon.

CHAPITRE V

Métaux.

314. Potassium (K). — Le *potassium* est un métal plus léger que l'eau et qui a la consistance de la cire. Il est caractérisé par sa grande affinité pour l'oxygène ; cette affinité est telle, qu'un fragment de potassium projeté dans l'eau la décompose immédiatement pour s'emparer de son oxygène. La chaleur dégagée par la combinaison est suffisante pour enflammer l'hydrogène mis en liberté ; aussi voit-on le potassium s'entourer d'une magnifique flamme purpurine et se déplacer rapidement, dans tous les sens, à la surface du liquide.

Fig. 278. — Action du potassium sur l'eau.

Le potassium, en se combinant avec d'autres corps, forme des composés très importants ; les principaux sont le *carbonate de potassium* CO_3K_2, qui sert à la fabrication du verre blanc, du salpêtre et au lessivage du linge, et le *nitrate de potassium* NO_3K ou salpêtre, qui entre dans la composition de la poudre.

315. Sodium (Na). — Le *sodium* a beaucoup de ressemblance avec le potassium ; comme lui, il est plus léger que l'eau et décompose ce liquide pour s'emparer de son oxygène.

Ses principaux composés sont le *carbonate* de *sodium* (CO^3Na^2), employé pour le dégraissage du linge et pour la fabrication du verre ordinaire, et le *chlorure de sodium* ou *sel marin*.

Le *chlorure de sodium* ($NaCl$) est très abondant dans la nature : les eaux de la mer en contiennent environ 27 grammes par litre, et, de plus, il forme dans le sol des amas considérables d'où on le retire sous le nom de *sel gemme*.

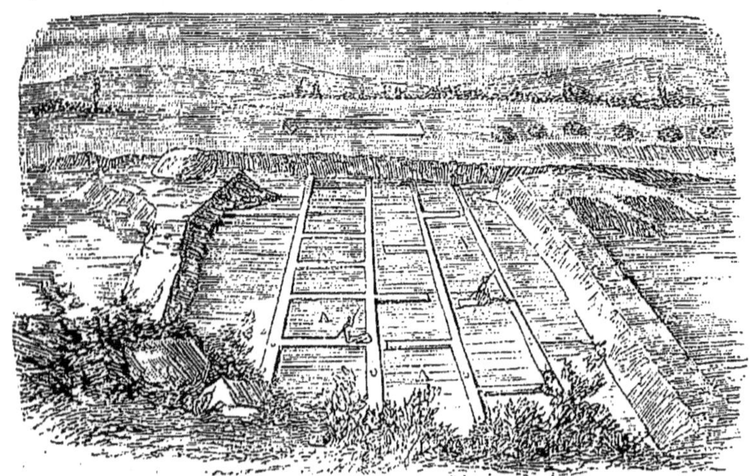

Fig. 279. — Marais salants.

Pour extraire le sel des eaux de la mer, on fait arriver ces eaux dans une série de bassins peu profonds, creusés sur le littoral et rendus imperméables par une couche d'argile. Ces bassins, appelés *marais salants*, sont divisés en un grand nombre de compartiments communiquant entre eux. Dans les premiers de ces compartiments, les eaux se clarifient tout en s'évaporant ; dans les suivants, elles se concentrent de plus en plus, et dans les derniers, elles laissent déposer le sel qu'elles tiennent en dissolution. On retire ce sel avec des

râteaux et, après l'avoir purifié et fait égoutter, on le livre
au commerce.

316. Calcium (Ca). — Le *calcium* est un métal jaune très
brillant, un peu plus lourd que l'eau et très difficile à isoler
des autres corps. Les principaux de ses composés sont la
chaux, le *carbonate de calcium* et le *sulfate de calcium*.

La *chaux* (**CaO**) est du calcium oxydé ; on l'obtient en
calcinant, dans des fours spéciaux, une pierre désignée
sous le nom de *pierre à chaux*. Cette pierre, qui est formée
par du carbonate de calcium, se décompose sous l'action
de la chaleur : l'anhydride carbonique se dégage et la
chaux reste.

FIG. 280. — Four à plâtre.

Lorsqu'elle est fraîchement préparée, la chaux porte le
nom de *chaux vive*. Au contact de l'eau, la chaux vive augmente de volume, se délite, produit une augmentation
de température considérable et se convertit en *chaux
éteinte*, CaO^2H^2. Lorsque la chaux contient une propor-

tion de 10 à 25 pour cent d'argile, elle est appelée *chaux hydraulique* ; quand elle en renferme de 30 à 60 pour cent, elle forme le *ciment*. La chaux hydraulique et le ciment ont la propriété très avantageuse de durcir au contact de l'eau.

Le *carbonate de calcium* (CO^3Ca) est très abondant dans la nature : c'est lui qui forme les différents calcaires, dont les plus importants sont les diverses sortes de *marbres*, la plupart des *pierres à bâtir*, la *pierre à chaux*, la *pierre lithographique* et la *craie*.

Le *sulfate de calcium* (SO^4Ca) est une pierre généralement transparente qui, chauffée à la température de 140°, se laisse facilement réduire en une poudre blanche connue sous le nom de *plâtre*. Gâché avec de l'eau, le plâtre possède la propriété de durcir très vite, propriété qui est utilisée dans l'emploi du plâtre pour le revêtement des plafonds et des murs de nos appartements.

317. Aluminium (Al). — L'*aluminium* a une belle couleur blanche qui se rapproche beaucoup de celle de l'argent. Il est très sonore, très malléable et très ductile. Sa densité est de 2,55 ; il pèse donc à volume égal *quatre fois moins* que l'argent. L'aluminium fond à 600°. Il est inaltérable à l'air, même aux températures les plus élevées.

L'aluminium est très répandu dans la nature. On l'extrait de la *cryolithe*, qui est un fluorure double d'aluminium et de sodium.

L'éclat de l'aluminium, son inaltérabilité à l'air, sa malléabilité et sa légèreté spécifique, le font ranger parmi les métaux les plus utiles.

318. Fer (Fe). — Le *fer* est un métal d'un gris bleuâtre, très ductile, assez malléable et remarquable par sa ténacité. Soumis à l'action de la chaleur, il se ramollit et peut alors être façonné sous le marteau et se souder à lui-même ; il fond entre 1500 et 1600°. A l'air humide, le fer s'oxyde rapidement et se couvre de rouille. On le préserve de l'oxydation en revêtant sa surface d'une légère couche de zinc ou d'étain ; dans le premier cas, on obtient le fer *galvanisé*, et dans le second cas, le fer *étamé* ou *fer-blanc*. Le fer est aussi préservé de l'oxydation par la peinture à l'huile.

Le fer, le plus important des métaux par ses applications usuelles, est aussi celui qui se trouve le plus abondamment dans l'écorce terrestre : il n'est presque pas de terrain qui en soit complètement dépourvu. On l'extrait de ses différents oxydes naturels, que l'on traite dans les *hauts-fourneaux*.

Au sortir du haut-fourneau, le fer renferme environ 5 pour cent de carbone, et forme ce que l'on appelle la *fonte*. Pour convertir cette dernière en fer, on la soumet à l'action combinée d'une haute température et d'un vif courant d'air : la chaleur liquéfie la fonte et l'air brûle le carbone qu'elle contient.

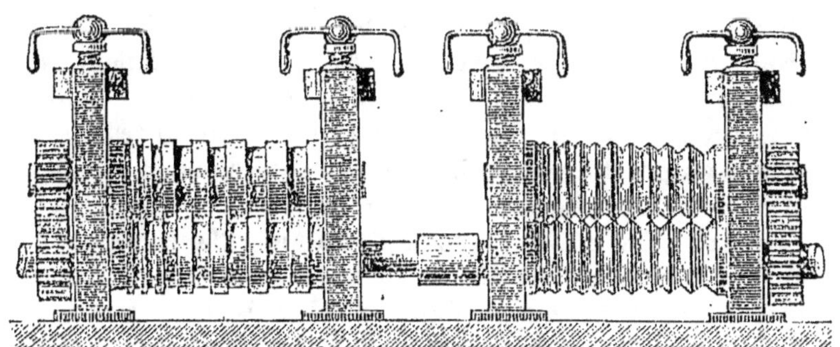

Fig. 281. — Laminoirs.

Pour rendre le fer plus dur et plus tenace, on le soumet à l'action d'un énergique martelage lorsqu'il est encore rouge. Quand on veut réduire le fer en barres ou en feuilles, on le fait passer au *laminoir* ; cet appareil se compose de deux cylindres d'acier qui tournent en sens contraire et que l'on peut rapprocher à volonté ; ils sont unis ou cannelés selon le besoin.

La *tôle* n'est autre chose que du fer réduit en feuilles.

La *fonte*, beaucoup plus fusible que le fer, se prête très bien au moulage ; c'est cette propriété qui la fait servir à la fabrication des grosses pièces des machines, à celle des tuyaux de conduite d'eau et d'un grand nombre d'autres objets.

L'*acier* est moins riche en carbone que la fonte ; il n'en renferme guère que de 8 à 15 millièmes. Il se présente sous la forme d'un métal blanc, brillant, susceptible de recevoir un beau poli. Lorsqu'on refroidit brusquement de l'acier porté à une haute température, il devient très cassant, très dur et très élastique ; il est alors désigné sous le nom d'*acier trempé*. Les usages de l'acier sont nombreux: il sert à la fabrication des armes, des couteaux, des instruments de chirurgie et de beaucoup d'autres outils. On s'en sert aussi pour faire des ressorts, des projectiles, des canons et des plaques de blindage pour les navires de guerre.

319. Zinc (Zn). — Le *zinc* est un métal d'un blanc bleuâtre et d'une texture cristalline. Cassant à la température ordinaire, il devient ductile et malléable quand on le chauffe entre 100 et 150°. Si on le chauffe jusqu'à 200°, il redevient cassant au point de pouvoir être pulvérisé dans un mortier.

Chauffé, au contact de l'air, à sa température d'ébullition, le zinc prend feu, brûle avec une flamme blanche éblouissante et forme un oxyde connu sous le nom de *blanc de zinc*, ZnO, très employé dans la peinture.

Le zinc sert à la confection des toitures, des bassins, des baignoires ; mais il ne peut servir à faire des ustensiles de cuisine, car il forme avec les acides des composés vénéneux.

320. Etain (Sn). — L'*étain* est un métal blanc qui, frotté entre les doigts, acquiert une odeur désagréable. Sa texture est cristalline ; quand on le ploie, il fait entendre un bruit particulier nommé *cri de l'étain*, provenant du frottement et du déchirement de ses cristaux enchevêtrés.

Exposé à l'air, à la température ordinaire, l'étain n'éprouve pas d'altération sensible ; aussi se sert-on de ce métal réduit en feuilles très minces pour envelopper diverses denrées alimentaires, telles que le chocolat, le fromage, le saucisson, etc. L'étain est encore employé pour l'étamage, pour la fabrication de différents bronzes et du tain des glaces.

321. Plomb (Pb). — Le *plomb* est un métal d'un gris bleuâtre très brillant lorsqu'il est fraîchement coupé. Il est le moins dur de tous les métaux usuels : on peut le plier avec les doigts, le rayer avec l'ongle et le couper avec un couteau.

Le plomb est employé dans la fabrication des plombs de chasse et dans celle des tuyaux de conduite pour les eaux et le gaz d'éclairage. Il entre dans la fabrication de quelques alliages et en particulier de celui qui sert à faire les caractères d'imprimerie. Une grande partie de ce métal est encore employée pour la préparation de deux de ses composés très importants en peinture : le *minium* et la *céruse*.

322. Cuivre (Cu). — Le *cuivre* est un métal d'une belle couleur rouge ; il est très ductible, très malléable et très bon conducteur de la chaleur et de l'électricité. Il acquiert par le frottement une odeur caractéristique et désagréable.

Sous l'influence des acides faibles tels que le vinaigre et des corps gras, le cuivre s'altère rapidement et produit des composés vénéneux ; ce qui explique le danger qu'il y a de conserver des aliments dans des ustensiles de cuivre non étamés à l'intérieur.

Employé seul, le cuivre sert à la fabrication des alambics, des conducteurs électriques, de quelques ustensiles de cuisine; allié avec le zinc, il forme le *laiton*, vulgairement appelé *cuivre jaune*, avec lequel on fait une foule d'objets : instruments de musique, appareils de physique, garnitures de meubles, jouets d'enfants, etc. ; avec l'étain, il entre dans la composition des différents *bronzes*.

Le composé le plus important du cuivre est le *sulfate de cuivre* (SO^4Cu), qui, dans le commerce, porte encore le nom de *vitriol bleu* et de *couperose bleue*. On l'emploie prin-

FIG. 282. — Cristaux de sulfate de cuivre.

cipalement pour combattre la maladie de la vigne connue sous le nom de *mildiou*, et pour détruire le *doryphora*, insecte qui, en Amérique, fait des ravages considérables dans les champs de pommes de terre.

323. Mercure (Hg). — Le *mercure* est le seul métal liquide à la température ordinaire. Il est blanc comme l'argent ; de là, vient le nom de *vif argent* qu'on lui donnait autrefois. Il se solidifie à — 40° et entre en ébullition à 359°.

Le mercure a la propriété de dissoudre l'or et l'argent et de s'en dégager par la distillation ; cette propriété le fait employer pour l'extraction de ces deux métaux. En physique, le mercure entre dans la construction de certains appareils comme les thermomètres, les baromètres, etc. ; en chimie, on s'en sert pour recueillir les gaz solubles dans l'eau.

324. Argent (Ag). — L'*argent* est le plus blanc de tous les métaux, et, après l'or, il est le plus malléable et le plus ductile : on peut réduire l'argent en feuilles si minces que 5.000 de ces feuilles superposées font à peine l'épaisseur

d'un millimètre ; un gramme de ce métal peut être étiré en
un fil de plus de 2.600 mètres de longueur.

Les usages de l'argent sont connus de tout le monde. Ce
métal n'est pas employé seul, parce qu'il n'est pas assez
dur ; mais allié avec un peu de cuivre, il sert à fabriquer des
pièces de monnaie et des objets d'orfèvrerie.

325. Or (Au). — L'*or* est doué d'une belle couleur jaune
caractéristique. Il est si malléable et si ductible qu'il peut
être réduit en feuilles ayant à peine 1/10.000 de millimètre
d'épaisseur ; avec une pièce de 5 francs en or, on peut
faire un fil de plus de 5 kilomètres de longueur.

L'or est employé pour la dorure ; allié avec un peu de
cuivre, il sert à la fabrication des pièces de monnaie, des
médailles et d'un grand nombre d'article d'orfèvrerie.

326. Platine (Pt). — Le *platine* est un métal d'un blanc
grisâtre, un peu moins dur que l'argent, très malléable,
très ductile et très tenace. Il ne fond pas au feu de forge
ordinaire, mais seulement au chalumeau à gaz oxhydrique
ou entre les deux pôles d'une forte pile. Le platine est le
plus lourd des corps usuels connus ; sa densité est de 21,50.
Il ne s'oxyde à aucune température. Les acides, même
les plus énergiques sont sans action sur lui.

Le platine est employé pour faire des capsules, des creu-
sets et des cornues, qui sont d'un usage fréquent dans les
laboratoires de chimie. Il sert aussi à garnir les pointes
de paratonnerres, à faire des étalons pour les mesures et
à confectionner des montures pour les diamants. Son prix
est très élevé.

DEVOIRS

62ᵉ Devoir. — 1. Citez deux métaux plus légers que l'eau. 2. Pour
quel corps le potassium a-t-il beaucoup d'affinité? 3. Nommez deux
des composés du potassium. 4. Quel est le métal qui a beaucoup de
ressemblance avec le potassium? 5. Quels sont les principaux composés du sodium? 6. Combien un litre d'eau de mer contient-il en

moyenne de sel marin? 7. Quel nom donne-t-on au sel que l'on trouve dans le sol? 8. Nommez les principaux composés du calcium. 9. Nommez les différentes sortes de chaux. 10. Quelle proportion d'argile contient le ciment? 11. — la chaux hydraulique? 12. Nommez les calcaires les plus importants? 13. Quel est le composé du calcium qui sert à faire le plâtre? 14. A quelle température faut-il le chauffer afin de le pulvériser rapidement? 15. Quelle est la propriété particulière que possède le plâtre? 16. Que savez-vous de l'aluminium?

63ᵉ Devoir. — 1. Par quoi le fer est-il remarquable? 2. Quelle est sa température de fusion? 3. Comment obtient-on le fer galvanisé? 4. — le fer étamé? 5. Comment appelle-t-on le fer que l'on extrait des hauts fourneaux? 6. Combien la fonte contient-elle de carbone? 7. Comment l'en débarrasse-t-on? 8. De quel appareil se sert-on pour réduire le fer en lames ou en feuilles? 9. Combien l'acier contient-il de carbone? 10. Comment obtient-on l'acier trempé? 11. De quel corps se sert-on pour fabriquer les grosses pièces de nos machines? 12. — les plaques de blindage? 13. — les instruments de chirurgie? 14. A quelle température le zinc peut-il être pulvérisé? 15. Quel est le composé du zinc employé en peinture?

64ᵉ Devoir. — 1. Quels sont les métaux qui, par le frottement avec les doigts, acquièrent une odeur désagréable? 2. Pourquoi se sert-on de l'étain pour envelopper les denrées alimentaires? 3. Quel est le moins dur des métaux usuels? 4. Nommez deux composés du plomb très importants en peinture. 5. Que produit le cuivre sous l'influence des acides? 6. Avec quel corps combine-t-on le cuivre pour former le laiton? 7. — le bronze? 8. Nommez le plus important des composés du cuivre. 9. Quelles sont les maladies de la vigne que sert à combattre le sulfate de cuivre? 10. Contre quel insecte emploie-t-on ce sel en Amérique? 11. Quel est le métal liquide à la température ordinaire? 12. Quel est le plus malléable de tous les métaux? 13. Quelle longueur de fil peut-on faire avec une pièce de 5 francs en or? 14. — avec une pièce de 0 fr. 20 en argent? 15. Avec quel corps allie-t-on l'or pour en faire des pièces monétaires? 16. Dites les principales propriétés du platine et ses applications.

SUJETS DE RÉDACTION

52ᵉ Sujet. — Lettre à un ami habitant Bordeaux sur une leçon de choses faite par le maître sur le fer.

53ᵉ Sujet. — Les principaux composés du calcium : leurs usages.

CHAPITRE VI

Matières alimentaires.

Les principaux aliments de l'homme sont le *pain*, les *boissons alcooliques*, les *œufs*, le *lait*, le *beurre*, le *fromage*, la *chair des animaux* et quelques *végétaux*.

327. Pain. — Le meilleur *pain* provient de la farine de *froment.* Cette farine renferme de 10 à 20 pour cent de *gluten* et de 60 à 70 pour cent d'*amidon.* Le pain est un aliment complet : le gluten en forme l'aliment plastique, et l'amidon, l'aliment respiratoire.

On fait aussi du pain avec de la farine de seigle, d'avoine, de maïs, d'orge, de riz, etc., mais ce pain est de qualité inférieure. Le *pain blanc* est fait avec de la fleur de farine de froment, c'est-à-dire avec une farine dont le son a été entièrement enlevé par le blutage ; le *pain bis* doit sa couleur grise au son dont on n'a pas suffisamment débarrassé la farine.

La panification comprend quatre opérations distinctes : la *mise du levain*, le *pétrissage*, la *fermentation* et la *cuisson.*

Mise du levain. — La *mise du levain* consiste à pétrir, avec une certaine quantité de farine et d'eau, de la pâte fermentée provenant d'un pétrissage antérieur. Sous l'influence de cette pâte, le levain entre lui-même en fermentation et lorsqu'on juge celle-ci suffisante, on procède au pétrissage.

FIG. 283. — Pétrin mécanique de Balland.

Pétrissage. — Le *pétrissage* a pour but de répartir le levain dans toute la pâte qui doit servir à faire le pain et d'y introduire l'air nécessaire à la fermentation. Pour cela, on ajoute au levain une quantité de farine et d'eau en rapport avec la quantité de pain que l'on veut obtenir, puis on pétrit le tout, jusqu'à ce que la pâte soit bien homogène et bien liante.

Fermentation. — Quand la pâte est bien pétrie, on la laisse quelque temps dans le pétrin, où elle commence à fermenter, puis on la divise en *pâtons* plus ou moins gros, que l'on place dans des corbeilles d'osier, où se continue la fermentation. Le gaz carbonique qui se dégage reste emprisonné dans la pâte, la soulève de toutes parts, la rend spongieuse et forme les trous que l'on remarque dans le pain. Quand le pain est bien fait, les trous y sont également répartis et presque égaux ; de petits trous alternant avec de plus grands indiquent un pain mal pétri.

Cuisson. — La *cuisson* se fait dans des fours en briques réfractaires que l'on a chauffés en y brûlant du bois. Si le four n'est pas trop chaud, la croûte du pain acquiert par la cuisson une couleur jaune doré et une odeur très agréable ; mais lorsque la température du four est trop élevée, la croûte du pain se fonce en couleur, devient épaisse et empêche l'évaporation de l'eau que contient la mie. On a alors un pain trop cuit à l'extérieur et pas assez à l'intérieur ; il est lourd, indigeste et exposé à se moisir.

328. Boissons alcooliques. — Les principales boissons alcooliques sont le *vin*, la *bière* et le *cidre*. Ces boissons ne sont que des aliments respiratoires, car elles ne renferment presque pas de substances azotées, qui seules constituent les aliments plastiques.

329. VIN. — Le *vin* est la liqueur que l'on obtient par la fermentation du jus de raisin. Les manipulations particulières à la fabrication du vin diffèrent suivant les localités; on peut dire cependant que généralement elles se réduisent à quatre ; le *foulage des raisins*, la *fermentation du moût*, le *décuvage* et le *pressurage*.

Foulage des raisins. — Le *foulage des raisins* a pour but d'extraire le jus qu'ils contiennent, de le mêler avec le ferment, dont les germes se trouvent sur la pellicule des grains, et de le mettre au contact de l'air. Toutes ces conditions sont indispensables pour que la fermentation puisse se produire. Cette opération se fait au fur et à mesure que l'on introduit la vendange dans la cuve.

Fermentation du moût. — La *fermentation du moût* commence presque aussitôt après le foulage. Sous l'influence du ferment, la partie sucrée du jus des raisins se transforme en alcool et en anhydride carbonique. Le dégagement de l'anhydride carbonique soulève peu à peu les pellicules des grains et les rafles des grappes ; ces matières s'accumulent à la surface et forment ce que l'on appelle le *chapeau*. Pour raviver la fermentation, on enfonce de temps en temps ce chapeau et on brasse le mélange ; lorsque la fermentation est sur le point de s'arrêter, on procède au décuvage.

Décuvage. — Le *décuvage* consiste à soutirer le vin dans des fûts. On doit laisser les fûts débouchés pendant quelques jours, car le vin fermente encore pendant un certain temps après le décuvage, et il est nécessaire que l'anhydride carbonique qui se produit, puisse se dégager.

Quand le vin est à peu près clair, on le soutire une seconde fois, afin de le séparer de la lie, puis on le *colle*. Le collage a pour but de débarrasser le vin de toutes les matières solides qu'il peut tenir en suspension et, par suite, de le rendre parfaitement clair. Habituellement on colle le vin avec du blanc d'œuf ; mais on peut aussi le faire avec du sang de bœuf. Ces substances renferment beaucoup d'albumine, qui se coagule au contact de l'alcool contenu dans le vin, et forme comme une espèce de filet, qui emprisonne entre ses mailles les matières en suspension et les entraîne avec lui au fond du liquide.

Pressurage. — Le *pressurage* a pour but d'extraire la plus grande partie du vin contenu dans le résidu solide qui reste dans la cuve après le décuvage. A cet effet, on soumet ce résidu à l'action d'un pressoir. Le vin qui en découle est mélangé avec celui tiré directement de la cuve.

330. VINS BLANCS. — Les *vins blancs* se font ordinairement avec des raisins blancs ; mais beaucoup sont obtenus avec des raisins noirs. La matière colorante du vin rouge est fournie par la pellicule des grains ; cette substance ne se dissout dans le jus du raisin que lorsque ce dernier contient de l'alcool ; dès lors, si, par le pressurage, on sépare les pellicules du jus avant que celui-ci ait fermenté, on aura un moût qui donnera du vin blanc.

Les *vins mousseux* s'obtiennent en ajoutant un peu de sucre candi au vin quand on le met en bouteilles. Sous l'action du ferment qui existe toujours dans le vin, le sucre produit de l'alcool et du gaz carbonique : comme ce gaz ne peut s'échapper il se dissout dans le vin et le rend mousseux.

331. BIÈRE. — La *bière* est obtenue par la fermentation alcoolique d'une infusion d'orge germée, aromatisée avec le principe amer du houblon. La fabrication de la bière comprend quatre opérations principales, savoir : le *maltage*, la *saccharification* ou *brassage*, le *houblonnage* et la *fermentation*.

Maltage. — Le *maltage* a pour but de faire germer l'orge. Pour obtenir cette germination, on fait d'abord gonfler des grains d'orge dans de l'eau, puis on les étend en couche mince sur un plancher. Lorsque le germe a atteint à peu près la longueur du grain, on arrête la germination en exposant l'orge à une température de 70°. Les grains desséchés à cette température sont débarrassés de leurs germes et réduits en une farine grossière que l'on appelle *malt*.

Saccharification. — La *saccharification*, ou *brassage du malt*, se fait dans de grandes cuves en bois, munies d'un double fond. On étend le malt sur le fond supérieur, qui est percé de trous, et on fait arriver entre les deux fonds de l'eau portée à 70°. Cette eau pénètre à travers le malt ; on brasse vivement le mélange avec des fourches et, après avoir couvert la cuve, on laisse reposer le tout durant trois heures.

On soutire ensuite le liquide, qui prend alors le nom de *moût*. Le malt qui reste dans la cuve, n'étant pas épuisé, est soumis à une seconde infusion avec de l'eau à 85°, puis à une troisième avec de l'eau à 95°. Les moûts des deux premières infusions, mélangés ensemble, sont employés pour faire la bière ordinaire ; celui de la troisième infusion sert à fabriquer la *petite bière*.

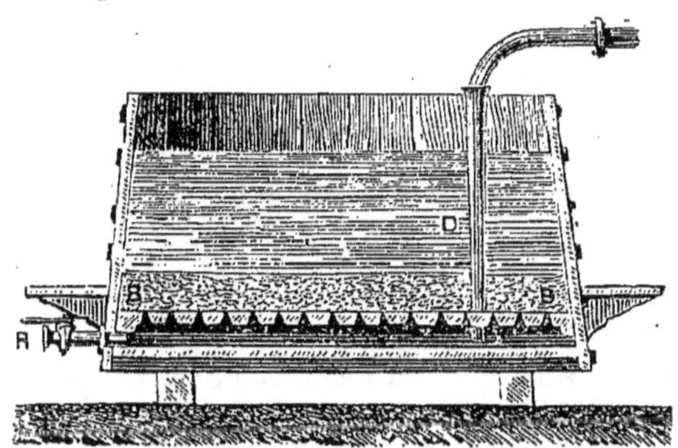

FIG. 284. — Cuve pour la saccharification.

Houblonnage. — Le *houblonnage* consiste à faire bouillir des fleurs de houblon avec le moût dans des chaudières fermées. On met habituellement de 1 à 2 *kilogr.* de fleurs par hectolitre de bière. Le houblon communique à la bière un principe amer et aromatique, qui lui donne un goût agréable et qui contribue à sa conservation.

Fermentation. — La *fermentation* se fait à l'aide d'un ferment spécial, la *levure de bière*, qu'on a recueilli dans une opération précédente. Pour produire la fermentation, on verse le moût houblonné et refroidi dans de grandes cuves, et l'on y ajoute de 2 à 4 *kilogr.* de levure de bière par 1.000 *litres* de liquide. Presque aussitôt il se forme une écume abondante, qui déborde des cuves. Après un temps, qui varie de 24 à 48 *heures*, on soutire le liquide dans de petits tonneaux, pour être livré à la consommation.

332. Cidre. — Le *cidre* est la boisson que l'on obtient avec le jus fermenté des pommes. Le procédé de fabrication du cidre est très simple. Les fruits étant écrasés par un procédé quelconque, la pulpe est mise en tas et abandonnée à elle-même durant 24 *heures* ; pendant ce temps, elle prend une teinte rouge brun, qui donne au cidre sa couleur caractéristique. La pulpe est ensuite soumise à l'action du pressoir, et le jus qui en découle est versé dans des tonneaux où il fermente lentement.

Le *poiré* est obtenu avec le jus de poires.

333. Œufs. — Les *œufs* se composent de quatre parties distinctes, savoir : d'une *coquille*, formée principalement de carbonate de calcium; d'une *pellicule* nommée *chorion*, membrane collée à l'intérieur de la coquille ; du *blanc*, composé presque en totalité par de l'eau et par une matière azotée, l'*albumine* ; du *jaune*, matière de consistance épaisse contenant de l'eau, des corps gras, des matières colorantes et une matière azotée nommée *vitelline*.

334. Lait. — Le *lait* est formé par de l'eau tenant en dissolution ou à l'état d'émulsion, du *beurre*, de la *caséine*, une matière sucrée, nommée *lactose* et divers *sels minéraux*, notamment du *phosphate de calcium*. Le lait est le type des aliments complets, car le beurre et la lactose qu'il contient constituent l'aliment respiratoire, et la caséine l'aliment plastique.

Abandonné au repos dans un lieu frais, le lait se couvre d'une couche jaunâtre, onctueuse et épaisse, qu'on nomme *crème*. La crème se forme par l'ascension des globules butyreux qui, moins denses que le liquide où ils se trouvent en suspension, gagnent peu à peu sa surface. Si au lait on ajoute de la *présure*, liquide que l'on extrait de l'estomac des jeunes veaux, il se coagule, c'est-à-dire se divise en deux parties : une matière solide, nommée *caséum* ou *caillé*, et un liquide jaunâtre, appelé *sérum* ou *petit-lait*. Le caséum

est formé presque en totalité par de la *caséine* ; il constitue
la partie essentielle du fromage.

335. Beurre. — Le *beurre* est une substance grasse de
couleur citrine, plus légère que l'eau, très fusible, qui se
trouve en suspension dans le lait sous la forme de globules
microscopiques. Ces globules, en se rassemblant à la surface du lait,
constituent la
crème. Par le
battage de la
crème, on bri-
se les enve-
loppes des glo-
bules butyreux
et la matière
grasse renfer-
mée en eux se
réunit en une

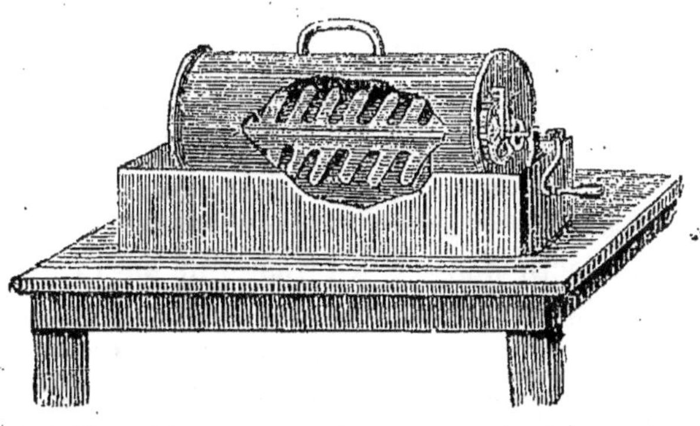

FIG. 285. — Baratte normande.

masse compacte qui forme le beurre. Le battage de la crème
se fait au moyen d'instruments appelés *barattes*.

Lorsque le beurre est fait, on le rassemble et on le divise
en pains plus ou moins gros ; on fait ensuite subir à ces
pains des lavages réitérés dans de l'eau fraîche, afin de les
débarrasser de tout le petit-lait qu'ils peuvent contenir ;
car ce liquide favorise le développement de certains ferments qui contribuent beaucoup à faire rancir le beurre.

336. Fromage. — Le *fromage* est le produit solide obtenu
par la coagulation du lait sous l'action de la présure. Quand
on fait coaguler le lait avant qu'il soit écrémé, on obtient
des *fromages gras*, formés par un mélange de caséine et de
beurre ; les fromages produits par la coagulation du lait
écrémé sont appelés *fromages maigres* ; ils ne contiennent
presque que de la caséine. La plupart des fromages sont
préparés à froid ; ceux qui sont préparés à chaud portent

le nom de *fromages cuits*, tels sont le *gruyère* et le *parmesan*.

On fait du fromage avec du lait de vache, de chèvre ou de brebis, seul ou mélangé. Le fromage du *Mont-d'Or* est fabriqué avec du lait de chèvre, et le fromage de *Sassenage*, avec un mélange de lait de vache, de chèvre et de brebis. Le fromage de *Roquefort*, préparé avec du lait de chèvre et de brebis, doit sa qualité supérieure à la grande fraîcheur des caves où on le fabrique.

337. Chair des animaux. — La partie rouge des muscles des animaux, que l'on désigne sous le nom de *viande*, est formée presque en totalité par une matière azotée nommée *musculine* ou *fibrine*.

La musculine est très nutritive ; le suc gastrique la dissout facilement et la transforme en un produit assimilable. Les *viandes rouges*, telles que celles du bœuf, du mouton, etc., et les *viandes noires*, comme celles du lièvre, du chevreuil, sont beaucoup plus riches en musculine que les *viandes blanches* des jeunes animaux et des poissons.

338. Aliments végétaux. — Les *aliments végétaux* comprennent les aliments *amylacés*, les aliments *huileux* et les aliments *mucilagineux*.

Les meilleurs *aliments amylacés* proviennent des graines des céréales, car la farine qu'on en retire constitue un aliment complet. Les pommes de terre, les châtaignes et les fruits des légumineuses, tels que les pois et les haricots sont aussi de bons aliments amylacés.

Les *aliments huileux* sont essentiellement respiratoires. Les principaux de ces aliments sont les noix, les olives et les différentes huiles comestibles.

Les *aliments mucilagineux* sont caractérisés par un principe particulier nommé *pectose*. Les principaux aliments mucilagineux sont les fruits, les betteraves, etc. La plupart sont plastiques et respiratoires, car, outre la pectose, ils contiennent des principes azotés auxquels on a donné les noms d'*albumine*, de *caséine* et de *fibrine végétales*.

339. Conservation des aliments. — Plusieurs procédés sont employés pour conserver les matières alimentaires ; les principaux sont la *dessication*, le *froid*, le *procédé Appert* et les *antiseptiques*.

Dessication. — La *dessication* est un des plus anciens procédés de conservation. Les viandes et les légumes, desséchés par l'action de l'air et de la chaleur, se conservent très bien, mais ils perdent un peu de leur saveur première.

C'est par la dessication que l'on conserve la plupart des fruits.

Le froid. — Le *froid* est aussi un bon moyen de conservation, car les ferments de la putréfaction ne peuvent se développer qu'à une certaine température. On n'emploie guère ce procédé que pour la viande de boucherie et le poisson.

Procédé Appert. — Le *procédé Appert* a pour but la conservation des matières alimentaires par la cuisson et par la privation d'air. Il est de beaucoup le plus employé, surtout depuis qu'il a été perfectionné par *Fastier*. Par ce procédé, on enferme d'abord les substances à conserver dans des boîtes de fer-blanc ; on soude le couvercle, auquel on laisse une petite ouverture, puis on plonge ces boîtes dans de l'eau bouillante, afin de faire subir aux matières alimentaires un commencement de cuisson et de chasser l'air qu'elles contiennent. Lorsque les vapeurs qui se dégagent ont expulsé tout l'air de l'intérieur des boîtes, on ferme l'ouverture de leur couvercle avec une goutte de soudure, puis on les soumet de nouveau à l'action de l'eau bouillante d'un bain-marie, pendant un temps plus ou moins long, selon la nature des substances qu'elles renferment. Par la première cuisson, sont détruits tous les germes de putréfaction qui pouvaient exister dans les matières à préserver; par la seconde, on fait disparaître ceux qui auraient pu s'introduire au moment de la fermeture des boîtes.

Si les substances à conserver sont des viandes, elles doivent être apprêtées d'après les recettes de l'art culinaire avant d'être mises dans les boîtes. Si ce sont des légumes frais, on les introduit dans les boîtes avec un peu d'eau, on place pendant quelque temps ces boîtes dans l'eau bouillante, puis on les ferme hermétiquement.

Antiseptiques. — Au lieu de détruire les germes par la cuisson, on peut les faire périr par les antiseptiques. Les principaux antiseptiques employés pour la conservation des substances alimentaires sont le *sel marin*, la *fumée*, l'*alcool* et le *vinaigre*.

La *salaison* des viandes, du poisson et même des légumes, constitue une industrie très importante. La *fumée* agit par la *créosote* qu'elle renferme ; on l'emploie surtout pour la conservation des jambons, de la viande de bœuf et des poissons. L'*alcool* est aussi un excellent antiseptique, surtout pour les fruits. Le *vinaigre* sert à conserver les cornichons et les poivrons.

340. Conservation des œufs. — Les œufs, abandonnés à l'air, laissent évaporer peu à peu l'eau qu'ils contiennent, et cette eau est remplacée par de l'air, qui apporte avec lui des germes de putréfaction. Pour conserver les œufs, il suffit donc d'empêcher l'évaporation de leur liquide en bouchant les pores que renferme la coque. A cet effet, on les enduit d'une couche d'huile de lin, qui, en séchant, forme un vernis imperméable à l'air et on les place dans de la sciure de bois, dans du son ou dans de la cendre.

On conserve aussi un très grand nombre d'œufs en les maintenant dans de l'eau de chaux. La chaux, en pénétrant à travers les pores de la coque, forme avec l'albumine un composé solide qui s'oppose à l'évaporation du liquide et à l'arrivée de l'air.

341. Conservation du lait. — Le procédé le plus employé pour conserver le lait est celui de *Lignac*. Ce procédé consiste à faire évaporer lentement, au moyen d'appareils spéciaux, le lait préalablement additionné de *dix pour cent* de sucre. Quand il a pris la consistance du miel, on en remplit des boîtes de fer-blanc, que l'on chauffe au bain-marie et que l'on ferme ensuite hermétiquement. Ce produit se conserve pendant longtemps, et lorsqu'il est dissous dans trois fois son poids d'eau, il donne un liquide très difficile à distinguer du lait sucré ordinaire.

342. Conservation du beurre. — On peut conserver le beurre en le faisant fondre, mais il est bien préférable de le conserver par la salaison. Pour cela, après avoir étendu le beurre sur une table, on le saupoudre de sel finement pulvérisé ; on le malaxe ensuite avec un rouleau de manière à incorporer le sel dans toute sa masse, puis, on l'enferme dans des pots de grès. La quantité de sel à employer est de 1 *kilogr.* pour 15 *kilogr.* de beurre.

DEVOIRS

65ᵉ Devoir. — 1. De quelle farine provient le meilleur pain? 2. Combien la farine de froment renferme-t-elle pour cent de gluten? 3. — d'amidon? 4. Quelles sont les quatre opérations que comprend la panification? 5. Par quoi sont formés les trous que l'on remarque dans le pain? 6. Nommez les principales boissons alcooliques. 7. Quelles sont les quatre opérations principales de la fabrication du vin? 8. Où se trouvent dans les raisins les germes de la fermentation? 9. En quoi consiste le décuvage? 10. Par quelle opération parvient-on à clarifier parfaitement le vin? 11. Avec quoi colle-t-on le vin? 12. Par quoi est formée la matière colorante du vin? 13. Qu'ajoute-t-on au vin blanc pour le rendre mousseux? 14. De quelle céréale se sert-on pour faire la bière? 15. Nommez les opérations que comprend sa fabrication.

66ᵉ Devoir. — 1. Avec quoi est fait le cidre? 2. — le poiré? 3. Quelle est la partie de l'œuf qui contient du carbonate de calcium? 4. — de l'albumine? 5. — de la vitelline? 6. De quoi se sert-on pour faire cailler le lait? 7. Où trouve-t-on de la présure? 8. Par quoi est formée la partie liquide du lait caillé? 9. — la partie solide? 10. Avec quoi fait-on le beurre? 11. — les fromages gras? 12. — les fromages maigres? 13. Quel est le principe constituant de la chair des animaux? 14. Nommez les principaux aliments. 15. Comment peut-on conserver les œufs?

SUJETS DE RÉDACTION

54ᵉ Sujet. — Un de vos cousins habite le pays du cidre. Vous lui décrivez et lui expliquez la fabrication du vin.

55ᵉ Sujet. — On vous a fait une leçon sur la conservation des matières alimentaires ; résumez cette leçon.

NOTIONS D'AGRICULTURE

343. Sol. Sous-sol. — En agriculture, on désigne sous le nom de *sol* la couche superficielle du globe terrestre dans laquelle croissent les végétaux, et l'on nomme spécialement *sol arable* la couche de terre ordinaire remuée par la culture.

La terre du sol arable porte le nom de *terre végétale*. Elle a été formée par la désagrégation des roches, sous l'action simultanée de l'air, de la pluie et de la gelée, et par les débris des végétaux et des animaux qui ont péri à sa surface.

Le *sous-sol* est le terrain géologique sur lequel repose la terre végétale. Il peut être composé d'argile, de calcaire, de sable, de gravier, etc. Sa nature influe beaucoup sur celle du sol arable ; car s'il est argileux, il s'oppose au passage de l'eau et rend le sol marécageux ; au contraire, s'il est sableux, il est trop perméable et ne conserve pas assez l'humidité nécessaire à la terre végétale.

344. Caractères des différentes terres végétales. — Quatre éléments principaux concourent à la formation des différentes terres végétales : la *silice* ou *sable*, l'*argile*, le *calcaire*, et l'*humus* ou *terreau*.

Lorsque ces éléments sont en proportions telles qu'ils s'équilibrent, ils constituent la terre que l'on désigne sous le nom de *terre franche*. La terre franche contient ordinairement de 8 à 10 pour cent de calcaire, de 10 à 12 pour cent d'humus, environ 25 pour cent d'argile, et le reste de sable, c'est-à-dire plus de la *moitié* de son poids. Elle convient à toutes les cultures.

Suivant que les proportions de sable, de calcaire, d'argile ou d'humus dominent dans une terre végétale, elle est dite *sablonneuse*, *calcaire*, *argileuse* ou *humifère*.

345. TERRES SABLONNEUSES. — Les terres *sablonneuses* sont celles qui contiennent plus des *trois quarts* de leur poids de sable. Elles sont friables et d'une culture facile. Ces terres manquent de ténacité et de liaison ; aussi se laissent-elles aisément traverser par les eaux pluviales et les racines des végétaux. Elles exigent des arrosages fréquents car elles se dessèchent rapidement.

346. TERRES CALCAIRES. — On appelle terres *calcaires* celles qui renferment plus de la *moitié* de leur poids de carbonate de calcium. Comme les précédentes, elles sont meubles et se dessèchent facilement. On les reconnaît à leur aspect souvent blanchâtre, mais surtout à l'action que les acides produisent sur elles, action qui se traduit par une vive effervescence provoquée par un dégagement d'anhydride carbonique.

347. TERRES ARGILEUSES. — Les terres *argileuses*, appelées aussi *terres fortes* ou *terres grasses*, sont celles qui renferment plus *d'un tiers* de leur poids d'argile. Cette dernière substance leur communique en partie ses propriétés, qui sont de garder longtemps l'humidité et de durcir beaucoup par la dessication. En temps de pluie, les terres argileuses s'attachent aux instruments de culture ; pendant la sécheresse, elles deviennent difficiles à travailler, et subissent un retrait qui produit les larges crevasses que l'on remarque à leur surface.

348. TERRES HUMIFÈRES. — Les terres sont dites *humifères* lorsqu'elles renferment plus de 20 *pour cent* de leur poids d'humus. Ces terres, généralement marécageuses, sont en partie formées par les débris des végétaux qui ont péri et qui se sont décomposés aux endroits mêmes où ils ont vécu ; aussi ont-elles une couleur noirâtre, produite par la carbonisation incomplète des matières organiques qui les composent. Les terres humifères ne sont pas favorables au développement des végétaux, car elles sont trop acides.

349. Analyse d'une terre. — Il est facile d'apprécier, d'une manière qui n'est qu'approximative, il est vrai, la composition d'une terre.

Voici comment on opère :

On prend une certaine quantité de la terre à analyser, que l'on a soin de débarrasser de ses pierres et de bien dessécher. On pèse ensuite 100 grammes de cette terre, on les place dans une grande cuiller en fer que l'on porte au rouge. La terre ainsi chauffée, prend d'abord une coloration noirâtre et répand une odeur d'herbes brûlées, due à la calcination de ses matières organiques. Lorsque la terre ne répand plus d'odeur et qu'elle a repris à peu près sa couleur primitive on la laisse refroidir et on la pèse de nouveau. La perte de poids qu'a subie l'échantillon soumis à l'analyse, indique approximativement la quantité d'humus qu'il contenait.

Pour doser l'argile, on prend encore 100 grammes de la terre primitive ; on jette cette terre dans un grand verre plein d'eau et on agite le tout pendant quelque temps à l'aide d'une baguette. Après une minute ou deux, le sable et le calcaire seront tombés au fond du verre, tandis que l'argile restera en suspension dans le liquide. Il suffira alors de retirer l'eau argileuse, de faire dessécher le dépôt qu'elle donnera, et de peser ce dépôt pour avoir la proportion d'argile contenue dans les 100 grammes de terre soumise à l'analyse.

Pour doser la silice, on prend le dépôt resté au fond du verre dans l'opération précédente, on le dessèche et on le pèse. On verse ensuite sur ce dépôt de l'acide chlorhydrique ordinaire. Immédiatement une vive effervescence se produit, tout le calcaire se décompose en produits solubles et en gaz carbonique, qui se dégage. Après cette opération, le dépôt ne contiendra donc plus que de la silice dont il sera facile de déterminer le poids.

Le poids de la silice connu, on obtiendra aisément, par différence celui du calcaire décomposé.

350. Amendements. — Lorsque l'on connaît la composition d'une terre, on peut aisément l'améliorer en lui donnant ceux des éléments qui lui manquent pour constituer la terre franche ou pour la soumettre à une culture déterminée. Cette opération, connue sous le nom d'*amendement*, consiste principalement dans le *marnage* et le *chaulage*.

351. MARNAGE. — La *marne* est une substance très friable composée d'argile et de carbonate de calcium. Le marnage a donc pour but d'ajouter de l'argile et du calcaire aux terrains qui, comme les terrains sablonneux, n'en possèdent pas suffisamment. On le pratique en automne ; pour cela, on place la marne en petits tas dans les terrains à amender, et, au printemps, lorsque l'action simultanée de l'air et de la gelée l'a réduite en poussière très fine, on l'étend sur le sol. Elle est ensuite mélangée à la terre végétale par les différentes opérations de la culture.

352. CHAULAGE. — Le *chaulage* fournit de la chaux à la terre sans lui donner de l'argile, comme le fait le marnage. Il convient spécialement aux terrains humifères ou trop argileux : il neutralise la trop grande acidité des premiers, et rend les seconds plus perméables, plus meubles et les empêche de se durcir autant par la dessication.

La chaux, par son contact avec les matières organiques surtout si le terrain est perméable à l'air, contribue à la formation spontanée des *azotates*, dont l'efficacité est si grande en agriculture. Cette propriété de la chaux est bien connue des cultivateurs ; car il leur arrive souvent de mélanger des matières organiques avec de la chaux pour en faire des *composts*, qu'ils répandent dans leurs champs.

Le chaulage augmente le rendement des récoltes ; cependant il ne doit pas être trop souvent pratiqué, car la chaux n'est pas un engrais, mais un agent énergique de décomposition pour les matières végétales. Avec un chaulage trop fréquemment répété, on arriverait vite à épuiser le sol des matières organiques que les siècles y ont accumulées.

353. Engrais. — Lorsqu'on soumet les végétaux à l'analyse, on constate que leurs principaux éléments constitutifs sont :

1° Le *carbone*, l'*azote*, l'*oxygène* et l'*hydrogène* ;

2° La *potasse*, l'*acide phosphorique*, la *silice* et la *chaux*.

Pour se développer, les végétaux doivent donc trouver les éléments ci-dessus dans les milieux où ils sont placés. Le carbone est fourni par l'atmosphère, où il est puisé par les feuilles ; le sol renferme des proportions inépuisables de silice, de chaux, d'oxygène et d'hydrogène, mais il n'a que des proportions limitées de *potasse*, de produits *azotés* et d'*acide phosphorique*. Il est donc nécessaire de restituer au sol ces trois derniers éléments, qui lui sont enlevés par les végétaux à mesure qu'ils se développent, sans quoi il finirait par s'épuiser et devenir complètement stérile. On y parvient au moyen des *engrais*.

Les principaux engrais sont le *fumier de ferme*, les *engrais animaux* et les *engrais minéraux*.

354. Fumier. — Le *fumier de ferme* est constitué par la combinaison des déjections des animaux avec les substances végétales qui leur ont servi de litière. Il renferme de 5 à 6 kilogrammes d'azote par tonne, autant de potasse et de 2 à 3 kilogrammes d'acide phosphorique.

Au sortir de l'étable, le fumier n'est encore qu'un mélange de substances végétales et de déjections animales ; mais lorsqu'il est entassé, il ne tarde pas à fermenter et à subir des réactions chimiques qui lui donnent sa composition définitive. La fermentation du fumier est due principalement à l'*urée*, principe azoté que renferme l'urine animale. Au contact de l'air, l'urée se transforme en *carbonate d'ammonium*, et c'est cette dernière substance qui agit sur les matières organiques du fumier, pour les changer en terreau et pour faire passer leur azote à l'état de sel ammoniacal.

Le carbonate d'ammonium est donc la substance principale du fumier, soit comme engrais azoté, soit comme agent provoquant la formation du terreau. Aussi faut-il s'opposer, autant que possible, à sa déperdition. Pour cela, il est nécessaire de prendre les précautions suivantes :

1º Éviter de laisser éparpiller le fumier par la volaille et de le laisser à la pluie ou trop exposé au soleil ; car ces conditions sont favorables à la déperdition du carbonate d'ammonium, corps très volatil et très soluble dans l'eau ;

2º Disposer le tas de fumier de manière qu'il présente le moins d'accès possible à l'air, afin d'éviter les moisissures qui ne se forment qu'au détriment des principes azotés ;

3º Arroser de temps en temps le fumier avec le purin qui en découle, afin de modérer l'échauffement produit par la fermentation, car cet échauffement pourrait faire volatiliser une grande partie du sel ammoniacal contenu dans le fumier.

L'expérience suivante montre de quelle importance sont

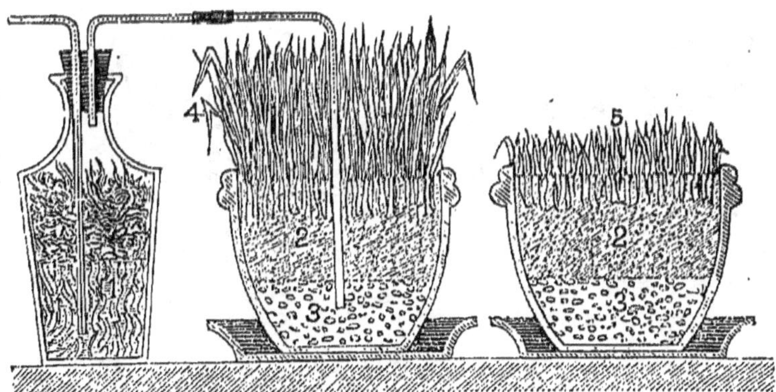

Fig. 286. — Expérience montrant l'efficacité des produits que le fumier peut laisser dégager.

1. Fumier et purin frais. — 2. Terre à peu près stérile. — 3. Sable. — 4 et 5. Gazons ayant poussé dans des terres à peu près stériles, mais dont l'une reçoit les émanations du fumier du flacon.

les produits que peut dégager le fumier et que laissent perdre beaucoup de nos cultivateurs. On remplit deux pots à fleur jusqu'au tiers de la hauteur avec du sable, et le reste avec de la terre à peu près stérile. On place chacun de ces pots dans une assiette, que l'on a soin de maintenir pleine d'eau, et on sème du gazon dans la terre de chacun d'eux. Lorsque ce gazon a poussé de deux ou trois centimètres, on fait arriver dans un des pots, à l'aide d'un tube, les produits qui se dégagent d'un peu de fumier placé dans un flacon voisin.

Pour que l'air agisse comme si le fumier y était exposé, on souffle de temps en temps dans le flacon par le tube qu'il porte à cet effet. Au bout de peu de jours, on voit le gazon du pot qui reçoit les émanations du fumier, devenir grand et vigoureux, et celui de l'autre pot s'étioler et périr.

355. ENGRAIS ANIMAUX. — Les principaux engrais animaux sont le *purin*, la *poudrette* et le *guano*.

Le *purin* est le liquide qui s'écoule du fumier de ferme. Il a une grande valeur fertilisante, car avec le carbonate

FIG. 287. — Tonneau flamand pour le transport du purin.

d'ammonium qu'il tient en dissolution, il renferme aussi de la potasse et de l'acide phosphorique, substances très facilement assimilables et nécessaires à la plupart des végétaux.

Avec cet engrais, on peut aussi classer les *vidanges* des fosses d'aisances, produits qui contiennent les mêmes principes fertilisants que le purin. Il est bon de ne se servir des vidanges qu'étendues de leur volume d'eau ; employées pures, surtout dans les terrains calcaires, elles brûleraient les végétaux.

La *poudrette* est la partie solide que laissent déposer les vidanges, et à laquelle on fait subir une préparation. C'est un bon engrais, très facilement assimilable.

Le *guano* est un engrais de qualité supérieure formé, depuis un temps considérable, par l'accumulation des ossements et des excréments de certains oiseaux aquatiques. On le trouve en couches épaisses sur les côtes du Chili et du Pérou. Le commerce exploite aussi des guanos artificiels fabriqués avec des débris de corne, des poils, de la sciure d'os, de la chair animale, etc.

356. ENGRAIS MINÉRAUX. — Les engrais minéraux sont des sels à base de potassium, de sodium, d'ammonium et de calcium. Les plus employés sont l'*azotate de sodium*, l'*azotate de potassium*, le *sulfate d'ammonium*, les divers *phosphates de calcium* et les *sels de Stassfurt*.

L'*azotate de sodium* nous vient du Chili et du Pérou. Dans ces contrées, on le trouve en quantités considérables, mêlé avec des substances terreuses, dont on le débarrasse au moyen de l'eau : on le dissout d'abord dans ce liquide, puis on le fait cristalliser par évaporation. L'azotate de sodium du commerce contient environ 15 % de son poids d'azote.

L'*azotate de potassium* existe tout formé dans la nature. Dans les pays chauds, on le trouve à la surface du sol, pendant la période de sécheresse qui suit la saison des pluies. Dans nos régions tempérées, il se forme sur le sol et les murs des lieux humides où se trouvent des matières organiques en décomposition, comme les étables et les écuries. L'azotate de potassium ne renferme que 13 % à 14 d'azote mais en revanche il contient environ 40 % de potassium ; ce qui lui donne une double valeur comme engrais chimique, et le rend bien supérieur à l'azotate de sodium.

Le *sulfate d'ammonium* s'extrait des résidus de l'épuration du gaz d'éclairage et des parties liquides des vidanges. Ces engrais renferment à peu près 20 % d'azote.

Les *phosphates de calcium* sont pour la plupart des engrais naturels, que l'on trouve sous différentes formes en divers points de la France et surtout en Espagne, dans l'Estramadure. Leur dose d'acide phosphorique varie suivant leur degré de pureté ; la moyenne est d'environ 15 %. Les phosphates naturels sont insolubles dans l'eau ; mais introduits dans le sol, ils se dissolvent sous l'action de l'anhydride carbonique et sont à peu près absorbés par les racines des végétaux. Lorsqu'on veut que leurs action fertilisante soit plus active, on les convertit en *superphosphate*, en les traitant par l'acide sulfurique. La poudre d'os, les cendres lessivées et le noir animal sont employés comme engrais, en agriculture, à cause des phosphates de calcium qu'ils renferment.

Les *sels de Stassfurt* sont des engrais naturels très riches en potassium. Ils sont formés par un mélange de chlorure de potassium et de sulfate de potassium. Les sels de Stassfurt ont été découverts, en 1860, aux environs de la ville de Prusse dont ils portent le nom ; ils y forment des gisements considérables, qui assurent à l'agriculture une source inépuisable d'engrais potassiques.

357. Assolement. — On entend par *assolement* l'ordre suivant lequel on doit faire succéder les cultures dans un même terrain pour que son rendement soit le plus grand possible. Chaque espèce de plantes, pour se développer, enlève au sol des substances particulières : les unes ont des préférences pour l'azote, les autres pour la potasse ou l'acide phosphorique ; quelques végétaux, comme ceux de la famille des légumineuses, empruntent à l'atmosphère de grandes quantités d'azote, tandis que d'autres ne le puisent que dans le sol. Il est donc facile de comprendre que, si dans un même terrain, on faisait toujours la même culture les principes absorbés par les végétaux qui en font l'objet, finiraient par s'épuiser et le terrain, par devenir tout à fait improductif.

La série des cultures successives que l'on doit faire dans un terrain pour obtenir son maximum de rendement, ne peut s'obtenir que par des essais ; car elle dépend de la fertilité du sol, de sa composition et de ses qualités physiques. Néanmoins, dans la détermination de ces cultures, on doit tenir compte des principes suivants :

1° Faire succéder une plante qui prend presque tout son azote dans l'atmosphère à une autre qui le puise principalement dans le sol ;

2° Alterner la culture des plantes qui absorbent beaucoup de potasse avec celle des végétaux qui exigent spécialement de l'acide phosphorique ;

3° Cultiver une plante dont les racines s'enfoncent profondément dans la terre après une dont les racines sont superficielles ;

4° Introduire dans la série des assolements une ou deux plantes dont la culture demande de fréquents sarclages, afin de débarrasser le sol de ses mauvaises herbes ;

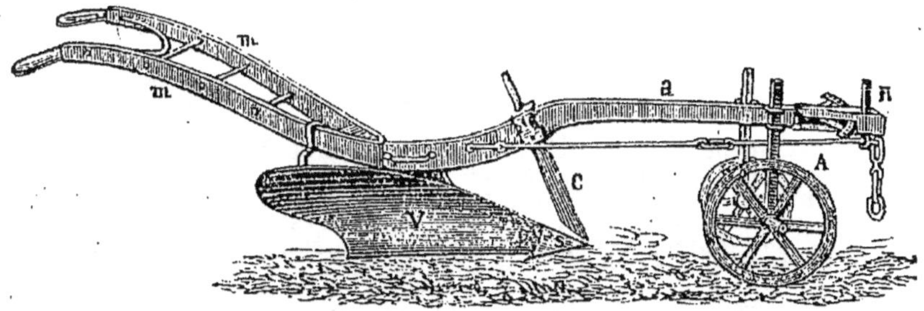

Fig. 288. — Charrue.
A. Avant-train. — a. Age. — C. Coutre. — m. m. Mancherons. — R. Régulateur.
S. Soc. — V. Versoir.

5° Restituer au sol, au moyen des engrais, tous les principes fertilisants absorbés par les cultures successives.

358. Instruments aratoires. — Les instruments aratoires sont ceux qui sont employés dans les différents travaux agricoles, tels que le *labourage*, le *sarclage*, la *moisson*, la *fenaison*, etc.

Quelques-uns de ces instruments sont très simplement construits ; d'autres sont des applications savantes de la mécanique. Ceux qui sont d'un usage commun, sont les *charrues* ou *araires*, qui servent à retourner le sol ; les *herses*, qui servent à en ameublir la partie supérieure ; les *rouleaux*, instruments en fonte et en bois avec lesquels on tasse le sol et on écrase les mottes de terre ; les *bêches*, qui remplacent les charrues lorsque le terrain à cultiver n'a pas une trop grande étendue ; les *houes*, les *pioches*, les *sarcloirs* et les *ratissoires*, qui servent à débarrasser le sol des herbes inutiles ; enfin les *faux*, les *faucilles*, les *fourches*, les *râteaux*, employés pour les travaux de la moisson et de la fenaison.

Aux instruments déjà nommés, il faut ajouter les *semoirs*, les *faucheuses*, les *ratisseuses*, les *moissonneuses* et les *batteuses* mécaniques, instruments très compliqués qui ne servent que dans les grandes exploitations agricoles et dont on trouvera la description dans les traités complets d'agriculture.

DEVOIR

67° **Devoir.** — 1. Quel nom porte la terre du sol arable? 2. Comment appelle-t-on le terrain sur lequel repose la terre végétale? 3. Quelles sont les principales sortes de terre végétale? 4. Qu'appelle-t-on terres calcaires? 5. — terres humifères? 6. Quels sont les deux principaux amendements? 7. A quel terrain convient particulièrement le chaulage? 8. Quels sont les principaux engrais? 9. Quelle est la substance principale du fumier de ferme? 10. Nommez les principaux engrais animaux. 11. — minéraux. 12. Quel est celui que l'on trouve spécialement au Chili et au Pérou? 13. — que l'on extrait des résidus de l'épuration du gaz d'éclairage? 14. Nommez les instruments qui ne servent que dans les grandes exploitations agricoles. 15. Nommez les différentes parties de la charrue.

SUJET DE RÉDACTION

56° **Sujet.** — Racontez la visite que vous avez faite à la ferme d'un cultivateur routinier qui ne donne aucun soin à son fumier. Aspect de la cour. Préjudices occasionnés à ce fermier par sa négligence. Dites quels sont les soins à donner au fumier de ferme.

TABLE DES MATIÈRES

HISTOIRE NATURELLE

PREMIÈRE PARTIE. — L'Homme.

DEUXIÈME PARTIE. — Les Animaux.

TROISIÈME PARTIE. — Les Végétaux.

QUATRIÈME PARTIE. — Les Minéraux.

PHYSIQUE

CHIMIE